量 の 推 移

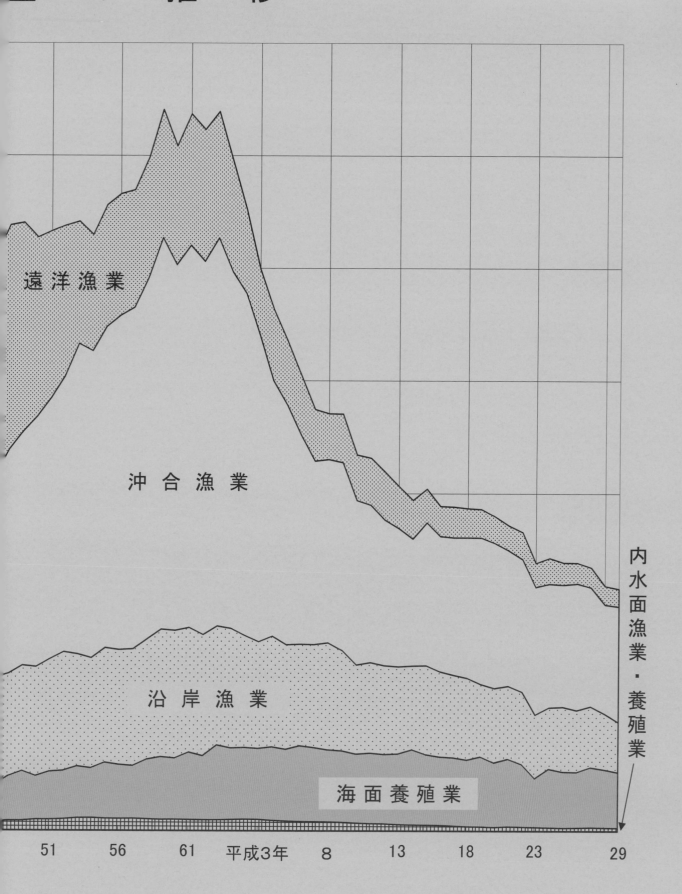

遠洋漁業

沖合漁業

沿岸漁業

海面養殖業

内水面漁業・養殖業

| 51 | 56 | 61 | 平成3年 | 8 | 13 | 18 | 23 | 29 |

平成２９年

漁業・養殖業生産統計年報

（併載：漁業産出額）

大臣官房統計部

令 和 元 年 １１月

農 林 水 産 省

目　　次

〔海面養殖業の部〕

〔内水面漁業・養殖業の部〕

○参 考 表

［付］調査票

漁業・養殖業生産統計

利用者のために

6

<h1 style="text-align:center">利 用 者 の た め に</h1>

1 調査の目的

　海面漁業生産統計調査及び内水面漁業生産統計調査は、我が国の海面漁業、海面養殖業、内水面漁業及び内水面養殖業の生産に関する実態を明らかにし、水産基本計画における水産物の自給率目標を策定及び資源の保存及び管理を行うための特定海洋生物資源ごとの漁獲可能量（TAC）を設定する際の基礎資料等の水産行政に係る資料を整備することを目的としている。

2 調査の根拠

　海面漁業生産統計調査は、統計法（平成19年法律第53号）第9条第1項に基づく総務大臣の承認を受けて実施した基幹統計調査である。

　また、内水面漁業生産統計調査は、同法第19条第1項に基づく総務大臣の承認を受けて実施した一般統計調査である。

3 調査の種類

　種類は、次のとおりである。

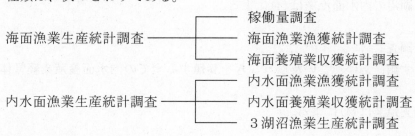

海面漁業生産統計調査 —— 稼働量調査
　　　　　　　　　　　　　　海面漁業漁獲統計調査
　　　　　　　　　　　　　　海面養殖業収獲統計調査

内水面漁業生産統計調査 —— 内水面漁業漁獲統計調査
　　　　　　　　　　　　　　内水面養殖業収獲統計調査
　　　　　　　　　　　　　　3 湖沼漁業生産統計調査

4 調査機構

　海面漁業生産統計調査は農林水産省大臣官房統計部及び地方組織を通じて実施し、内水面漁業生産統計調査は農林水産省大臣官房統計部及び地方組織並びに農林水産省が委託した民間事業者（以下「委託事業者」という。）を通じて実施した。

5 調査期間

　期間は、平成29年1月1日から12月31日までの1年間である。

　なお、遠洋漁業等で年を越えて操業した場合は、港に入港した日の属する年に含めて調査を行った。

　また、水域別生産統計の対象期間は、平成28年1月1日から12月31日までの1年間である。

6 統計調査員等の設置

　稼働量調査、海面漁業漁獲統計調査及び海面養殖業収獲統計調査については調査区を設定し、

必要に応じてそれぞれ稼働量調査員、海面漁業漁獲統計調査員及び海面養殖業収獲統計調査員を設置した。

7　調査の対象

(1)　稼働量調査、海面漁業漁獲統計調査及び海面養殖業収獲統計調査

　　これらの調査は、海面に沿う市区町村及び昭和31年7月17日農林省告示第427号（漁業法第86条第1項に基づき同項の農林水産大臣の指定する市町村を指定する件）で指定する市町村の区域内にある海面漁業経営体及び水揚機関を対象として行った。

　　また、外国の法人等に用船された漁船のうち、漁獲物が内国貨物扱いされるものは調査対象とした。

(2)　内水面漁業漁獲統計調査

　　この調査は、漁業権の設定等が行われている全ての河川及び湖沼（琵琶湖、霞ヶ浦及び北浦（以下「3湖沼」という。）を除く。）を調査範囲として実施した調査結果（平成25年）に基づき、年間漁獲量50トン以上の河川・湖沼及び国の施策上調査が必要な河川・湖沼（112河川及び21湖沼）を管轄する内水面漁業協同組合並びにこれらの河川及び湖沼に係る内水面漁業経営体等（内水面漁業協同組合に属するものを除く。）を対象とした。

　　なお、湖沼のうち、3湖沼の内水面漁業は(4)による。

(3)　内水面養殖業収獲統計調査

　　この調査は、全国のます類、あゆ、こい及びうなぎを養殖する全ての内水面養殖業経営体を対象として行った。

　　なお、3湖沼の内水面養殖業は(4)による。

(4)　3湖沼漁業生産統計調査

　　この調査は、3湖沼の水揚機関並びに内水面漁業経営体及び養殖業経営体（水揚機関においてそれらの漁獲量又は収獲量を把握できるものを除く。）を対象とした。

　　なお、本調査結果については、内水面漁業漁獲統計調査及び内水面養殖業収獲統計調査結果の該当県（琵琶湖は滋賀県、霞ヶ浦及び北浦は茨城県）に含めて統計表章した。

8　調査区数・調査対象者数

(1)　稼働量調査
　　稼働量調査区　622

(2)　海面漁業漁獲統計調査
　　海面漁業調査区（水揚機関）　1,673　、海面漁業調査区（一括調査）　462
　　往復郵送調査対象者数　214

(3)　海面養殖業収獲統計調査
　　海面養殖業調査区（水揚機関）　857　、海面養殖業調査区（一括調査）　136

　　　　　往復郵送調査対象者数　632

(4)　内水面漁業漁獲統計調査
　　調査対象者数　759

(5)　内水面養殖業収獲統計調査
　　調査対象者数　1,461

(6)　3湖沼漁業生産統計調査
　　調査対象者数　142

9　調査事項

(1)　稼働量調査
　　この調査の調査事項は、次に掲げるとおりである。
　ア　漁業経営体名
　イ　漁業経営体住所
　ウ　漁船名
　エ　漁船トン数
　オ　漁業種類（沿岸まぐろはえ縄、沿岸かつお一本釣、ひき縄釣及び大型定置網）
　カ　操業水域（日本周辺水域）
　キ　出漁日数

(2)　海面漁業漁獲統計調査
　　この調査の調査事項は、次に掲げるとおりである。
　ア　海面漁業漁獲統計調査票（水揚機関用・漁業経営体用）
　（ア）　漁業種類名
　（イ）　操業水域
　（ウ）　魚種別漁獲量
　イ　海面漁業漁獲統計調査票（一括調査用）
　（ア）　漁労体数
　（イ）　1漁労体当たり平均出漁日数
　（ウ）　1漁労体1日当たり平均漁獲量

(3)　海面養殖業収獲統計調査
　　この調査の調査事項は、次に掲げるとおりである。
　ア　海面養殖業収獲統計調査票（水揚機関用・漁業経営体用）
　（ア）　養殖魚種別収獲量
　（イ）　年間種苗販売量
　（ウ）　年間投餌量（水揚機関のみ）
　イ　海面養殖業収獲統計調査票（一括調査用）
　（ア）　総施設面積
　（イ）　1施設当たり平均面積

　　　(ｳ)　１施設当たり平均収穫量

　(4)　内水面漁業漁獲統計調査
　　　この調査の調査事項は、次に掲げるとおりである。
　　ア　魚種別漁獲量
　　イ　天然産種苗採捕量

　(5)　内水面養殖業収獲統計調査
　　　この調査の調査事項は、次に掲げるとおりである。
　　ア　魚種別収獲量（食用に限る。）
　　イ　魚種別種苗販売量

　(6)　３湖沼漁業生産統計調査
　　　この調査の調査事項は、次に掲げるとおりである。
　　ア　漁業種類別魚種別漁獲量
　　イ　天然産種苗採捕量
　　ウ　養殖魚種別収獲量
　　エ　魚種別種苗販売量

10　調査方法

　(1)　稼働量調査
　　　この調査は、海面漁業経営体のうち、かつお・まぐろ類に係る漁業種類であって漁獲成績報告書等が利用できない沿岸まぐろはえ縄、沿岸かつお一本釣、ひき縄釣又は大型定置網を営んだ海面漁業経営体について、毎月、統計調査員が海面漁業経営体又は水揚機関を代表する者に対する面接調査の方法で行った。

　(2)　海面漁業漁獲統計調査
　　　この調査は、原則年１回（稼働量調査対象漁業種類により漁獲されたかつお・まぐろ類は、原則年２回）とし、次に掲げる方法により行った。
　　ア　水揚機関
　　　　統計調査員が、次のいずれかの方法により、水揚機関を代表する者に対し調査を行った。
　　(ｱ)　水揚機関用調査票又は電磁的記録媒体を配布し、回収する自計調査の方法
　　(ｲ)　面接調査の方法
　　(ｳ)　水揚機関の事務所の電子計算機又は紙に出力された記録を閲覧し調査票に転記する他計調査の方法
　　イ　漁業経営体
　　　　アの方法で漁獲量を把握できない海面漁業経営体については、次の(ｱ)又は(ｲ)の方法で行った。
　　(ｱ)　一括調査
　　　　　統計調査員が水揚機関若しくは海面漁業経営体を代表する者に一括調査用調査票を配布し、回収する自計調査の方法又は統計調査員による面接調査の方法
　　(ｲ)　往復郵送調査

地方組織の長が海面漁業経営体を代表する者に対し海面漁業漁獲統計調査票を郵送で配布し、回収する自計調査の方法

ウ　漁獲成績報告書等を利用できる漁業種類を営む海面漁業経営体については、ア又はイの調査方法に代えて、漁獲成績報告書等による取りまとめを行った。

(3)　海面養殖業収獲統計調査

この調査は、原則年1回（のり類及びかき類にあっては、原則年2回）とし、次に掲げる方法により行った。

ア　水揚機関

統計調査員が、次のいずれかの方法により、水揚機関を代表する者に対し調査を行った。

(ｱ)　水揚機関用調査票又は電磁的記録媒体を配布し、回収する自計調査の方法

(ｲ)　面接調査の方法

(ｳ)　水揚機関の事務所の電子計算機又は紙に出力された記録を閲覧し調査票に転記する他計調査の方法

イ　漁業経営体

アの方法で収獲量等を把握できない海面漁業経営体については、次の(ｱ)又は(ｲ)の方法で行った。

(ｱ)　一括調査

統計調査員が水揚機関若しくは海面漁業経営体を代表する者に一括調査用調査票を配布し、回収する自計調査の方法又は統計調査員による面接調査の方法

(ｲ)　往復郵送調査

地方組織の長が海面漁業経営体を代表する者に対し海面養殖業収獲統計調査票を郵送で配布し、回収する自計調査の方法

ウ　漁獲成績報告書等を利用できる漁業種類を営む海面漁業経営体については、ア又はイの調査方法に代えて、漁獲成績報告書等による取りまとめを行った。

(4)　内水面漁業漁獲統計調査及び内水面養殖業収獲統計調査

この調査は、調査対象が調査票の配布及び回収方法を自由に選択できることとし、調査実施前に、委託事業者が各報告者に確認を行い、次に掲げる方法により行った。

ア　調査対象者が自計調査を選択した場合

(ｱ)　委託事業者が郵送により調査票を配布し、郵送又は統計調査員が回収する方法

(ｲ)　オンライン調査による方法

イ　調査対象者が他計調査を選択した場合

民間事業者が任命した統計調査員による面接調査の方法

(5)　3湖沼漁業生産統計調査

この調査は、調査対象が調査票の配布及び回収方法を自由に選択できることとし、調査実施前に、委託事業者が各報告者に確認を行い、次に掲げる方法により行った。

ア　調査対象者が自計調査を選択した場合

(ｱ)　委託事業者が郵送により調査票を配布し、郵送又は統計調査員が回収する方法

(ｲ)　オンライン調査による方法

イ　調査対象者が他計調査を選択した場合

民間事業者が任命した統計調査員による面接調査の方法

11　統計値の計上方法

(1)　稼働量調査、海面漁業漁獲統計調査及び海面養殖業収獲統計調査

　　これらの調査結果は、海面漁業経営体の所在地に計上した。

　　なお、かき類養殖及びのり類養殖の収獲量については、暦年のほか養殖年度についても取りまとめて計上した。

(2)　内水面漁業漁獲統計調査

　　この調査結果は、漁業経営体が漁獲した河川及び湖沼ごとに計上した。

(3)　内水面養殖業収獲統計調査

　　この調査結果は、養殖業経営体の事務所の所在地に計上した。

(4)　3湖沼漁業生産統計調査

　　この調査結果は、漁業経営体が漁獲又は養殖業経営体が収獲した3湖沼にそれぞれ計上した。

(5)　漁業・養殖業水域別生産統計

　　この調査結果は、平成28年漁業・養殖業生産統計結果を基に、国立研究開発法人水産研究・教育機構国際水産資源研究所及び東北区水産研究所が把握する漁業種類の漁獲量データを参考にして国際連合食糧農業機関（FAO）が定める水域区分別に組み替えたものである。

　　対象期間は平成28年1月1日から12月31日までとした。

　　なお、遠洋漁業等で年を越えて操業した場合は、港に入港した日の属する年に含めて調査を行った。したがって、FAO統計に掲載されている数値とは異なる（FAO統計では、かつお・まぐろ等について、漁獲成績報告書等に基づいた数値を利用し、漁獲した日の属する年に計上されている。）。

注：　(1)から(4)までの調査において、調査報告のなかった調査対象者（内水面漁業漁獲統計調査のうち1調査対象者、内水面養殖業収獲統計調査のうち1調査対象者）の数値については、調査結果に計上していない。

12　目標精度

　　この調査は全数調査のため、目標精度は設定していない。

13　用語の定義及び約束

(1)　稼働量調査

ア　漁労体数

　　漁労体とは、海面漁業経営体が海面漁業を営むための漁労作業の単位をいい、1漁労体を1（か）統と数える。

　　漁労体数は、漁労体が操業した漁業種類ごとに、調査期間を通じて計上し、具体的な計上方法は次のとおりである。

(ア)　漁船漁業

　　　1隻の漁船を使用して漁労作業を行う場合は、当該漁船を1漁労体として計上した。

　(イ)　大型定置網

　　　　定置漁業権1件を1漁労体とした。

　イ　出漁日数

　　　漁獲の有無にかかわらず、漁船が漁労作業を目的として航海した日数をいい、日帰り操業の場合及び夕方出港し翌朝入港の場合はいずれも1日として数え、1航海が2夜以上にわたる場合は出港日から入港日まで積算した日数とした。

(2)　海面漁業漁獲統計調査

　ア　海面漁業

　　　海面（浜名湖、中海、加茂湖、サロマ湖、風蓮湖及び厚岸湖を含む。）において水産動植物を採捕する事業（くじら及びいるか以外の海獣を猟獲する事業を除く。）をいう。

　イ　遠洋漁業

　　　遠洋底びき網漁業、以西底びき網漁業、大中型1そうまき網遠洋かつお・まぐろまき網漁業、太平洋底刺し網等漁業、遠洋まぐろはえ縄漁業、大西洋等はえ縄等漁業、遠洋かつお一本釣漁業及び遠洋いか釣漁業（各漁業の定義は、それぞれ本調査の漁業種類の定義（16の(2)のアを参照）に定めるところによる。ウ及びエにおいても同じ。）をいう。

　ウ　沖合漁業

　　　沖合底びき網1そうびき漁業、沖合底びき網2そうびき漁業、小型底びき網漁業、大中型1そうまき網近海かつお・まぐろまき網漁業、大中型1そうまき網その他のまき網漁業、大中型2そうまき網漁業、中・小型まき網漁業、さけ・ます流し網漁業、かじき等流し網漁業、さんま棒受網漁業、近海まぐろはえ縄漁業、沿岸まぐろはえ縄漁業、東シナ海はえ縄漁業、近海かつお一本釣漁業、沿岸かつお一本釣漁業、近海いか釣漁業、沿岸いか釣漁業、日本海べにずわいがに漁業及びずわいがに漁業をいう。

　エ　沿岸漁業

　　　船びき網漁業、その他の刺網漁業（遠洋漁業に属するものを除く。）、大型定置網漁業、さけ定置網漁業、小型定置網漁業、その他の網漁業、その他のはえ縄漁業（遠洋漁業又は沖合漁業に属するものを除く。）、ひき縄釣漁業、その他の釣漁業、採貝・採藻漁業及びその他の漁業（遠洋漁業又は沖合漁業に属するものを除く。）をいう。

　　　なお、海面漁業の部門別（遠洋漁業、沖合漁業及び沿岸漁業）の漁獲量は、平成19年から漁船のトン数階層別の漁獲量の調査を実施しないこととしたため、平成19年から平成22年までの数値は推計値であり、平成23年以降の調査については「イ　遠洋漁業」、「ウ　沖合漁業」及び「エ　沿岸漁業」に属する漁業種類ごとの漁獲量（太平洋底刺し網等漁業、大西洋等はえ縄等漁業、東シナ海はえ縄漁業、日本海べにずわいがに漁業及びずわいがに漁業の内訳については、水産庁から提供を受けたもの）を積み上げたものである。

　オ　漁業経営体

　　　利潤又は生活の資を得るために海面漁業を営む世帯又は事業所をいう。

　カ　水揚機関

　　　生産物の陸揚地に生産物の売買取引を目的とする市場を開設している者及び生産物の陸揚地に所在する漁業協同組合、会社等の事業所で生産物の陸揚げをした者から生産物を譲り受け、又はその販売の委託を受けるものをいう。

　キ　漁獲量

　　　漁労作業により得られた水産動植物の採捕時の原形重量をいい、乗組員の船内食用、自家用（食用又は贈答用）、自家加工用、販売活餌等を含む。ただし、次のものは除外した。

なお、単位は、原則としてトンで計上した。

(ア) 操業中に丸のまま海中に投棄したもの

(イ) 沈没により滅失したもの

(ウ) 自家用の漁業用餌料（たい釣のためのえび類、敷網等のためのあみ類等）として採捕したもの

(エ) 自家用の養殖用種苗として採捕したもの

(オ) 自家用肥料に供するために採捕したもの（主として海藻類、かしぱん、ひとで類等）

なお、船内で加工された塩蔵品、冷凍品、缶詰等はその漁獲物を採捕時の原形重量に換算した。

(カ) 官公庁、学校、試験研究機関等による水産動植物の採捕

調査、訓練、試験研究等を目的として、官公庁、学校、試験研究機関等が行う水産動植物の採捕の事業のうち、生産物の販売を伴わないもの

(3) 海面養殖業収獲統計調査

ア 海面養殖業

海面又は陸上に設けられた施設において、海水を使用して水産動植物を集約的に育成し、収獲する事業をいう。

なお、海面養殖業には、海面において、魚類を除く水産動植物の採苗を行う事業を含み、次のものは除外した。

(ア) 蓄養

価格維持又は収獲時若しくは購入時と販売時の価格差による収益をあげることを目的として、水産動物をいけす等に収容し、育成は行わず一定期間生存させておく行為

(イ) 増殖事業

天然における水産動植物の繁殖、資源の増大を目的として、水産動植物の種苗採取、ふ化放流等を行う事業

(ウ) 釣堀

水産動物をいけす等に収容し、利用者から料金を徴収して釣等を行わせるサービス業。ただし、釣堀を営むために業者自らが水産動物類の養殖を行っている場合は、釣堀に供するまでの段階を養殖業として扱う。

(エ) 官公庁、学校、試験研究機関等による水産動植物の養殖

調査、訓練、試験研究等を目的として、官公庁、学校、試験研究機関等が行う水産動植物の養殖の事業のうち、生産物の販売を伴わないもの

イ 漁業経営体

利潤又は生活の資を得るために海面養殖業を営む世帯又は事業所をいう。

なお、真珠養殖における経営体とは、母貝仕立て（挿核準備）、挿核施術から施術後の貝の養成、管理を一貫して行うものをいう。

ウ 施設面積

海面養殖業を営むために築堤等で区切った海面の面積又は海面に敷設した施設の面積（養殖施設の投影面積の合計）をいう。

エ 水揚機関

(2)のカに同じ。

オ 養殖収獲量等の計上方法

(ｱ)　魚類養殖及び水産動物類養殖

  a　養殖収穫量

    収穫した量（種苗養殖による収獲を除く。）をトン単位で計上した。

  b　投餌量

    養殖のために投与した餌料の量をいい、トン単位で計上した（種苗養殖のために投与した餌料は含めない。）。

    なお、投餌量は養殖合計及びその内訳としてぶり類及びまだいを調査した。

(ｲ)　かき類

    殻付き重量をトン単位で計上した。

    なお、平成23年までは殻付き重量及びむき身重量を表章していたが、平成24年から殻付き重量のみを表章することとした。

    また、計上期間は暦年（1月から12月まで）、養殖年度（7月から翌年6月まで）及び半期（1月から6月まで、7月から12月まで及び翌年1月から6月まで）とした。ただし、翌年1月から6月までは概数である。

(ｳ)　ほたてがい及びその他の貝類養殖

    殻付き重量をトン単位で計上した。

(ｴ)　のり類

    板のり及びばらのりの干重量を生重量換算したものにその他（生重量）を加え、トン単位で計上した。

    また、計上期間は暦年（1月から12月まで）、養殖年度（7月から翌年6月まで）及び半期（1月から6月まで、7月から12月まで及び翌年1月から6月まで）とし、板のりは1,000枚単位で、ばらのり及びその他はトン単位で計上した。ただし、翌年1月から6月までは概数である。

(ｵ)　こんぶ類養殖、わかめ類養殖及びその他の海藻類養殖

    生重量をトン単位で計上した。

    なお、干製品で調査したものは生重量に換算した。

(ｶ)　真珠養殖

    収穫された真珠のうち、販売に供し得ないくず玉を除き、次の区分によりキログラム単位で計上した。

  a　真円真珠　　大玉　直径　　（8.0mm以上）

            中玉　直径　　（6.0mm以上8.0mm未満）

            小玉　直径　　（5.0mm以上6.0mm未満）

            厘玉　直径　　（5.0mm未満）

  b　半円真珠　　（スリー・クォーターサイズを含む。）

カ　種苗養殖

  種苗養殖とは、次の種苗養殖（自家用を除く。）をいう。

(ｱ)　ぶり類種苗養殖　　　　　　(ｲ)　まだい種苗養殖　　　　　　(ｳ)　ひらめ種苗養殖

(ｴ)　真珠母貝養殖　　　　　　　(ｵ)　ほたてがい種苗養殖　　　　(ｶ)　かき類種苗養殖

(ｷ)　くるまえび種苗養殖　　　　(ｸ)　わかめ類種苗養殖　　　　　(ｹ)　のり類種苗養殖

キ　種苗販売量

  カのうち、養殖用、増殖用等として販売した量をいう。

ぶり類種苗、まだい種苗、ひらめ種苗及びくるまえび種苗は、1,000尾単位で計上した。

真珠母貝は、トン単位で計上した。

ほたてがい種苗は、1,000粒単位で計上した。

かき類種苗は、1,000連単位で計上した（1連は貝がら60個）。

わかめ類種苗は、種縄又は種糸の長さを1,000m単位で計上した。

のり類種苗は、網ひびは全国標準規格として18.2m×1.5mを1枚に換算し1,000枚単位で、貝がらは1,000個単位で計上した。

(4) 内水面漁業漁獲統計調査

　ア　内水面漁業

　　公共の用に供する水面のうち内水面において、水産動植物を採捕する事業をいう。

　イ　内水面漁業経営体

　　内水面漁業を営む世帯又は事業所をいう。

　ウ　漁獲量

　　利潤又は生活の資を得るために生産物の販売を目的として内水面漁業により採捕された水産動植物の採捕時の原形重量をいい、自家消費を含むが、投棄した数量及び農家等が肥料用に採捕した藻類等の数量は販売しない限り除外した。

(5) 内水面養殖業収獲統計調査

　ア　内水面養殖業

　　一定区画の内水面又は陸上において、淡水を使用して水産動植物（種苗を含む。）を集約的に育成し、収獲する事業をいう。ただし、(3)のアの(ア)から(エ)までに掲げるもの及び次に掲げるものは除外した。

　（ア）水田養魚

　　水田（当該調査年に全く水田として利用しないで専ら養殖池として利用したものを除く。）又は稲を植える前若しくは刈り取った後の空田を利用して養魚を行う事業

　（イ）観賞魚

　　錦ごいその他の観賞魚の育成を行う事業

　（ウ）内水面においてかん水を用いる養殖業

　　内水面においてかん水（海水等の塩分を含んだ水をいう。）を用いる養殖業。ただし、あゆの種苗をかん水を用いて生産し販売を行った場合は、調査の対象とし、種苗販売量に含めた。

　イ　内水面養殖業経営体

　　内水面養殖業を営む世帯又は事業所をいう。

　ウ　収獲量

　　内水面養殖業により食用を目的に収獲した数量をいい、自家用（食用）を含む。

　　養殖収獲量は、収獲時の原形重量により計上し、種苗販売量は含めない。

　　なお、単位はトンで計上した。

　エ　種苗販売量

　　増殖用（放流を含む。）又は養殖用の種苗生産（中間育成を除く。）を目的として、内水面漁業により採取された卵又は養殖された稚魚のうち販売された数量をいう。

　　稚魚は1,000尾単位で、卵は1,000粒単位で計上した。

(6) 漁業・養殖業水域別生産統計

国際連合食糧農業機関（ＦＡＯ）が定める世界水域区分図は16の(6)に掲載している。

14 利用上の注意

(1) 調査対象の変更

内水面漁業・養殖業

内水面漁業漁獲統計調査の調査対象河川及び湖沼については、平成19年及び平成20年は106河川24湖沼、平成21年から平成25年までは108河川24湖沼、平成26年以降は112河川24湖沼を調査対象とした。

なお、平成18年から内水面漁業の調査範囲を販売を目的として漁獲された量のみとし、遊漁者（レクリエーションを主な目的として水産動植物を採捕するもの）による採捕量は含めていない。

(2) 捕鯨業による鯨類は漁獲量に含めておらず、単位は頭で計上している。

(3) 単位及び記号の表示

ア 単位

表示単位未満を四捨五入したため、合計値と内訳の計が一致しない場合がある。

イ 記号

この報告書に使用した記号は、次のとおりである。

「0」： 単位に満たないもの（例：漁獲量0.4トン→0トンなど）
「－」： 事実のないもの
「…」： 事実不詳又は調査を欠くもの
「x」： 個人又は法人その他の団体に関する秘密を保護するため、統計数値を公表しないもの
「△」： 負数又は減少したもの

(4) 秘匿措置について

統計調査結果について、調査対象者数が2以下の場合には、個人又は法人その他の団体に関する調査結果の秘密保護の観点から当該結果を「x」表示とする秘匿措置を施している。

なお、全体（計）からの差引きにより、秘匿措置を講じた当該結果が推定できる場合には、本来秘匿措置を施す必要のない箇所についても「x」表示としている。

(5) この統計表に掲載された数値を他に掲載する場合は、「漁業・養殖業生産統計」（農林水産省）による旨を記載してください。

(6) 東日本大震災の影響

平成23年の海面漁業・養殖業の生産量については、東日本大震災の影響により、岩手県、宮城県及び福島県においてデータを消失した調査対象者があり、消失したデータは含まない数値である。

また、東京電力ホールディングス株式会社福島第一原子力発電所事故の影響を受けた区域において、同事故の影響により出荷制限又は出荷自粛の措置がとられたものについては、生産量に含めていない。

(7)　本統計の累年データについては、農林水産省ホームページ中の統計情報に掲載している分野別分類「水産業」の「海面漁業生産統計調査」及び「内水面漁業生産統計調査」に掲載している。

　　　海面漁業生産統計調査　　【 http://www.maff.go.jp/j/tokei/kouhyou/kaimen_gyosei/index.html 】
　　　内水面漁業生産統計調査　【 http://www.maff.go.jp/j/tokei/kouhyou/naisui_gyosei/index.html 】

15　お問合せ先

農林水産省　大臣官房統計部
　生産流通消費統計課　漁業生産統計班
　電　話：　（代表）　　03－3502－8111　内線3687
　　　　　　（直通）　　03－3502－8094
　ＦＡＸ：　　　　　　03－5511－8771

※　本統計に関する御意見・御要望は、「15　お問合せ先」のほか、農林水産省ホームページでも受け付けております。
　　【 https://www.contactus.maff.go.jp/j/form/tokei/kikaku/160815.html 】

16 参考事項

(1) 大海区区分図

漁業の実態を地域別に明らかにするとともに、地域間の比較を容易にするため、海況、気象等の自然条件、水産資源の状況等を勘案して定めた区分（水域区分ではなく地域区分）をいう。

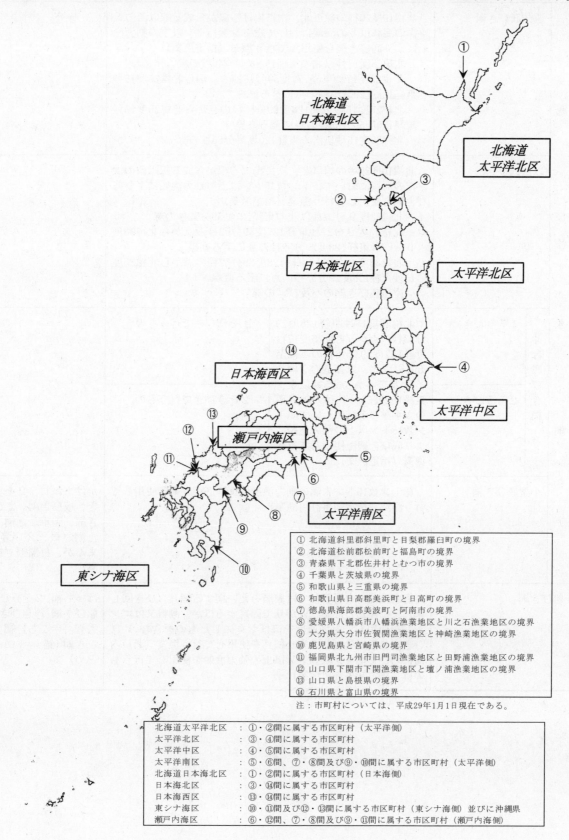

① 北海道斜里郡斜里町と目梨郡羅臼町の境界
② 北海道松前郡松前町と福島町の境界
③ 青森県下北郡佐井村とむつ市の境界
④ 千葉県と茨城県の境界
⑤ 和歌山県と三重県の境界
⑥ 和歌山県日高郡美浜町と日高町の境界
⑦ 徳島県海部郡美波町と阿南市の境界
⑧ 愛媛県八幡浜市八幡浜漁業地区と川之石漁業地区の境界
⑨ 大分県大分市佐賀関漁業地区と神崎漁業地区の境界
⑩ 鹿児島県と宮崎県の境界
⑪ 福岡県北九州市旧門司漁業地区と田野浦漁業地区の境界
⑫ 山口県下関市下関漁業地区と壇ノ浦漁業地区の境界
⑬ 山口県と島根県の境界
⑭ 石川県と富山県の境界

注：市町村については、平成29年1月1日現在である。

北海道太平洋北区	：①・②間に属する市区町村（太平洋側）
太平洋北区	：③・④間に属する市区町村
太平洋中区	：④・⑤間に属する市区町村
太平洋南区	：⑤・⑥間、⑦・⑧間及び⑨・⑩間に属する市区町村（太平洋側）
北海道日本海北区	：①・②間に属する市区町村（日本海側）
日本海北区	：③・⑭間に属する市区町村
日本海西区	：⑬・⑭間に属する市区町村
東シナ海区	：⑩・⑪間及び⑫・⑬間に属する市区町村（東シナ海側）並びに沖縄県
瀬戸内海区	：⑥・⑫間、⑦・⑧間及び⑨・⑪間に属する市区町村（瀬戸内海側）

16

(2) 海面漁業漁獲統計調査に用いる分類の定義

ア 漁業種類分類の定義

漁業種類名			定 義		内 容 例 示
網びき漁業	底びき網	遠洋底びき網	北緯10度20秒の線以北、次に掲げる線から成る線以西の太平洋の海域以外の海域において総トン数15トン以上の動力漁船により底びき網を使用して行う漁業（指定漁業） イ 北緯25度17秒以北の東経152度59分46秒の線 ロ 北緯25度17秒東経152度59分46秒の点から北緯25度15秒東経128度29分53秒の点に至る直線 ハ 北緯25度15秒東経128度29分53秒の点から北緯25度15秒東経120度59分55秒の点に至る直線 ニ 北緯25度15秒以南の東経120度59分55秒の線		
		以西底びき網	北緯10度20秒の線以北、次に掲げる線から成る線以西の太平洋の海域において総トン数15トン以上の動力漁船により底びき網を使用して行う漁業（指定漁業） イ 北緯33度9分27秒以北の東経127度59分52秒の線 ロ 北緯33度9分27秒東経127度59分52秒の点から北緯33度9分27秒東経128度29分52秒の点に至る直線 ハ 北緯33度9分27秒東経128度29分52秒の点から北緯25度15秒東経128度29分53秒の点に至る直線 ニ 遠洋底びき網のハ及びニの線		
		沖合底びき網 1そうびき	北緯25度15秒東経128度29分53秒の点から北緯25度17秒東経152度59分46秒の点に至る直線以北、以西底びき網のイ、ロ及びハから成る線以東、東経152度59分46秒の線以西の太平洋の海域において総トン数15トン以上の動力漁船により底びき網を使用して行う漁業（指定漁業）	1そうびきで行うもの	
		沖合底びき網 2そうびき		2そうびきで行うもの	
		小型底びき網	総トン数15トン未満の動力漁船により底びき網を使用して行う漁業（法定知事許可漁業）		かけまわし、2そうびき、板びき網、えびこぎ網、戦車こぎ網、けた網（貝、えび等）、まんが、打瀬網（帆、潮）
	船びき網		海底以外の中層若しくは表層をえい網する網具（ひき回し網）又は停止した船（いかりで固定するほか、潮帆又はエンジンを使用して対地速度をほぼゼロにしたものを含む。）にひき寄せる網具（ひき寄せ網）を使用して行う漁業（瀬戸内海において総トン数5トン以上の動力漁船を使用して行うものは、法定知事許可漁業）		ぱっち網、2そうびき、船びき網、浮きひき網、吾智（＝ごち）網、船びき網（錨（＝いかり）どめ）

漁業種類名				定義	内容例示
網漁業（続き）	まき網	大中型まき網	1そうまき網 遠洋かつお・まぐろ	総トン数40トン（北海道恵山岬灯台から青森県尻屋崎灯台に至る直線の中心点を通る正東の線以南、同中心点から尻屋崎灯台に至る直線のうち同中心点から同直線と青森県の最大高潮時海岸線との最初の交点までの部分、同交点から最大高潮時海岸線を千葉県野島崎灯台正南の線と同海岸線との交点に至る線及び同点正南の線から成る線以東の太平洋の海域にあっては、総トン数15トン）以上の動力漁船によりまき網を使用して行う漁業（指定漁業）　　1そうまきでかつお・まぐろ類をとることを目的として、遠洋（太平洋中央海区（東経179度59分43秒以西の北緯20度21秒の線、北緯20度21秒以北、北緯40度16秒以南の東経179度59分43秒の線及び東経179度59分43秒以東の北緯40度16秒の線から成る線以南の太平洋の海域（南シナ海の海域を除く。））又はインド洋海区（南緯19度59分35秒以北（ただし、東経95度4秒から東経119度59分56秒の間の海域については、南緯9度59分36秒以北）のインド洋の海域）で操業するもの	
			近海かつお・まぐろ	1そうまきでかつお・まぐろ類をとることを目的として、大中型遠洋かつお・まぐろまき網に係る海域以外で操業するもの	
			その他	1そうまきでかつお・まぐろ類以外をとることを目的とするもの	
			2そうまき	2そうまきで行うもの	
		中・小型まき網		指定漁業以外のまき網（総トン数5トン以上40トン未満の船舶により行う漁業は、法定知事許可漁業）	縫い切り網、しばり網、瀬びき網
	刺網	さけ・ます流し網		流し網を使用してさけ又はますをとることを目的とする漁業（総トン数30トン以上の動力漁船により行うものは指定漁業、30トン未満の動力漁船により行うものは法定知事許可漁業）	
		かじき等流し網		総トン数10トン以上の動力漁船により流し網を使用してかじき、かつお又はまぐろをとることを目的とする漁業（東経127度59分52秒の線以西の日本海及び東シナ海の海域において行うものは特定大臣許可漁業、それ以外のものは届出漁業（知事許可等を要するものもある。））	
		その他の刺網		流し網又は刺網を使用して行う漁業でさけ・ます流し網及びかじき等流し網以外のもの（太平洋の公海（我が国又は外国の排他的経済水域を除く。）において動力漁船により行うものは、特定大臣許可漁業）	中層刺網、底刺網、浮き刺網、流し網、まき刺網、こぎ刺網、太平洋底刺し網、日ロ民間操業による刺網漁業
	敷網	さんま棒受網		棒受網を使用してさんまをとることを目的とする漁業（北緯34度54分6秒の線以北、東経139度53分18秒の線以東の太平洋の海域（オホーツク海及び日本海の海域を除く。）において総トン数10トン以上の動力漁船により行うものは、指定漁業）	
	定置網	大型定置網		漁具を定置して営む漁業であって、身網の設置される場所の最深部が最高潮時において水深27メートル（沖縄県にあっては、15メートル）以上であるもの（瀬戸内海におけるます網漁業並びに陸奥湾（青森県焼山崎から同県明神崎灯台に至る直線及び陸岸によって囲まれた海面をいう。）における落とし網漁業及びます網漁業を除く。）	
		さけ定置網		漁具を定置して営む漁業であって、身網の設置される場所の最深部が最高潮時において水深27メートル以上であるものであり、北海道においてさけを主たる漁獲物とするもの	
		小型定置網		定置網であって大型定置網及びさけ定置網以外のもの	ます網、つぼ網、角建網

ア　漁業種類分類の定義（続き）

漁　業　種　類　名			定　　　　　　　義	内　容　例　示
網漁業（続き）	その他の網漁業		網漁業であって底びき網、船びき網、まき網、刺網、敷網及び定置網以外のもの ○　陸岸にひき寄せる網具を使用して行う漁業 ○　敷網を使用して行う漁業であってさんま棒受網以外のもの ○　その他	 地びき網 張り網、四つ手網、棒受網（あじ、さば等）、込ませ網、あんこう網、（沖縄式）追込み網 建干し網、建切り網、たもすくい（さば）、すくい網、投網
釣漁業	まぐろはえ縄	遠洋まぐろはえ縄	総トン数120トン（昭和57年7月17日以前に建造され、又は建造に着手されたものにあっては、80トン。以下釣漁業の項において同じ。）以上の動力漁船により、浮きはえ縄を使用してまぐろ、かじき又はさめをとることを目的とする漁業（指定漁業）	
		近海まぐろはえ縄	総トン数10トン（我が国の排他的経済水域、領海及び内水並びに我が国の排他的経済水域によって囲まれた海域から成る海域（東京都小笠原村南鳥島に係る排他的経済水域及び領海を除く。）にあっては、総トン数20トン）以上120トン未満の動力漁船により、浮きはえ縄を使用してまぐろ、かじき又はさめをとることを目的とする漁業（指定漁業）	
		沿岸まぐろはえ縄	浮きはえ縄を使用してまぐろ、かじき又はさめをとることを目的とする漁業であって遠洋まぐろはえ縄及び近海まぐろはえ縄以外のもの（我が国の排他的経済水域、領海及び内水並びに我が国の排他的経済水域によって囲まれた海域から成る海域（東京都小笠原村南鳥島に係る排他的経済水域及び領海並びに北海道稚内市宗谷岬突端を通る経線以西、長崎県長崎市野母崎突端を通る緯線以北の日本海の海域を除く。）において総トン数10トン以上20トン未満の動力漁船により行うものは、届出漁業（知事許可等を要するものもある。））	
	その他のはえ縄		はえ縄を使用して行うまぐろはえ縄以外の漁業（東シナ海の海域において総トン数10トン以上の動力漁船により行うもの、大西洋又はインド洋の海域において動力漁船により行うもの及び太平洋の公海（我が国又は外国の排他的経済水域を除く。）において動力漁船により行うものは、特定大臣許可漁業）	まぐろ類以外の魚を目的とする浮きはえ縄、底はえ縄、立てはえ縄（立て縄釣は、「その他の釣」）、ふぐはえ縄
	はえ縄以外の釣	かつお一本釣	遠洋かつお一本釣：　総トン数120トン以上の動力漁船により、釣りによってかつお又はまぐろをとることを目的とする漁業（指定漁業）	
			近海かつお一本釣：　総トン数10トン（我が国の排他的経済水域、領海及び内水並びに我が国の排他的経済水域によって囲まれた海域から成る海域（東京都小笠原村南鳥島に係る排他的経済水域及び領海を除く。）にあっては、総トン数20トン）以上120トン未満の動力漁船により、釣りによってかつお又はまぐろをとることを目的とする漁業（指定漁業）	
			沿岸かつお一本釣：　釣りによってかつお又はまぐろをとることを目的とする漁業であって遠洋かつお一本釣及び近海かつお一本釣以外のもの	小釣及び五目釣は、「その他の釣」
		いか釣	遠洋いか釣：　総トン数200トン以上の動力漁船により釣りによっていかをとることを目的とする漁業（指定漁業）（ただし、北緯20度の線以北、東経169度59分44秒の線以西の太平洋の海域（ベーリング海、オホーツク海、日本海、黄海、東シナ海及び南シナ海の海域を含む。）において釣りによっていかをとることを目的として官公庁、学校、試験研究機関等が行うものは、「近海いか釣」に含める。）	海外いか釣（ニュージーランド、ペルー海域等）
			近海いか釣：　総トン数30トン以上200トン未満の動力漁船により釣りによっていかをとることを目的とする漁業（指定漁業）	

漁業種類名				定　　　義	内容例示
釣漁業（続き）	はえ縄以外の釣（続き）	いか釣（続き）	沿岸いか釣	釣りによっていかをとることを目的とする漁業であって遠洋いか釣及び近海いか釣以外のもの（総トン数5トン以上30トン未満の動力漁船により行うものは、届出漁業（知事許可等を要するものもある。））	
		ひき縄釣		ひき縄を使用して行う漁業（かつお又はまぐろをとることを主たる目的とするものを含む。）	ひき縄、ひき縄釣、ひき釣、けんけん
		その他の釣		はえ縄以外の釣漁業であってかつお一本釣、いか釣及びひき縄釣以外のもの	手釣、竿釣、一本釣、立て縄釣、たる流し釣飼付け漁業、鳥付きこぎ釣漁業、小釣、五目釣、釣具によりさばをとることを目的とする漁業
捕鯨業	小型捕鯨			動力漁船によりもりづつを使用してみんくくじら又は歯くじら（まっこうくじらを除く。）をとる漁業（指定漁業）	
そ　の　他	採貝・採藻			○　小型底びき網、潜水器漁業等以外の貝をとることを目的とする漁業 ○　潜水器漁業等以外の海藻をとることを目的とする漁業	貝かご、貝突き漁業、見突き漁、腰まき、大まき、貝はさみ漁
	その他の漁業			前記以外の全ての漁業 ○　潜水器を使用して行う漁業	潜水器漁業、簡易潜水器漁業
				○　針に引っかけてとるもの	文鎮こぎ、空釣縄、たこいさり
				○　捕鯨以外のほこ、もり等で突き刺してとるもの	突きん棒、貝を除く見突き
				○　かぎ、鎌等で引っかけてとるもの	たこかぎ、うなぎ鎌
				○　採藻以外のはさむ、ねじる等の方法によりとるもの	うなぎはさみ
				○　えり漁業	すだて、羽瀬
				○　うけ、筒、箱又はかごを使用してとるもの（採貝を除く。次に掲げる海域以外の日本海の海域においてかごを使用してべにずわいがにをとることを目的とするものは指定漁業、総トン数10トン以上の動力漁船によりかごを使用してずわいがにをとることを目的とするもの及び大西洋又はインド洋の海域において動力漁船によりかごを使用して行うものは特定大臣許可漁業） イ　北緯41度20分9秒の線以北の我が国の排他的経済水域、領海及び内水 ロ　北緯41度20分9秒の線以南、次に掲げる線から成る線以東の日本海の海域 (イ)　北緯41度20分9秒東経137度59分48秒の点から北緯40度30分9秒東経137度59分48秒の点に至る直線 (ロ)　北緯40度30分9秒東経137度59分48秒の点から北緯37度30分10秒東経134度59分50秒の点に至る直線 (ハ)　北緯37度30分10秒東経134度59分50秒の点から北緯37度30分10秒東経133度59分50秒の点に至る直線 (ニ)　北緯37度30分10秒以南の東経133度59分50秒の線	たこつぼ、かにかご、あなご筒
				○　木、竹、わら等を海中に敷設してとるもの	柴浸け、いか巣びき、さんま手づかみ（釣具、ひき縄等を使用する場合は、該当する漁業種類に分類する。）

イ 魚種分類の定義

魚種分類			定義等（標準和名＜通称・地方名＞）
魚類	まぐろ類	くろまぐろ	くろまぐろ＜ほんまぐろ＞、めじ、よこわ
		みなみまぐろ	みなみまぐろ＜いんどまぐろ＞
		びんなが	びんなが＜びんちょう、とんぼ＞
		めばち	めばち＜だるま＞
		きはだ	きはだ＜きめじ＞
		その他のまぐろ類	こしなが〔前記以外のまぐろ属及び分類不能のまぐろ属〕（いそまぐろは、その他の魚類）
	かじき類	まかじき	まかじき
		めかじき	めかじき
		くろかじき類	くろかじき＜くろかわ＞、しろかじき＜しろかわ＞、〔くろかじき属〕
		その他のかじき類	ばしょうかじき、ふうらいかじき〔前記以外のまかじき科〕
	かつお類	かつお	かつお
		そうだがつお類	ひらそうだ、まるそうだ〔そうだがつお属〕
	さめ類		よしきりざめ、あぶらつのざめ、ほしざめ、しろざめ等（さかたざめは、その他の魚類）
	さけ・ます類	さけ類	さけ＜しろざけ＞、べにざけ＜べにます＞、ぎんざけ、ますのすけ＜キングサーモン＞
		ます類	からふとます＜せっぱり＞、さくらます＜ままます、おおめます＞
	このしろ		このしろ＜こはだ＞
	にしん		にしん
	いわし類	まいわし	まいわし
		うるめいわし	うるめいわし
		かたくちいわし	かたくちいわし＜せぐろ＞
		しらす	いわし類の稚仔（＝ちし）魚であって、35mm以下程度のもの（混獲されたいわし類以外の稚仔魚を含む。）
	あじ類	まあじ	まあじ
		むろあじ類	むろあじ、まるあじ、おあかむろ、もろ、くさやむろ〔むろあじ属〕
	さば類		まさば＜ひらさば＞、ごまさば＜まるさば＞〔さば属〕
	さんま		さんま
	ぶり類		ぶり＜はまち、わかし、いなだ、わらさ、つばす、ふくらぎ＞、ひらまさ、かんぱち〔ぶり属〕

注： 〔 〕は、綱、目、科、属を示し、当該綱、目、科、属に含まれる全ての魚種を含む。種名で示したものは、当該魚種に限る。

魚　種　分　類			定　義　等　（標準和名＜通称・地方名＞）
魚　　　　類　　　（続　　　　き）	ひらめ・かれい類	ひらめ	ひらめ
		かれい類	ひらめを除くかれい目の魚（まがれい、さめがれい、やなぎむしがれい、あかがれい、まこがれい、あぶらがれい、そうはちがれい、めいたがれい、いしがれい、こがねがれい、おひょう、ひれぐろ（なめたがれい）、うしのした類等）
	たら類	まだら	まだら
		すけとうだら	すけとうだら＜すけそう＞
	ほっけ		ほっけ〔ほっけ属〕
	きちじ		きちじ＜きんき、きんきん＞〔きちじ属〕
	はたはた		はたはた
	にぎす類		にぎす、かごしまにぎす
	あなご類		まあなご、くろあなご〔くろあなご属〕
	たちうお		たちうお
	たい類	まだい	まだい
		ちだい・きだい	ちだい＜はなだい、ちこだい＞、きだい＜れんこだい＞〔ちだい属、きだい属〕
		くろだい・へだい	くろだい＜ちぬ、かいず＞、きちぬ＜きびれ＞、へだい〔くろだい属、へだい属〕
	いさき		いさき（しまいさき、やがたいさき等は、その他の魚類）
	さわら類		さわら、うしさわら＜おきさわら＞、よこしまさわら、かますさわら〔さわら属、かますさわら属〕（バラクーダ（遠洋底びき網のおきさわら）は、その他の魚類）
	すずき類		すずき＜せいご、ふっこ＞、ひらすずき〔すずき属〕
	いかなご		いかなご＜こうなご、めろうど＞
	あまだい類		しろあまだい、あかあまだい＜ぐじ＞、きあまだい〔あまだい属〕
	ふぐ類		とらふぐ、まふぐ、からす、ひがんふぐ、しょうさいふぐ、さばふぐ〔とらふぐ属、さばふぐ属〕
	その他の魚類		前記のいずれにも分類されない魚類（めぬけ類、にべ・ぐち類、えそ類、いぼだい、はも、えい類、しいら類、とびうお類、ぼら類、ほうぼう類、あんこう類、きんめだい類、こち類、さより類、おにおこぜ類、めばる類、きす類、はぎ類、かながしら類等）
え　び　類	いせえび		いせえび
	くるまえび		くるまえび
	その他のえび類		前記のいずれにも分類されないえび類（ほっこくあかえび、こうらいえび＜大正えび＞、ぼたんえび等）

イ　魚種分類の定義（続き）

魚　種　分　類		定　義　等　（標準和名＜通称・地方名＞）
か に 類	ずわいがに	ずわいがに＜まつばがに、えちぜんがに＞（まるずわいがには、その他のかに類）
	べにずわいがに	べにずわいがに
	がざみ類	がざみ、ひらつめがに、たいわんがざみ、じゃのめがざみ〔わたりがに科〕
	その他のかに類	前記のいずれにも分類されないかに類（たらばがに、けがに、はなさきがに、まるずわいがに、いばらがに、あさひがに、あぶらがに等）
おきあみ類		なんきょくおきあみを除くおきあみ類〔おきあみ属〕
貝 類	あわび類	くろあわび、えぞあわび、まだか、めがい（とこぶしは、その他の貝類）
	さざえ	さざえ
	あさり類	あさり、ひめあさり〔あさり属〕
	ほたてがい	ほたてがい
	その他の貝類	前記以外のいずれにも分類されない貝類（はまぐり類、うばがい（ほっきがい）、さるぼう（もがい）、つぶ、ばい、たいらぎ、ばかがい、とりがい、あかがい、いたやがい、とこぶし等）
い か 類	するめいか	するめいか
	あかいか	あかいか＜むらさきいか、ばかいか＞（けんさきいかは、その他のいか類）、あめりかおおあかいか
	その他のいか類	前記のいずれにも分類されないいか類（こういか類（こういか、しりやけいか、かみなりいか、こぶしめ〔こういか科〕＜もんごういか＞）、やりいか、けんさきいか、そでいか、あおりいか、ほたるいか、ニュージーランドするめいか、まついか等）
たこ類		まだこ、みずだこ、いいだこ〔まだこ科〕
うに類		ばふんうに、えぞばふんうに、むらさきうに、きたむらさきうに、あかうに〔うに綱〕
海産ほ乳類		いるか類及びくじら類（捕鯨業により捕獲されたものを除く。）
その他の水産動物類		前記のいずれにも分類されない水産動物類（なまこ類（まなまこ、くろなまこ〔なまこ綱〕）、なんきょくおきあみ、しゃこ、さんご、餌むし等）
海 藻 類	こんぶ類	まこんぶ、ながこんぶ、みついしこんぶ、りしりこんぶ〔こんぶ属〕
	その他の海藻類	前記のいずれにも分類されない海藻類（わかめ類（わかめ、ひろめ、あおわかめ〔わかめ属〕）、ひじき、てんぐさ類（まくさ、ひらくさ、おにくさ、ゆいきり＜とりのあし〕〔てんぐさ科〕）、ふのり類、あまのり類、とさかのり、おごのり、あらめ、かじめ等）

（3）　海面養殖業収穫統計調査に用いる分類の定義

ア　養殖方法分類の定義

養　殖　方　法	定　　義	内　容　例　示
築堤式	入江、湾等の海面を堤防で区切って養殖を行うもの	魚類、くるまえび等の養殖に用いられる。
網仕切式	入江、湾等の海面を網で仕切るか又は一定の海面を網で囲んで養殖を行うもの	魚類、くるまえび等の養殖に用いられる。
小割式	海面にいけす網、いけす箱等を浮かべるか又は中層に懸垂して養殖を行うもの	魚類、たこ類等の養殖に用いられる。
いかだ式	いかだに種苗を付着させた貝がら、ロープ等を直接垂下するもの及び種苗を入れたかご又は網袋を垂下して養殖を行うもの	かき類、ほたてがい、あわび類、わかめ類等の養殖に用いられる。 　なお、わかめ類養殖等でみられる3〜4mの間隔で浮き竹をロープでつないだものも、いかだ式に含める。
垂下式	海底に丸太、竹等の杭を立て、これに木、竹等を渡し、種苗を付着させた貝がら、ロープ等を直接垂下するもの及び種苗を入れたかご又は網袋を垂下して養殖を行うもの	かき類、ほたてがい等の養殖に用いられる。
はえ縄式	樽、合成樹脂製浮子等を使用して、海面に縄を張り、これに種苗を付着させた貝がら、ロープ等を直接垂下するもの及び種苗を入れたかご又は網袋を垂下して養殖を行うもの	かき類、ほたてがい、真珠、わかめ類等の養殖に用いられる。
地まき式	海底に種苗をまいて養殖を行うもの	かき類養殖に用いられる。
網ひび式	網ひびに種苗を付着させて養殖を行うもので、支柱式と浮き流し式がある。	のり類養殖に用いられる。
支柱式	海底に支柱を立て、これに網ひびを所定の高さに張り養殖を行うもの	
浮き流し式	海面に浮かせた枠に網ひびを張り養殖を行うもの	地方により「ベタ流し」、「沖流し」とも呼ばれる。 　なお、「浮上いかだ式」を含む。
そだひび式	そだ（＝切り取った竹や木の枝）に種苗を付着させて養殖を行うもの	かき類養殖に用いられる。
コンクリート水槽式	陸上のコンクリート水槽に、動力で海水を揚水し、曝気（＝ばっき）装置を設け、海水の流れを図り養殖を行うもの	魚類、くるまえび等の養殖に用いられる。
その他	前記以外の養殖方法で行うもの	

24

イ　養殖魚種分類の定義

養　殖　魚　種			定　義　等（標　準　和　名）
魚類	ぎんざけ		ぎんざけ
	ぶり類	ぶり	ぶり
		かんぱち	かんぱち
		その他のぶり類	前記のいずれにも分類されないぶり類（ひらまさ等）
	まあじ		まあじ
	しまあじ		しまあじ
	まだい		まだい
	ひらめ		ひらめ
	ふぐ類		とらふぐ、まふぐ〔とらふぐ属〕
	くろまぐろ		くろまぐろ
	その他の魚類		前記のいずれにも分類されない魚類（ちだい、くろだい、かわはぎ等）
貝類	ほたてがい		ほたてがい
	かき類		まがき、いたぼがき、すみのえがき〔いたぼがき科〕
	その他の貝類		前記のいずれにも分類されない貝類（いたやがい、ひおうぎがい等）
くるまえび			くるまえび
ほや類			まぼや、あかぼや
その他の水産動物類			前記のいずれにも分類されない水産動物類（がざみ類、うに類、いせえび、餌むし等）
海藻類	こんぶ類		まこんぶ、ながこんぶ、みついしこんぶ、りしりこんぶ〔こんぶ属〕
	わかめ類		わかめ、ひろめ
	のり類		すさびのり、あさくさのり〔あまのり属〕、ひとえぐさ〔あおさ属〕、すじあおのり〔あおのり属〕
	もずく類		もずく、おきなわもずく、ふともずく
	その他の海藻類		前記のいずれにも分類されない海藻類（まつも等）
真珠			真珠（海水産の真珠母貝により生産されるもの）
種苗	ぶり類種苗		ふ化の翌年の５月31日までのもののうちもじゃこを除いたもの及びふ化の翌年の６月１日からその翌年の５月31日までのもの
	まだい種苗	稚魚	天然種苗並びに人工的に採卵し、ふ化させ、及び飼育した人工種苗
		１・２年魚	ふ化の翌年の５月31日までのもののうち稚魚を除いたもの及びふ化の翌年の６月１日からその翌年の５月31日までのもの

養　殖　魚　種			定　義　等　（標　準　和　名）
種苗（続き）	ひらめ種苗		ひらめ種苗
	真珠母貝		あこやがい、まべがい、くろちょうがい等
	ほたてがい種苗		ほたてがい種苗
	かき類種苗		かき類種苗
	くるまえび種苗		くるまえび種苗
	わかめ類種苗		わかめ類種苗
	のり種苗類	網ひび	のりの殻胞子を付着させた網（種網）
		貝がら	のりの果胞子が貝がらに穿入（＝せんにゅう）し、糸状体となったもの

ウ　のり類の製品形態区分

製　品　形　態　区　分		内　容　例　示
板のり	くろのり	あさくさのり、すざびのり、うっぷるいのり等（以下「くろのり」という。）を板のりにしたもので、あおのりが混じっていないもの
	まぜのり	くろのりにあおのり（「あおさ」及び「ひとえぐさ」をいう。）以下同じ。）が混ざっているものを板のりにしたもの
	あおのり	あおのりを板のりにしたもの
ばらのり（干重量）		つくだに等の加工用とするため乾燥した「のり」で板のりとしないもの。一般にあおのりが多く用いられている。
その他（生重量）		前記のいずれにも区分されないもの

（4）　内水面漁業生産統計調査に用いる分類の定義

ア　内水面漁業魚種分類

魚種分類			該 当 す る 魚 種 名 等
魚　　　　　　類	さけ・ます類	さけ類	しろざけ（「ときしらず」、「あきざけ」と称する地方もある。）、ぎんざけ、ますのすけ等
		からふとます	からふとます（「せっぱります」と称する地方もある。）
		さくらます	さくらます（「ます」、「ほんます」、「まます」と称する地方もある。）
		その他のさけ・ます類	ひめます（べにざけの陸封性）、にじます、ブラウントラウト、やまめ（さくらますの陸封性、「やまべ」と称する地方もある。）、いわな、おしょろこま、かわます、ごぎ、えぞいわな、びわます（あまご）、いわめ、いとう等
	わかさぎ		わかさぎ
	あゆ		あゆ
	しらうお		しらうお
	こい		こい
	ふな		ふな（きんぶな、ぎんぶな、げんごろうぶな、かわちぶな等）
	うぐい・おいかわ		うぐい、まるた、おいかわ（「やまべ」、「はや」、「はえ」と称する地方もある。）
	うなぎ		うなぎ
	はぜ類		まはぜ、ひめはぜ、うろはぜ、ちちぶはぜ、じゃこはぜ、あしじろはぜ、ごくらくはぜ、どんこ、かわあなご、いさざ、しろうお、よしのぼり、びりんご、ちちぶ、うきごり等
	その他の魚類		上記以外の魚類（どじょう、ふくどじょう、あじめどじょう、しまどじょう、ぼら、めなだ、かじか、なまず、もろこ、にごい、ししゃも、らいぎょ、そうぎょ等）
貝類	しじみ		やまとしじみ、ましじみ、せたしじみ等
	その他の貝類		しじみ以外の貝類
その他の水産動植物類	えび類		すじえび、てながえび、ぬかえび等（ざりがにを除く。）
	その他の水産動植物類		上記以外の水産動植物類（さざあみ、やつめうなぎ、かに、藻類等）

イ　内水面養殖業魚種分類

魚　　　　種		該 当 す る 魚 種 名 等
魚　　　類	ます類　にじます	にじます、ドナルドソン
	ます類　その他のます類	やまめ、あまご、いわな等
	あ　　ゆ	あゆ
	こ　　い	こい
	う　な　ぎ	うなぎ

ウ　３湖沼漁業魚種分類

(ア)　琵琶湖

魚種分類			該当する魚種名等
魚類	わかさぎ		わかさぎ
	ます		びわます
	こあゆ		こあゆ（ひうお（こあゆの稚魚）を含む。）
	こい		こい
	ふな	にごろぶな	にごろぶな
		その他	にごろぶな以外のふな
	うぐい・おいかわ		うぐい・おいかわ
	うなぎ		うなぎ
	はぜ類	いさざ	いさざ（はぜ類）
		その他	いさざ以外のはぜ類
	もろこ類	ほんもろこ	もろこ（ほんもろこ）
		その他	もろこ（ほんもろこ）以外のもろこ類（すごもろこ、でめもろこ等を含む。）
	はす		はす
	その他の魚類		前記以外のいずれにも分類されない魚類
貝類	しじみ		せたしじみ
	その他の貝類		前記以外のいずれにも分類されない貝類
その他の水産動物類	えび類		すじえび、てながえび
	その他の水産動物類		前記のいずれにも分類されない水産動物類

(イ)　霞ヶ浦及び北浦

魚種分類		該当する魚種名等
魚類	わかさぎ	わかさぎ
	しらうお	しらうお
	こい	こい
	ふな	ふな
	うなぎ	うなぎ
	はぜ類	まはぜ、ひめはぜ
	ぼら類	ぼら、めなだ
	その他の魚類	前記のいずれにも分類されない魚類（たなご類、さより、どじょう類、すずき、ひがい、れんぎょ、そうぎょ、らいぎょ、ブラックバス等）
貝類	しじみ	やまとしじみ
	その他の貝類	前記のいずれにも分類されない貝類（からすがい（たんがい）、いけちょうがい）
その他の水産動物類	えび類	すじえび、てながえび
	その他の水産動物類	前記のいずれにも分類されない水産動物類

エ 3湖沼漁業種類分類

(ア) 琵琶湖

漁業種類分類	定　　　　　義
底びき網	小型動力船で底びき網又は貝けた網を使用して行う漁業（沖びき網、貝びき網等）
敷網	四方形の敷網又はさで網を使用して行う漁業（四つ手網、追いさで網（あゆをとることを目的として、さで網を使用し鵜竿（＝うざお）等で威嚇して魚を追い込む漁業））
刺網	刺網を使用して行う漁業（荒目小糸網、細目小糸網）
定置網	第2種共同漁業権により定められた一定の場所に漁網を定置して、あるいは竹す又は網でえりを設置して行う漁業（落とし網、えり）及び河川を横断して杭を打ち竹すでやなを敷設して川をせき止めて魚をとる漁業（やな）
採貝	手がき漁具を使用して貝をとる漁業
かご類	竹で編んだ円筒形の巣かごや網で編んだもんどり及びたつべ（竹で編んだかご）を使用する漁業
あゆ沖すくい	小型動力漁船で船首にすくい網を固定し、あゆをすくいとることを目的とする漁業
投網	人力によって網を投げて魚をとる漁業
その他の漁業	上記以外の漁業

(イ) 霞ヶ浦及び北浦

漁業種類分類	定　　　　　義
底びき網	底びき網を使用して行う漁業（わかさぎ・しらうおびき網、帆びき網、いさざごろびき網）
刺網	刺網を使用して行う漁業
定置網	漁具を定置して行う漁業
採貝	貝類をとることを目的とする魚業
その他の漁業	上記以外の漁業

オ 3湖沼養殖業魚種分類

魚　種　分　類			該　当　す　る　魚　種　名　等
食	さけす・ます類	にじます	にじます
		その他のさけ・ます類	にじます以外のさけ・ます類
	あゆ		あゆ
	こい		こい
	うなぎ		うなぎ
用	その他		前記のいずれにも分類されない魚類
真珠			真珠（淡水産の真珠母貝により生産されるもの）
種	卵	ます類	ます類の卵
	稚魚	ます類	ます類の稚魚
		あゆ	あゆの稚魚
苗		こい	こいの稚魚
	その他の種苗		前記のいずれにも分類されない種苗

(5) 内水面漁業・養殖業の調査対象河川・湖沼一覧（主要112河川24湖沼）

調査対象河川

No.	調査対象河川	都道府県名
1	知来別川	北海道
2	頓別川	北海道
3	北見幌別川	北海道
4	徳志別川	北海道
5	幌内川	北海道
6	渚滑川	北海道
7	網走川	北海道
8	止別川	北海道
9	斜里川	北海道
10	奥蘂別川	北海道
11	常呂川	北海道
12	伊茶仁川	北海道
13	標津川	北海道
14	西別川	北海道
15	風蓮川	北海道
16	別当賀川	北海道
17	釧路川	北海道
18	十勝川	北海道
19	静内川	北海道
20	沙流川	北海道
21	白老川	北海道
22	敷生川	北海道
23	遊楽部川	北海道
24	天塩川	北海道
25	石狩川	北海道
26	後志利別川	北海道
27	高瀬川	青森
28	奥入瀬川	青森
29	馬淵川	青森／岩手
30	新井田川	青森／岩手
31	野辺地川	青森
32	岩木川	青森
33	有家川	岩手
34	久慈川	岩手
35	安家川	岩手
36	小本川	岩手
37	摂待川	岩手
38	田老川	岩手
39	閉伊川	岩手
40	津軽石川	岩手
41	織笠川	岩手
42	大槌川	岩手
43	片岸川	岩手
44	吉浜川	岩手
45	盛川	岩手
46	気仙川	岩手
47	北上川	岩手／宮城
48	大川	宮城
49	小泉川	宮城
50	鳴瀬川	宮城
51	阿武隈川	宮城／福島
52	雄物川	秋田
53	月光川	山形
54	最上川	山形
55	赤川	山形
56	阿賀野川	福島／新潟
57	久慈川	福島／茨城
58	請戸川	福島
59	熊川	福島
60	木戸川	福島
61	夏井川	福島
62	那珂川	茨城／栃木
63	利根川	茨城／栃木／群馬／埼玉／千葉／東京
64	荒川	埼玉／東京
65	江戸川	埼玉／千葉／東京／神奈川／山梨
66	多摩川	東京／神奈川／山梨
67	相模川	神奈川／山梨
68	三面川	新潟
69	信濃川	新潟／長野
70	黒部川	富山
71	神通川	富山／岐阜
72	庄川	富山／岐阜
73	手取川	石川
74	九頭竜川	福井／岐阜
75	天竜川	長野／静岡／愛知
76	木曽川	長野／岐阜／愛知／三重
77	長良川	岐阜／三重
78	揖斐川	岐阜／三重
79	矢作川	長野／岐阜／愛知
80	安倍川・藁科川	静岡／愛知
81	豊川	愛知
82	宮川	三重
83	淀川	三重／滋賀／京都／大阪／奈良
84	熊野川	三重／奈良／和歌山
85	由良川	京都
86	円山川	兵庫
87	揖保川	兵庫
88	紀の川	奈良／和歌山
89	有田川	和歌山
90	日高川	和歌山
91	千代川	鳥取
92	日野川	鳥取／島根／広島
93	江の川	島根／広島
94	高津川	島根
95	吉井川	岡山
96	高梁川	岡山／広島
97	番川	岡山
98	太田川	広島
99	錦川	山口
100	吉野川	徳島／愛媛／高知
101	勝浦川	徳島
102	仁淀川	愛媛／高知
103	肱川	愛媛
104	四万十川	愛媛／高知
105	筑後川	福岡／佐賀／熊本／大分
106	菊池川	熊本
107	緑川	熊本
108	球磨川	熊本
109	大分川	大分
110	大野川	大分
111	一ッ瀬川	宮崎
112	大淀川	熊本／宮崎／鹿児島

調査対象湖沼

No.	調査対象湖沼	都道府県名
1	能取湖	北海道
2	網走湖	北海道
3	阿寒湖	北海道
4	十三湖	青森
5	小川原湖	青森
6	十和田湖	青森／秋田
7	八郎湖	秋田
8	猪苗代湖	福島
9	涸沼	茨城
10	※霞ヶ浦	茨城
11	※北浦（外浪逆浦を含む）	茨城
12	中禅寺湖	栃木
13	印旛沼	千葉
14	手賀沼	千葉
15	芦ノ湖	神奈川
16	山中湖	山梨
17	河口湖	山梨
18	西湖	山梨
19	諏訪湖	長野
20	※琵琶湖	滋賀
21	東郷池	鳥取
22	宍道湖	島根
23	神西湖	島根
24	児島湖	岡山

※3湖沼調査の対象湖沼

（6）漁業・養殖業水域別生産統計の世界水域区分図

図中の〇付数字は、国際連合食糧農業機関（ＦＡＯ）の水域区分番号である。

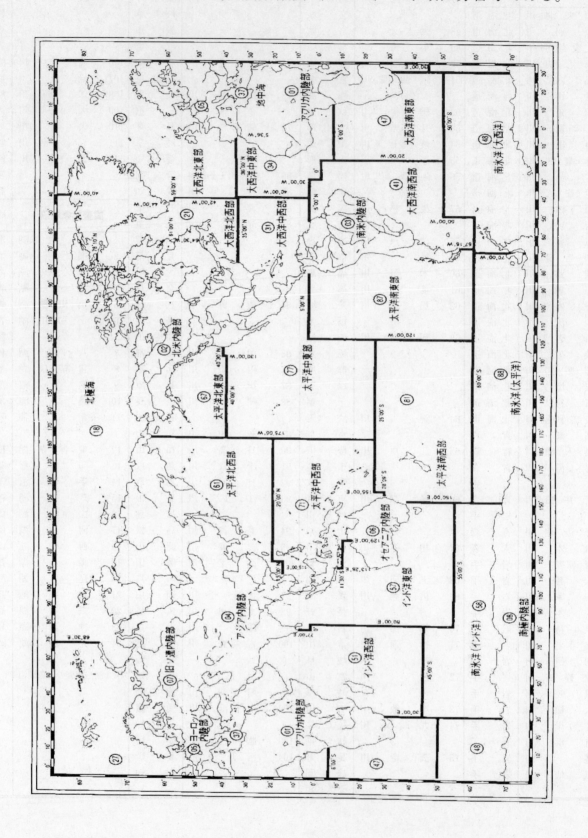

I　調査結果の概要

1 漁業・養殖業生産量

　平成29年の我が国の漁業・養殖業の生産量は430万6,129 tで、前年に比べ5万3,111 t（1.2％）減少した。

　このうち、海面漁業の漁獲量は325万8,020 tで、前年に比べ5,548 t（0.2％）減少した。

　これを部門別にみると、遠洋漁業は31万3,734 tで、前年に比べ2万127 t（6.0％）減少、沖合漁業は205万1,479 tで、前年に比べ11万5,364 t（6.0％）減少、沿岸漁業は89万2,807 tで、前年に比べ10万786 t（10.1％）減少した。

　また、海面養殖業の収獲量は98万6,056 tで、前年に比べ4万6,481 t（4.5％）減少した。

　内水面漁業・養殖業の生産量は6万2,054 tで、前年に比べ1,081 t（1.7％）減少した。

図1　漁業・養殖業生産量の推移

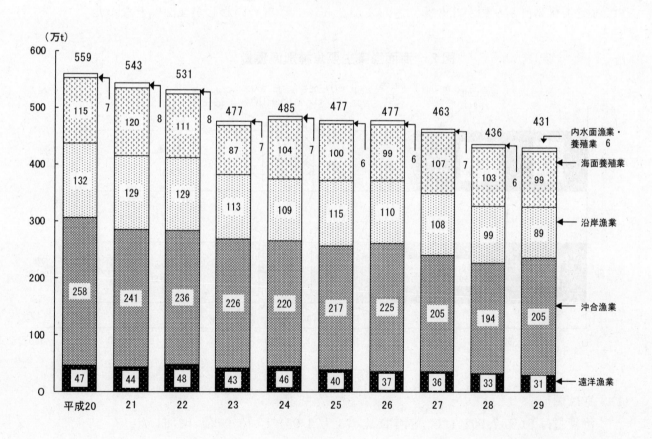

　注：表示単位で四捨五入しているため、合計値と内訳が一致しない場合がある。（以下同じ。）。

2　海面漁業

海面漁業の漁獲量は325万8,020 t で、前年に比べ5,548 t（0.2％）減少した。

東日本大震災で漁船や漁港施設に甚大な被害を受けた岩手県の漁獲量は7万5,792 t で、前年に比べて9,377 t（11.0％）減少、宮城県の漁獲量は15万8,328 t であり、前年に比べて4,863 t（3.0％）減少した。

また、福島県の漁獲量は5万2,846 t であり、大中型まき網1そうまきその他での漁獲量の増加から、前年と比べ4,902 t（10.2％）増加した。

主要魚種別漁獲量

海面漁業の魚種のうち、漁獲量が前年に比べて増加した主な魚種は、まいわし、ほたてがい、まあじ、さば類、ぶり類であり、減少した主な魚種は、さんま、さけ類、うるめいわし、かたくちいわし、こんぶ類であった。

この結果、海面漁業の漁獲量に占める主要魚種の割合は、さば類が15.9％、まいわしが15.3％、ほたてがいが7.2％、かつおが6.7％、かたくちいわしが4.5％、まあじが4.5％、すけとうだらが4.0％、ぶり類が3.6％、さんまが2.6％、うるめいわしが2.2％となった。

図2　海面漁業主要魚種別漁獲量

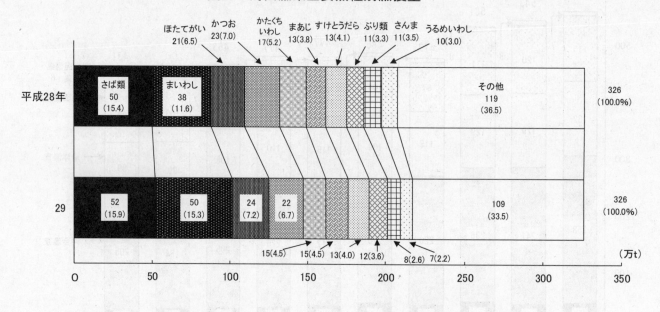

(1)　さば類

漁獲量は51万7,602 t で、前年に比べ1万4,951 t（3.0％）増加した。

これは、長崎県、宮崎県等で増加したためである。

(2)　まいわし

漁獲量は50万15 t で、前年に比べ12万1,873 t（32.2％）増加した。

これは、茨城県、千葉県等で増加したためである。

(3)　ほたてがい

漁獲量は23万5,952 t で、前年に比べ2万2,242 t（10.4％）増加した。

これは、漁獲量のほとんどを占める北海道で増加したためである。

(4) かつお

　　漁獲量は21万8,977 t で、前年に比べ8,969 t （3.9％）減少した。

　　これは、三重県等で減少したためである。

(5) かたくちいわし

　　漁獲量は14万5,715 t で、前年に比べ2万5,458 t （14.9％）減少した。

　　これは、愛知県等で減少したためである。

(6) まあじ

　　漁獲量は14万5,215 t で、前年に比べ1万9,796 t （15.8％）増加した。

　　これは、長崎県等で増加したためである。

(7) すけとうだら

　　漁獲量は12万9,269 t で、前年に比べ4,967 t （3.7％）減少した。

　　これは、青森県等で減少したためである。

(8) ぶり類

　　漁獲量は11万7,761 t で、前年に比べ1万1,005 t （10.3％）増加した。

　　これは、長崎県、宮城県等で増加したためである。

(9) さんま

　　漁獲量は8万3,803 t で、前年に比べて3万25 t （26,4％）減少した。

　　これは、北海道等で減少したためである。

(10) うるめいわし

　　漁獲量は7万1,971 t で、前年に比べて2万5,900 t （26.5％）減少した。

　　これは、長崎県等で減少したためである。

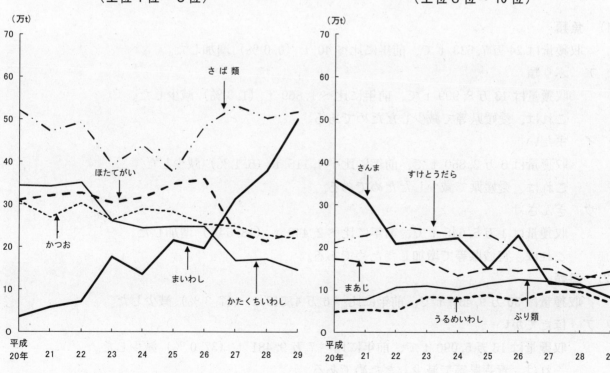

図3　海面漁業主要魚種別漁獲量の推移
（上位1位～5位）

図4　海面漁業主要魚種別漁獲量の推移
（上位6位～10位）

3　海面養殖業

　　海面養殖業の収獲量は98万6,056 t で、前年に比べ4万6,481 t （4.5％）減少した。
これは、ほたてがい、まだい等が減少したためである。

　　東日本大震災の影響で養殖施設に甚大な被害を受けた岩手県の収獲量は3万 7,439 t 、宮城県
の収獲量は9万1,418 t であり、岩手県は前年に比べて 2,853 t （8.2％）増加し、宮城県は前年
に比べて6,872 t （8.1％）増加した。

　　海面養殖業の魚種のうち、収獲量が前年に比べて増加した主な魚種は、かき類、こんぶ類であ
り、減少した主な魚種は、ほたてがい、まだい等であった。

　　この結果、海面養殖業の収獲量に占める主要魚種の割合は、のり類が 30.9 ％、かき類が 17.6
％、ぶり類が 14.1 ％、ほたてがいが 13.7 ％、まだいが 6.4 ％、わかめ類が 5.2 ％となった。

図5　海面養殖業主要魚種別収獲量

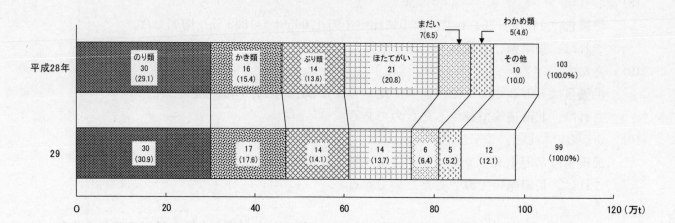

(1)　**魚類**

　　収獲量は 24 万7,633 t で、前年に比べ40 t （0.0 ％）増加した。

　ア　ぶり類

　　　収獲量は13 万8,999 t で、前年に比べ1,869 t （1.3 ％）減少した。

　　　これは、愛媛県等で減少したためである。

　イ　まだい

　　　収獲量は6 万2,850 t で、前年に比べ4,115 t （6.1 ％）減少した。

　　　これは、愛媛県で減少したためである。

　ウ　ぎんざけ

　　　収獲量は1 万5,648 t で、前年に比べ2,440 t （18.5 ％）増加した。

　　　これは、宮城県等で増加したためである。

(2)　**貝類**

　　収獲量は30 万9,437 t で、前年に比べ6 万4,519 t （17.3 ％）減少した。

　ア　ほたてがい

　　　収獲量は13 万5,090 t で、前年に比べ7 万9,481 t （37.0 ％）減少した。

　　　これは、青森県等で減少したためである。

イ　かき類

収獲量は17万3,900 tで、前年に比べ1万4,975 t（9.4％）増加した。

これは、広島県等で増加したためである。

図6　海面養殖業魚種別収獲量の推移（魚類）

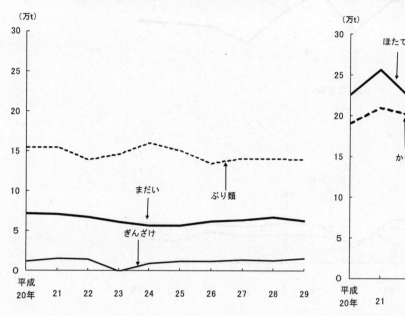

図7　海面養殖業魚種別収獲量の推移（貝類）

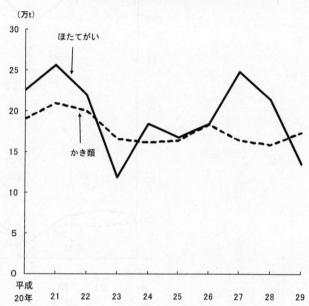

(3)　海藻類

収獲量は40万7,835 tで、前年に比べ1万6,625 t（4.2％）増加した。

ア　のり類（生重量）

収獲量は30万4,308 tで、前年に比べ3,625 t（1.2％）増加した。

これは、熊本県、福岡県等で増加したためである。

イ　わかめ類

収獲量は5万1,114 tで、前年に比べ3,442 t（7.2％）増加した。

これは、岩手県、宮城県で増加したためである。

ウ　こんぶ類

収獲量は3万2,463 tで、前年に比べ5,395 t（19.9％）増加した。

これは、北海道、岩手県で増加したためである。

図8　海面養殖業魚種別収獲量の推移（海藻類）

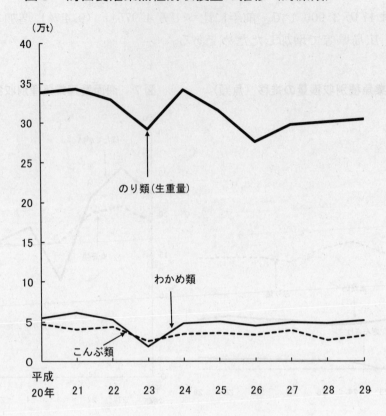

4　内水面漁業

　内水面漁業（全国の主要112河川及び24湖沼）の漁獲量は2万5,215 tで、前年に比べ2,722 t（9.7％）減少した。

(1)　河川・湖沼別漁獲量

　　河川における漁獲量は9,812 tで、前年に比べ2,290 t（18.9％）減少した。

　　また、湖沼における漁獲量は1万5,403 tで、前年に比べ432 t（2.7％）減少した。

(2)　主要魚種別漁獲量

　ア　しじみ

　　　漁獲量は9,868 tで、前年に比べ288 t（3.0％）増加した。

　イ　さけ類

　　　漁獲量は5,802 tで、前年に比べ1,669 t（22.3％）減少した。

　　　これは、北海道等で減少したためである。

　ウ　あゆ

　　　漁獲量は2,168 tで、前年に比べ222 t（9.3％）減少した。

　エ　わかさぎ

　　　漁獲量は943 tで、前年に比べ238 t（20.2％）減少した。

　　　これは、青森県等で減少したためである。

　オ　しらうお

　　　漁獲量は561 tで、前年に比べ24 t（4.1％）減少した。

　　　これは、青森県等で減少したためである。

図9　内水面漁業主要魚種別漁獲量

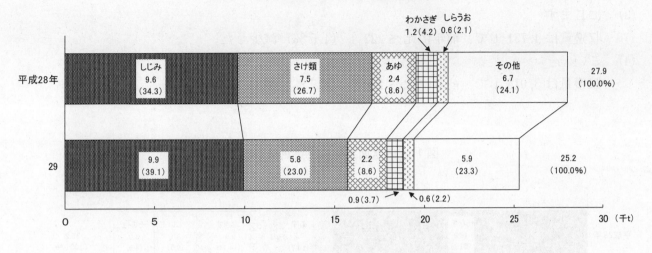

図10　内水面漁業主要魚種別漁獲量の推移

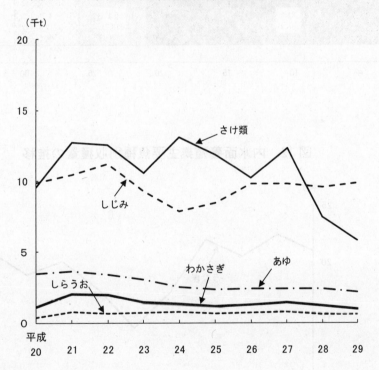

5　内水面養殖業

　　内水面養殖業の収獲量は3万6,839 t で、前年に比べ1,641 t （4.7％）増加した。

（1）　うなぎ

　　収獲量は2万979 t で、前年に比べ2,072 t （11.0％）増加した。

　　これは、鹿児島県、愛知県等で増加したためである。

（2）　あゆ

　　収獲量は5,053 t で、前年に比べ130 t （2.5％）減少した。

(3) にじます

収獲量は4,731tで、前年に比べ223t（4.5％）減少した。

(4) こい

収獲量は3,015tで、前年に比べ116t（3.7％）減少した。

図11　内水面養殖業主要魚種別収獲量

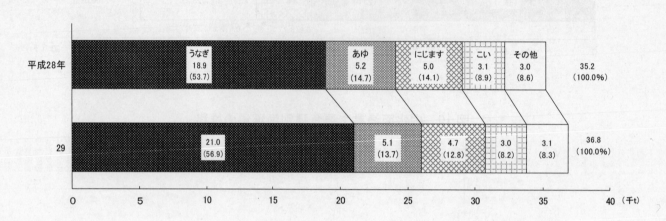

図12　内水面養殖業主要魚種別収獲量の推移

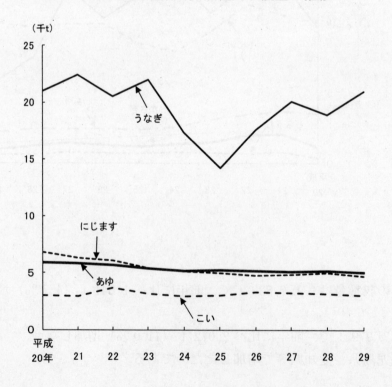

Ⅱ　統計表

〔総括表〕

42 総括表

漁業・養殖業部門別生産量

年　　次	総生産量	海　　面				
		計	漁　　　　業			
			小　計	遠　洋	沖　合	沿　岸
生　産　量	t	t	t	t	t	t
平成19年　(1)	5,719,928	5,638,938	4,396,826	505,889	2,603,624	1,287,313
20　(2)	5,592,327	5,519,687	4,373,337	473,845	2,580,892	1,318,601
21　(3)	5,432,011	5,349,447	4,147,374	442,917	2,411,008	1,293,449
22　(4)	5,312,687	5,233,440	4,122,102	480,074	2,356,340	1,285,688
23　(5)	4,765,972	4,692,819	3,824,099	430,788	2,264,265	1,129,046
24　(6)	4,853,093	4,786,267	3,746,763	458,334	2,198,085	1,090,345
25　(7)	4,773,695	4,712,564	3,715,467	395,767	2,169,126	1,150,574
26　(8)	4,765,353	4,700,879	3,713,240	368,785	2,246,251	1,098,203
27　(9)	4,630,706	4,561,453	3,492,436	358,173	2,053,190	1,081,073
28　(10)	4,359,240	4,296,105	3,263,568	333,861	1,936,115	993,593
29　(11)	4,306,129	4,244,076	3,258,020	313,734	2,051,479	892,807
対前年増減率(%)						
平成19年　(12)	△ 0.3	△ 0.2	△ 1.6	△ 2.4	4.1	△ 11.3
20　(13)	△ 2.2	△ 2.1	△ 0.5	△ 6.3	△ 0.9	2.4
21　(14)	△ 2.9	△ 3.1	△ 5.2	△ 6.5	△ 6.6	△ 1.9
22　(15)	△ 2.2	△ 2.2	△ 0.6	8.4	△ 2.3	△ 0.6
23　(16)	△ 10.3	△ 10.3	△ 7.2	△ 10.3	△ 3.9	△ 12.2
24　(17)	1.8	2.0	△ 2.0	6.4	△ 2.9	△ 3.4
25　(18)	△ 1.6	△ 1.5	△ 0.8	△ 13.7	△ 1.3	5.5
26　(19)	△ 0.2	△ 0.2	△ 0.1	△ 6.8	3.6	△ 4.6
27　(20)	△ 2.8	△ 3.0	△ 5.9	△ 2.9	△ 8.6	△ 1.6
28　(21)	△ 5.9	△ 5.8	△ 6.6	△ 6.8	△ 5.7	△ 8.1
29　(22)	△ 1.2	△ 1.2	△ 0.2	△ 6.0	6.0	△ 10.1
構　成　比(%)						
平成19年　(23)	100.0	98.6	76.9	8.8	45.5	22.5
20　(24)	100.0	98.7	78.2	8.5	46.2	23.6
21　(25)	100.0	98.5	76.3	8.2	44.4	23.8
22　(26)	100.0	98.5	77.6	9.0	44.4	24.2
23　(27)	100.0	98.5	80.2	9.0	47.5	23.7
24　(28)	100.0	98.6	77.2	9.4	45.3	22.5
25　(29)	100.0	98.7	77.8	8.3	45.4	24.1
26　(30)	100.0	98.6	77.9	7.7	47.1	23.0
27　(31)	100.0	98.5	75.4	7.7	44.3	23.3
28　(32)	100.0	98.6	74.9	7.7	44.4	22.8
29　(33)	100.0	98.6	75.7	7.3	47.6	20.7

注:　部門別設定基準については、「利用者のために」13の(2)参照。
　　　1)は、「利用者のために」14の(1)参照。
　　　2)は、調査捕鯨による捕獲頭数を含んでいない。
　　　内水面漁業漁獲量は、平成19年及び平成20年は主要106河川24湖沼、平成21年から平成25年までは主要108河川24湖沼、平成26年から平成29年については主要112河川24湖沼の値である。
　　　平成23年の海面漁業・養殖業の生産量については、東日本大震災の影響により、岩手県、宮城県及び福島県においてデータを消失した調査対象者があり、消失したデータは含まない数値である。

養殖業	内　水　面			捕鯨業	
	計	1) 漁　業	1) 養殖業	2)捕　獲 実頭数	
t	t	t	t	頭	
1,242,112	80,990	39,038	41,953	103	(1)
1,146,350	72,639	32,627	40,012	84	(2)
1,202,072	82,565	41,638	40,927	89	(3)
1,111,338	79,247	39,844	39,403	77	(4)
868,720	73,153	34,260	38,893	61	(5)
1,039,504	66,826	32,869	33,957	87	(6)
997,097	61,131	30,635	30,496	73	(7)
987,639	64,474	30,603	33,871	76	(8)
1,069,017	69,253	32,917	36,336	77	(9)
1,032,537	63,135	27,937	35,198	66	(10)
986,056	62,054	25,215	36,839	30	(11)
5.0	△　2.3	△　6.4	1.9	18.4	(12)
△　7.7	△　10.3	△　16.4	△　4.6	△　18.4	(13)
4.9	13.7	27.6	2.3	6.0	(14)
△　7.5	△　4.0	△　4.3	△　3.7	△　13.5	(15)
△　21.8	△　7.7	△　14.0	△　1.3	△　20.8	(16)
19.7	△　8.6	△　4.1	△　12.7	42.6	(17)
△　4.1	△　8.5	△　6.8	△　10.2	△　16.1	(18)
△　0.9	5.5	△　0.1	11.1	4.1	(19)
8.2	7.4	7.6	7.3	1.3	(20)
△　3.4	△　8.8	△　15.1	△　3.1	△　14.3	(21)
△　4.5	△　1.7	△　9.7	4.7	△　54.5	(22)
21.7	1.4	0.7	0.7	…	(23)
20.5	1.3	0.6	0.7	…	(24)
22.1	1.5	0.8	0.8	…	(25)
20.9	1.5	0.7	0.7	…	(26)
18.2	1.5	0.7	0.8	…	(27)
21.4	1.4	0.7	0.7	…	(28)
20.9	1.3	0.6	0.6	…	(29)
20.7	1.4	0.6	0.7	…	(30)
23.1	1.5	0.7	0.8	…	(31)
23.7	1.4	0.6	0.8	…	(32)
22.9	1.4	0.6	0.9	…	(33)

〔海面漁業の部〕

1　全国統計
(1)　年次別統計（平成19年～29年）
　　ア　漁業種類別漁獲量

年　次		計	網						船びき網	大
			底　　び　　き　　網							1
			遠洋底びき網	以西底びき網	沖合底びき網		小型底びき網			遠洋かつお・まぐろまき網
					1そうびき	2そうびき				
平成 19年	(1)	4,396,826	63,096	6,979	381,972	33,224	416,198	214,047	202,168
20	(2)	4,373,337	77,965	8,327	371,873	32,347	457,389	255,363	188,923
21	(3)	4,147,374	49,314	6,727	332,048	29,415	453,040	191,467	207,184
22	(4)	4,122,102	69,384	5,467	306,948	39,608	456,474	240,720	209,912
23	(5)	3,824,099	52,549	5,815	284,972	30,489	423,550	178,136	184,210
24	(6)	3,746,763	52,194	5,061	271,200	36,589	428,354	195,869	221,134
25	(7)	3,715,467	30,071	3,846	273,519	35,342	455,882	213,354	193,802
26	(8)	3,713,240	18,558	3,341	235,867	30,273	455,797	211,113	192,402
27	(9)	3,492,436	11,731	3,841	220,452	26,912	328,320	206,507	190,239
28	(10)	3,263,568	9,990	3,610	189,684	22,826	301,620	206,790	185,087
29	(11)	3,258,020	9,466	x	188,871	18,627	317,378	177,002	175,647

年　次		網　漁　業　（　続　き　）				釣			
		定　　置　　網			その他の網漁業	は　　え　　縄			
		大型定置網	さけ定置網	小型定置網		ま　ぐ　ろ　は　え　縄			その他のはえ縄
						遠洋まぐろはえ縄	近海まぐろはえ縄	沿岸まぐろはえ縄	
平成 19年	(1)	254,623	165,445	134,154	45,850	138,517	58,312	9,502	38,368
20	(2)	263,422	126,295	141,652	56,328	121,862	49,736	7,705	34,981
21	(3)	243,179	160,378	134,454	41,000	99,606	52,219	8,159	32,349
22	(4)	260,089	146,608	130,383	48,134	111,620	51,281	6,527	30,506
23	(5)	210,970	139,989	121,732	41,148	105,843	42,042	5,463	27,639
24	(6)	203,403	123,112	103,596	42,034	108,183	46,700	5,881	27,276
25	(7)	236,109	142,488	95,326	45,898	98,893	42,354	6,258	28,439
26	(8)	233,631	117,365	84,558	35,464	93,791	44,229	4,775	28,775
27	(9)	241,169	116,638	80,563	36,750	93,757	47,373	5,532	29,092
28	(10)	211,674	88,560	83,048	46,323	78,982	42,100	5,093	26,306
29	(11)	194,236	59,076	73,005	49,595	73,672	42,757	5,403	23,969

年　次		その　他	
		採貝・採藻	その他の漁業
平成 19年	(1)	151,119	97,548
20	(2)	150,560	91,899
21	(3)	143,956	91,373
22	(4)	133,754	85,600
23	(5)	126,258	76,253
24	(6)	134,152	73,235
25	(7)	116,250	73,687
26	(8)	125,027	x
27	(9)	125,298	69,150
28	(10)	109,262	70,191
29	(11)	97,001	66,519

注:　平成23年は、東日本大震災の影響により、岩手県、宮城県及び福島県においてデータを消失した調査対象者があり、
　　消失したデータは含まない数値である。

単位:t

漁				業				
まき	き	網			刺	網		敷網
中型まき網		2そうまき網	中・小型まき網	さけ・ます流し網	かじき等流し網	その他の刺網	さんま棒受網	
近海かつお・まぐろまき網	その他のまき網							
76,770	529,116	51,987	449,522	11,171	5,677	183,278	290,593	(1)
68,960	509,147	55,409	419,526	10,981	7,138	165,084	346,990	(2)
33,719	491,160	72,413	414,757	8,436	5,305	192,509	306,610	(3)
46,627	546,813	59,238	410,874	10,397	5,006	181,020	205,798	(4)
32,534	489,749	61,522	469,707	7,268	2,298	165,041	213,953	(5)
39,864	483,347	56,158	427,500	7,944	3,664	147,960	218,900	(6)
40,097	493,628	54,300	426,672	6,960	3,819	161,625	149,066	(7)
43,347	565,133	42,410	429,430	7,948	4,064	153,332	228,294	(8)
40,038	626,669	28,012	470,996	x	4,083	143,420	116,040	(9)
26,837	618,493	39,827	461,027	x	3,870	119,107	114,027	(10)
33,910	746,180	37,936	464,150	1,273	4,140	121,339	84,040	(11)

漁			業		以	外	の	釣	
は	え	縄	い	か	釣				
かつお一本釣						ひき縄釣	その他の釣	
遠洋かつお一本釣	近海かつお一本釣	沿岸かつお一本釣	遠洋いか釣	近海いか釣	沿岸いか釣			
76,560	50,260	10,284	18,570	56,615	103,027	23,533	48,740	(1)
59,586	46,691	11,320	17,182	55,515	89,844	27,352	45,985	(2)
53,646	40,669	11,094	26,441	56,609	91,418	22,915	43,805	(3)
65,376	42,974	10,384	18,314	41,614	82,336	22,613	39,704	(4)
67,889	39,143	12,002	12,223	44,612	93,270	18,174	37,657	(5)
62,673	36,288	12,712	5,537	35,865	77,079	18,096	35,204	(6)
65,344	41,034	15,913	1,229	34,982	79,308	16,242	33,729	(7)
57,614	31,472	11,085	x	32,189	69,557	15,573	33,256	(8)
54,817	31,733	10,746	x	26,854	56,440	15,284	31,311	(9)
51,734	29,464	11,080	x	24,152	35,149	13,401	31,636	(10)
47,860	28,530	12,774	x	22,541	34,341	12,724	29,183	(11)

1　全国統計（続き）
（1）　年次別統計（平成19年～29年）（続き）
　　イ　魚種別漁獲量

年　次	合　計	計	魚							
			ま	ぐ		ろ	類			
			小　計	くろまぐろ	みなみまぐろ	びんなが	めばち	きはだ	その他のまぐろ類	
平成 19年 (1)	4,396,826	3,407,886	257,655	15,788	3,196	78,552	77,855	81,020	1,243	
20 (2)	4,373,337	3,366,536	216,885	21,006	3,209	52,513	62,750	75,831	1,576	
21 (3)	4,147,374	3,172,934	207,436	17,524	2,357	65,034	56,971	64,412	1,138	
22 (4)	4,122,102	3,165,325	208,059	10,361	2,852	52,853	54,911	86,117	965	
23 (5)	3,824,099	2,919,758	201,203	15,492	2,678	59,317	53,764	69,037	915	
24 (6)	3,746,763	2,903,524	208,172	8,635	2,953	75,496	54,342	66,007	739	
25 (7)	3,715,467	2,854,031	188,036	8,570	2,747	70,110	51,157	54,539	913	
26 (8)	3,713,240	2,871,402	189,705	11,272	3,539	61,503	55,209	57,438	744	
27 (9)	3,492,436	2,809,906	189,972	7,628	4,353	52,440	53,222	71,274	1,053	
28 (10)	3,263,568	2,686,086	168,475	9,750	4,605	42,809	39,363	70,872	1,076	
29 (11)	3,258,020	2,690,005	169,149	9,786	4,072	46,220	38,683	69,453	936	

年　次	さ　け・ま　す　類			このしろ	にしん	魚				
	小　計	さけ類	ます類			い	わ		し	
						小　計	まいわし	うるめいわし	かたくちいわし	
平成 19年 (1)	235,029	210,416	24,613	11,815	6,278	567,108	79,099	60,233	362,460	
20 (2)	180,311	167,497	12,813	7,448	3,461	497,854	34,857	48,255	344,989	
21 (3)	224,204	205,742	18,462	6,737	3,374	509,967	57,429	53,642	341,934	
22 (4)	179,530	164,616	14,915	6,585	3,208	542,234	70,159	49,549	350,683	
23 (5)	147,570	136,638	10,932	6,888	3,705	570,118	175,781	84,659	261,594	
24 (6)	134,404	128,502	5,902	6,260	4,479	526,513	135,236	80,657	244,738	
25 (7)	169,858	160,902	8,956	6,548	4,510	610,940	215,004	89,350	247,427	
26 (8)	151,320	146,641	4,678	5,239	4,608	579,160	195,726	74,851	248,069	
27 (9)	139,972	135,876	4,096	4,047	4,732	642,365	311,054	97,794	168,745	
28 (10)	111,849	96,360	15,489	4,283	7,686	710,367	378,142	97,871	171,173	
29 (11)	71,857	68,605	3,252	5,434	9,316	768,556	500,015	71,971	145,715	

年　次	ひらめ・かれい類（続き）	た	ら	類	ほっけ	きちじ	はたはた	にぎす類	あなご類
	かれい類	小　計	まだら	すけとうだら					
平成 19年 (1)	55,910	262,358	45,722	216,636	139,154	1,141	7,823	4,689	6,991
20 (2)	55,846	250,717	39,679	211,038	169,807	1,187	14,959	4,921	6,339
21 (3)	51,097	274,919	47,659	227,261	119,325	1,462	9,752	4,357	5,959
22 (4)	49,032	305,772	54,606	251,166	84,497	1,185	8,822	4,027	5,371
23 (5)	48,818	286,177	47,257	238,920	62,583	1,089	7,604	3,490	4,374
24 (6)	46,824	280,580	50,757	229,823	68,762	1,262	8,828	3,743	4,609
25 (7)	45,857	292,813	63,236	229,577	52,718	1,045	7,030	3,176	4,503
26 (8)	44,346	252,026	57,106	194,920	28,447	986	6,553	2,968	4,011
27 (9)	41,078	230,226	49,877	180,349	17,183	1,104	8,722	3,252	3,854
28 (10)	43,236	178,247	44,011	134,236	17,393	1,043	7,256	3,098	3,606
29 (11)	47,301	173,539	44,269	129,269	17,777	1,022	6,458	2,832	3,422

注：平成23年は、東日本大震災の影響により、岩手県、宮城県及び福島県においてデータを消失した調査対象者があり、消失したデータは含まない数値である。

単位:t

類										
かじき類					かつお類			さめ類		
小　計	まかじき	めかじき	くろかじき類	その他のかじき類	小　計	かつお	そうだがつお類			
20,795	2,882	10,797	5,336	1,781	357,643	330,313	27,330	34,628		(1)
19,275	3,112	10,226	4,610	1,327	335,877	307,832	28,044	37,437		(2)
16,235	2,309	8,517	4,119	1,290	293,644	268,525	25,119	37,818		(3)
18,448	2,825	8,854	5,027	1,741	331,417	302,851	28,567	38,209		(4)
16,516	2,859	7,951	4,494	1,212	281,844	262,135	19,708	28,339		(5)
16,993	3,186	8,646	3,907	1,255	314,971	287,777	27,195	34,718		(6)
15,701	2,763	7,958	3,858	1,122	300,441	281,735	18,706	29,716		(7)
14,884	2,057	8,313	3,334	1,180	266,141	253,027	13,114	33,298		(8)
14,954	2,224	8,632	3,238	860	264,255	248,314	15,941	33,349		(9)
14,479	1,963	8,309	3,372	836	240,051	227,946	12,106	30,950		(10)
13,100	1,764	7,815	2,806	714	226,865	218,977	7,888	32,374		(11)

類	（　続　き　）								
類	あじ類			さば類	さんま	ぶり類	ひらめ・かれい類		
しらす	小　計	まあじ	むろあじ類				小　計	ひらめ	
65,315	196,041	170,389	25,652	456,552	296,521	72,470	64,046	8,136	(1)
69,754	207,033	172,322	34,711	520,326	354,727	75,964	63,346	7,500	(2)
56,962	192,122	165,166	26,956	470,904	310,744	78,334	58,315	7,218	(3)
71,843	184,505	159,440	25,065	491,813	207,488	106,890	56,733	7,701	(4)
48,084	193,474	168,417	25,057	392,506	215,353	110,917	55,471	6,653	(5)
65,882	158,009	134,014	23,994	438,269	221,470	101,842	52,881	6,057	(6)
59,160	175,090	150,884	24,206	374,954	149,853	117,175	53,366	7,509	(7)
60,515	162,248	145,767	16,481	481,783	228,647	125,153	52,257	7,911	(8)
64,772	166,544	151,706	14,837	529,977	116,243	122,641	48,984	7,906	(9)
63,180	152,524	125,419	27,105	502,651	113,828	106,756	50,280	7,043	(10)
50,855	164,731	145,215	19,515	517,602	83,803	117,761	54,385	7,084	(11)

類	（　続　き　）								
たちうお	たい類			いさき	さわら類	すずき類	いかなご	
	小　計	まだい	ちだい・きだい	くろだい・へだい					
17,894	25,772	15,609	6,761	3,401	5,647	18,095	10,766	46,921	(1)
16,399	26,254	15,723	6,823	3,708	4,775	15,718	10,251	62,116	(2)
11,891	25,900	15,743	6,620	3,537	4,986	13,925	8,950	32,753	(3)
10,081	24,963	14,965	6,531	3,467	3,826	14,241	8,968	70,757	(4)
9,734	27,938	17,330	7,030	3,578	4,323	12,720	8,412	44,748	(5)
9,125	25,803	15,399	6,894	3,510	4,184	12,864	8,518	36,589	(6)
8,388	23,403	14,155	6,122	3,126	4,496	16,486	7,801	38,212	(7)
8,253	25,349	14,640	7,585	3,124	3,736	18,522	8,065	33,813	(8)
6,953	24,872	14,978	6,713	3,181	4,149	19,867	7,157	29,219	(9)
7,188	24,526	15,151	6,413	2,963	3,938	20,134	7,429	20,586	(10)
6,331	24,764	15,343	6,272	3,149	3,796	15,201	6,626	12,180	(11)

1　全国統計（続き）
(1)　年次別統計（平成19年〜29年）（続き）
　　イ　魚種別漁獲量（続き）

| 年　次 | 魚　類　（　続　き　） | | | え　び　類 | | | | か | |
	あまだい類	ふぐ類	その他の魚類	計	いせえび	くるまえび	その他のえび類	計	ずわいがに
平成 19年　(1)	1,565	5,052	277,437	24,461	1,300	863	22,297	35,432	5,970
20　(2)	1,392	5,207	256,550	22,472	1,401	726	20,345	33,245	5,308
21　(3)	1,421	4,184	243,317	19,957	1,335	584	18,038	32,184	4,717
22　(4)	1,267	4,954	241,475	18,569	1,193	551	16,825	31,717	4,809
23　(5)	1,223	6,286	215,152	19,425	1,120	558	17,746	30,144	4,439
24　(6)	1,226	5,803	212,644	16,009	1,215	492	14,302	29,770	4,353
25　(7)	1,094	4,841	191,839	17,303	1,186	440	15,677	29,509	4,181
26　(8)	1,131	4,828	178,269	16,253	1,297	377	14,579	29,633	4,348
27　(9)	1,132	4,885	169,295	15,862	1,199	334	14,329	28,774	4,412
28　(10)	1,226	4,979	171,258	16,717	1,119	354	15,244	28,359	4,153
29　(11)	1,177	4,420	175,527	16,703	1,075	322	15,306	25,738	3,995

| 年　次 | 貝　類　（　続　き　） | | い　か　類 | | | | たこ類 | うに類 | 海産ほ乳類 |
	ほたてがい	その他の貝類	計	するめいか	あかいか	その他のいか類			
平成 19年　(1)	258,303	51,315	325,689	253,494	21,933	50,262	52,564	11,679	1,573
20　(2)	310,205	42,032	289,962	217,472	24,393	48,097	48,821	10,867	1,154
21　(3)	319,638	40,141	295,837	218,658	35,993	41,186	45,723	11,061	1,404
22　(4)	327,087	44,341	266,701	199,832	22,326	44,544	41,667	10,218	932
23　(5)	302,990	39,648	298,379	242,262	14,489	41,628	35,186	7,881	562
24　(6)	315,387	37,839	215,556	168,207	5,454	41,895	33,640	8,251	481
25　(7)	347,541	36,810	227,681	180,089	3,607	43,985	33,700	8,210	620
26　(8)	358,982	34,008	209,820	172,688	3,274	33,858	34,573	8,053	622
27　(9)	233,885	36,509	167,122	128,838	2,923	35,361	32,568	8,562	582
28　(10)	213,710	35,626	109,968	70,197	3,589	36,182	36,975	7,944	509
29　(11)	235,952	33,914	103,414	63,734	4,334	35,346	35,473	7,612	567

単位:t

に		類	おきあみ類	貝		類		
べにずわいがに	がざみ類	その他の かに類		計	あわび類	さざえ	あさり類	
20,228	2,986	6,248	38,729	355,959	2,063	8,456	35,822	(1)
20,228	2,802	4,907	41,563	401,021	1,687	7,880	39,217	(2)
20,312	2,319	4,836	29,984	400,845	1,855	7,556	31,655	(3)
19,227	2,665	5,017	40,502	407,155	1,461	7,082	27,185	(4)
18,135	2,680	4,889	3,168	378,916	1,259	6,227	28,793	(5)
17,782	2,750	4,884	18,855	387,282	1,266	5,490	27,300	(6)
17,389	2,783	5,156	26,234	414,444	1,395	5,650	23,049	(7)
17,605	2,325	5,356	16,705	420,035	1,363	6,234	19,449	(8)
16,899	2,120	5,343	26,662	291,605	1,302	6,098	13,810	(9)
16,093	2,160	5,952	16,500	265,693	1,136	6,253	8,967	(10)
15,149	2,232	4,361	13,756	283,985	964	6,083	7,072	(11)

その他の 水産動物類	海 藻	類		
	計	こんぶ類	その他の 海藻類	
39,251	103,601	72,767	30,835	(1)
53,028	104,668	73,244	31,424	(2)
33,343	104,103	80,115	23,988	(3)
42,084	97,231	74,052	23,179	(4)
42,901	87,779	61,339	26,440	(5)
34,881	98,513	73,068	25,446	(6)
19,237	84,498	56,944	27,554	(7)
14,543	91,600	66,752	24,849	(8)
16,707	94,084	71,619	22,465	(9)
14,095	80,721	58,041	22,680	(10)
10,800	69,969	45,506	24,463	(11)

1 全国統計（続き）
(1) 年次別統計（平成19年〜29年）（続き）
ウ 主要漁業種類・魚種別漁獲量
(ｱ) 遠洋底びき網

単位：t

年 次	計	かれい類	まだら	すけとうだら	ほっけ	いか類
平成 19年 (1)	63,096	1,250	14	4,416	1	1,107
20 (2)	77,965	1,270	25	5,273	0	1,013
21 (3)	49,314	-	21	5,302	0	276
22 (4)	69,384	18	25	6,929	-	549
23 (5)	52,549	-	-	-	-	922
24 (6)	52,194	0	9	4,263	0	649
25 (7)	30,071	4	13	9,621	-	1,711
26 (8)	18,558	1	6	2,096	1	754
27 (9)	11,731	-	1	79	-	689
28 (10)	9,990	2,029	-	-	-	-
29 (11)	9,466	2,157	-	-	-	-

注： 平成23年は、東日本大震災の影響により、岩手県、宮城県及び福島県においてデータを消失した調査対象者があり、消失したデータは含まない数値である(以下統計表(ﾍ) まで同じ。)。

(ｳ) 沖合底びき網1そうびき

年 次	計	さめ類	にしん	ひらめ・かれい類	まだら	すけとうだら	ほっけ	きちじ	はたはた
平成 19年 (1)	381,972	647	4,336	14,533	18,779	124,814	103,302	568	3,839
20 (2)	371,873	580	1,055	13,921	12,678	132,223	116,438	664	7,675
21 (3)	332,048	814	822	13,449	16,183	120,101	73,142	664	3,160
22 (4)	306,948	563	939	12,352	19,887	132,071	45,572	627	3,165
23 (5)	284,972	595	963	12,668	18,076	141,895	37,153	436	2,711
24 (6)	271,200	630	571	10,731	17,560	150,202	37,732	565	4,786
25 (7)	273,519	504	1,423	12,421	26,474	138,253	32,495	434	3,375
26 (8)	235,867	544	1,591	12,638	22,128	122,219	15,919	412	3,183
27 (9)	220,452	473	900	11,743	20,988	118,152	8,482	532	4,826
28 (10)	189,684	686	2,785	12,401	20,135	91,778	6,567	464	4,483
29 (11)	188,871	504	5,300	13,493	21,759	83,470	4,826	437	4,564

(ｴ) 沖合底びき網2そうびき

年 次	計	まあじ	ひらめ・かれい類	まだら	すけとうだら	にぎす類	あなご類
平成 19年 (1)	33,224	79	3,914	4,481	4,513	218	802
20 (2)	32,347	180	3,998	4,011	9,273	255	525
21 (3)	29,415	144	3,547	7,518	2,523	164	481
22 (4)	39,608	239	3,145	11,251	9,520	165	624
23 (5)	30,489	187	3,081	6,397	2,847	220	546
24 (6)	36,589	113	2,922	9,361	8,868	151	469
25 (7)	35,342	138	2,564	9,767	8,444	107	602
26 (8)	30,273	123	2,198	7,102	6,350	101	379
27 (9)	26,912	200	2,067	4,629	5,544	126	384
28 (10)	22,826	245	1,955	2,738	5,150	100	347
29 (11)	18,627	249	1,924	1,117	3,739	53	423

（イ）　以西底びき網

単位：t

計	まあじ	ひらめ・かれい類	あなご類	たちうお	まだい	ちだい・きだい	あまだい類	いか類	
6,979	146	204	40	23	311	1,163	51	803	(1)
8,327	192	248	18	25	412	1,619	32	689	(2)
6,727	168	208	29	27	296	1,233	75	831	(3)
5,467	224	160	14	8	331	1,278	19	609	(4)
5,815	238	193	12	17	442	1,653	22	448	(5)
5,061	122	173	9	40	488	1,470	18	391	(6)
3,846	90	76	11	23	264	1,026	20	284	(7)
3,341	81	63	2	18	215	1,056	7	248	(8)
3,841	110	66	1	29	266	1,269	9	361	(9)
3,610	64	68	1	10	226	1,305	8	262	(10)
x	x	x	x	x	x	x	x	x	(11)

単位：t

にぎす類	あなご類	いかなご	えび類	ずわいがに	その他のかに類	するめいか	その他のいか類	たこ類	
2,528	453	16,049	1,899	4,367	436	36,018	7,471	3,989	(1)
2,406	442	14,718	1,893	3,806	336	25,155	7,886	3,831	(2)
2,138	544	14,198	1,688	3,288	297	37,842	5,553	2,795	(3)
2,128	517	21,970	1,597	3,352	272	30,954	5,753	3,121	(4)
1,783	268	6,390	1,518	3,122	155	35,085	4,710	1,668	(5)
1,943	113	2,983	1,291	2,976	96	17,384	6,407	1,107	(6)
1,604	210	6,869	1,329	2,734	74	22,934	8,263	1,095	(7)
1,546	208	430	1,552	2,745	75	29,586	6,743	1,068	(8)
1,508	323	6,216	1,900	2,791	111	21,682	5,740	1,184	(9)
1,525	359	3,310	2,124	3,009	156	9,771	7,336	1,309	(10)
1,465	**545**	**3,929**	**1,911**	**2,957**	**147**	**9,045**	**8,772**	**1,378**	(11)

単位：t

たちうお	まだい	ちだい・きだい	するめいか	その他のいか類	たこ類	
82	537	1,205	7,722	1,138	328	(1)
183	443	908	6,775	680	290	(2)
49	424	1,116	7,534	676	176	(3)
63	517	1,253	6,372	959	163	(4)
41	738	1,441	8,423	1,206	101	(5)
37	717	1,638	5,806	858	99	(6)
46	718	1,304	5,651	597	163	(7)
25	585	1,597	6,167	590	123	(8)
27	576	1,432	5,663	672	164	(9)
23	672	1,071	3,674	625	158	(10)
66	**640**	**976**	**2,304**	**585**	**131**	(11)

1　全国統計（続き）
(1)　年次別統計（平成19年～29年）（続き）
ウ　主要漁業種類・魚種別漁獲量（続き）
(オ)　小型底びき網

年　次	計	まあじ	ひらめ・かれい類	まだら	すけとうだら	はたはた	にぎす類	あなご類	たちうお	たい類
平成 19年 (1)	416,198	1,253	16,995	3,929	1,090	2,267	1,887	2,353	4,198	5,302
20 (2)	457,389	1,395	16,332	2,244	1,217	3,313	2,126	2,152	4,366	5,173
21 (3)	453,040	1,193	14,679	2,726	1,377	3,408	1,964	1,795	3,552	5,004
22 (4)	456,474	1,033	14,198	2,500	1,748	2,970	1,650	1,825	3,301	5,361
23 (5)	423,550	856	13,330	2,050	872	2,578	1,423	1,481	3,306	5,663
24 (6)	428,354	837	12,166	1,753	479	2,376	1,571	1,595	3,022	5,246
25 (7)	455,882	753	12,299	2,214	528	1,687	1,412	1,349	2,509	5,136
26 (8)	455,797	675	11,917	2,022	572	1,408	1,266	1,212	2,511	4,954
27 (9)	328,320	586	11,435	2,075	254	1,912	1,548	1,119	2,064	4,921
28 (10)	301,620	591	10,539	2,000	198	1,357	1,412	979	2,301	5,032
29 (11)	317,378	689	9,840	1,632	267	1,093	1,274	776	1,883	5,189

(カ)　船びき網

年　次	計	まいわし	うるめいわし	かたくちいわし	しらす	まあじ	さば類
平成 19年 (1)	214,047	473	156	65,055	63,649	547	151
20 (2)	255,363	1,468	97	89,226	68,414	331	152
21 (3)	191,467	284	30	76,100	54,914	296	100
22 (4)	240,720	1,906	213	71,188	69,842	339	184
23 (5)	178,136	3,076	228	68,125	47,099	322	71
24 (6)	195,869	1,144	153	65,027	64,629	272	109
25 (7)	213,354	913	86	86,449	58,261	275	70
26 (8)	211,113	8,026	106	84,241	59,379	236	201
27 (9)	206,507	16,636	67	65,437	63,785	299	112
28 (10)	206,790	29,692	72	69,696	61,890	312	117
29 (11)	177,002	42,864	39	52,380	50,057	233	132

(キ)　大中型まき網1そうまき遠洋かつお・まぐろまき網

単位：t

年　次	計	くろまぐろ	びんなが	めばち	きはだ	かつお	そうだがつお類
平成 19年 (1)	202,168	1	2	4,719	28,018	169,261	3
20 (2)	188,923	-	-	5,875	30,885	152,091	-
21 (3)	207,184	-	28	4,939	31,312	170,794	-
22 (4)	209,912	-	14	3,361	44,344	162,159	22
23 (5)	184,210	-	21	3,630	30,864	149,568	85
24 (6)	221,134	-	30	4,119	29,625	187,180	49
25 (7)	193,802	-	1	3,364	23,413	166,934	3
26 (8)	192,402	-	0	4,317	34,692	152,902	25
27 (9)	190,239	-	0	4,792	43,365	141,879	12
28 (10)	185,087	-	4	3,945	37,556	143,325	9
29 (11)	175,647	-	11	3,629	41,303	130,585	20

単位：t

すずき類	ふぐ類	えび類	かに類	あさり類	ほたてがい	いか類	たこ類	
3,908	1,160	14,902	2,960	10,269	257,553	9,785	8,979	(1)
3,691	1,168	12,573	2,550	14,935	309,299	9,779	8,862	(2)
2,924	1,024	11,105	2,182	13,584	319,109	8,520	6,454	(3)
2,842	1,159	9,798	2,589	12,492	326,564	7,990	5,964	(4)
2,816	1,051	10,575	2,638	11,467	302,518	7,354	4,496	(5)
3,060	1,169	8,285	2,552	11,816	315,135	7,792	4,067	(6)
2,779	979	8,140	2,401	10,276	347,215	7,592	4,583	(7)
2,641	921	7,950	2,020	5,718	358,610	7,127	3,918	(8)
2,456	868	7,668	1,865	4,040	233,200	6,443	3,508	(9)
2,565	821	7,642	1,585	1,010	213,084	6,838	3,187	(10)
2,108	1,121	7,708	1,434	327	235,381	6,696	2,780	(11)

単位：t

たちうお	たい類	いかなご	えび類	おきあみ類	いか類	
718	5,380	26,561	2,008	37,818	579	(1)
667	5,334	35,712	1,983	41,444	866	(2)
551	5,224	14,095	1,449	29,977	771	(3)
560	4,657	41,018	1,696	39,866	524	(4)
639	5,577	36,528	2,224	3,142	852	(5)
464	5,086	30,139	1,560	18,351	442	(6)
573	4,731	25,671	1,637	25,836	426	(7)
432	5,158	28,206	1,244	16,369	328	(8)
321	5,686	16,979	1,367	26,655	405	(9)
222	5,803	12,336	1,670	16,500	264	(10)
203	5,888	2,034	1,215	13,755	244	(11)

(ケ)　大中型まき網１そうまき近海かつお・まぐろまき網

単位：t

計	くろまぐろ	びんなが	めばち	きはだ	かつお	そうだがつお類	
76,770	2,593	5,677	1,809	1,962	63,866	116	(1)
68,960	3,413	824	387	4,878	58,758	3	(2)
33,719	2,503	2,036	364	2,612	25,609	11	(3)
46,627	883	291	442	2,825	41,727	6	(4)
32,534	1,766	441	806	4,085	23,211	121	(5)
39,864	897	3,852	854	5,829	24,643	151	(6)
40,097	1,340	1,847	638	3,439	29,253	194	(7)
43,347	1,442	1,897	928	1,611	34,148	69	(8)
40,038	1,422	1,068	361	2,594	33,210	36	(9)
26,837	3,126	3,672	94	7,166	11,484	50	(10)
33,910	3,167	1,221	412	3,212	23,914	9	(11)

1　全国統計（続き）
(1)　年次別統計（平成19年～29年）（続き）
ウ　主要漁業種類・魚種別漁獲量（続き）
(ケ)　大中型まき網1そうまきその他のまき網

年次	計	くろまぐろ	まいわし	うるめいわし	かたくちいわし	まあじ	むろあじ類	さば類	ぶり類
平成 19年 (1)	529,116	2,659	38,535	7,742	72,110	47,676	7,188	292,397	21,515
20 (2)	509,147	4,038	9,238	11,004	35,399	64,274	10,758	332,385	16,259
21 (3)	491,160	4,324	23,632	7,135	40,860	55,414	8,449	301,882	19,100
22 (4)	546,813	2,497	41,178	6,488	53,462	68,519	7,255	294,469	36,979
23 (5)	489,749	6,076	65,569	10,265	41,075	77,103	6,960	207,244	36,445
24 (6)	483,347	1,465	67,021	11,265	7,838	54,217	7,554	275,770	26,609
25 (7)	493,628	1,180	110,034	15,888	8,931	53,981	5,006	232,036	37,502
26 (8)	565,133	3,940	100,409	9,577	14,539	52,710	1,914	321,112	33,363
27 (9)	626,669	1,563	101,190	13,812	3,677	73,958	2,478	369,598	34,839
28 (10)	618,493	1,440	173,230	14,890	3,956	49,357	4,588	333,253	25,058
29 (11)	746,180	1,015	273,755	11,511	3,059	56,760	2,587	352,872	29,396

(サ)　中・小型まき網

年次	計	まぐろ類	かつお	そうだがつお類	このしろ	まいわし	うるめいわし	かたくちいわし	まあじ
平成 19年 (1)	449,522	76	46	3,887	8,244	32,569	42,847	137,399	79,113
20 (2)	419,526	456	76	5,932	4,388	18,040	29,543	138,912	62,509
21 (3)	414,757	111	87	4,696	3,784	18,052	36,217	113,775	69,414
22 (4)	410,874	95	28	3,709	3,476	17,025	32,094	116,545	55,648
23 (5)	469,707	106	87	2,371	3,490	63,676	63,942	97,284	55,093
24 (6)	427,500	27	58	3,259	3,456	47,120	60,419	98,009	50,885
25 (7)	426,672	61	21	1,008	4,006	58,681	65,272	89,159	67,805
26 (8)	429,430	19	87	1,179	2,475	41,611	55,947	97,175	67,156
27 (9)	470,996	461	18	1,318	1,713	135,841	75,169	76,149	48,268
28 (10)	461,027	459	62	809	1,933	110,291	72,958	80,350	49,374
29 (11)	464,150	421	467	390	2,900	105,482	52,610	71,669	63,495

(シ)　さけ・ます流し網　　　　　　　　(ス)　かじき等流し網

単位：t　　　　　　　　　　　　　　　　　　単位：t

年次	計	さけ類	ます類	計	まぐろ類	かじき類	かつお類	さめ類
平成 19年 (1)	11,171	8,402	2,769	5,677	407	1,878	479	1,978
20 (2)	10,981	8,429	2,552	7,138	1,684	1,984	328	2,137
21 (3)	8,436	6,087	2,349	5,305	216	1,564	318	2,481
22 (4)	10,397	7,714	2,683	5,006	131	1,504	305	2,446
23 (5)	7,268	5,280	1,988	2,298	77	643	109	1,250
24 (6)	7,944	5,983	1,960	3,664	148	1,038	112	2,153
25 (7)	6,960	5,233	1,728	3,819	99	660	107	2,693
26 (8)	7,948	6,701	1,247	4,064	150	453	118	3,167
27 (9)	x	x	x	4,083	179	594	121	2,984
28 (10)	x	x	x	3,870	52	638	118	2,566
29 (11)	1,273	387	886	4,140	124	547	60	3,056

(コ)　大中型まき網2そうまき網

単位：t　　　　　　　　　　　　　　　　　　　　　　　　　　　単位：t

さわら類	いか類	計	まいわし	うるめいわし	かたくちいわし	まあじ	さば類	ぶり類	
1,100	5,723	51,987	1,569	9	40,924	745	4,720	1,380	(1)
1,724	13,216	55,409	203	108	40,847	901	6,258	4,541	(2)
1,038	3,679	72,413	9,702	22	54,691	872	2,997	2,167	(3)
333	12,757	59,238	5,077	210	41,443	3,395	3,501	1,920	(4)
923	13,548	61,522	27,920	22	25,046	987	3,597	1,626	(5)
985	13,673	56,158	9,117	61	37,911	1,164	3,001	3,191	(6)
1,343	14,051	54,300	13,247	177	34,601	1,082	1,360	3,146	(7)
2,121	6,992	42,410	9,804	39	20,707	1,472	721	7,146	(8)
1,781	10,856	28,012	7,519	125	2,202	1,816	9,286	6,255	(9)
470	8,652	39,827	10,508	377	1,318	2,149	19,979	3,777	(10)
785	3,585	37,936	25,225	165	673	2,216	3,751	3,454	(11)

単位：t

むろあじ類	さば類	ぶり類	ほっけ	たい類	すずき類	いか類	
13,800	92,363	11,234	1,308	256	1,709	2,664	(1)
18,365	100,330	14,201	455	557	1,159	2,067	(2)
15,044	110,590	16,636	1,200	818	963	1,611	(3)
14,097	121,822	20,671	1,830	633	1,295	1,706	(4)
13,255	130,103	15,485	786	593	1,263	2,552	(5)
12,520	106,968	16,359	519	693	1,115	1,248	(6)
15,276	85,356	16,109	350	291	1,060	1,820	(7)
11,219	102,161	25,138	104	430	1,070	1,887	(8)
9,369	83,199	17,973	649	475	877	2,236	(9)
18,306	84,951	20,786	743	569	724	787	(10)
14,411	110,847	18,393	66	778	654	895	(11)

(セ)　その他の刺網

単位：t

計	ぶり類	ひらめ・かれい類	まだら	すけとうだら	ほっけ	かに類	貝類	いか類	
183,278	4,034	21,464	12,337	70,079	14,421	2,650	2,457	4,425	(1)
165,084	4,330	21,473	14,717	49,574	15,925	2,796	2,167	4,467	(2)
192,509	3,736	20,268	15,175	79,514	17,217	2,117	2,027	2,946	(3)
181,020	3,626	20,573	14,737	71,149	16,778	1,960	2,062	3,435	(4)
165,041	3,385	20,177	14,394	61,028	14,360	2,121	1,932	4,801	(5)
147,960	3,200	20,114	15,422	49,990	11,887	1,986	1,729	3,056	(6)
161,625	2,898	19,433	15,025	62,765	12,119	2,064	1,851	4,507	(7)
153,332	3,695	18,999	15,048	59,463	7,713	2,010	2,034	3,480	(8)
143,420	4,865	17,267	11,203	52,367	5,851	1,882	2,115	2,830	(9)
119,107	2,966	17,517	9,920	33,362	7,065	1,773	2,184	1,298	(10)
121,339	2,671	18,861	11,473	38,495	7,108	1,770	2,095	1,173	(11)

1 全国統計（続き）
(1) 年次別統計（平成19年～29年）（続き）
ウ 主要漁業種類・魚種別漁獲量（続き）

(ツ) さんま棒受網 (タ) 大型定置網

単位：t

年次	計	さんま	計	くろまぐろ	そうだがつお類	さけ類	まいわし	うるめいわし	かたくちいわし
平成 19年 (1)	290,593	290,593	254,623	1,336	15,096	25,659	3,258	2,354	34,377
20 (2)	346,990	346,990	263,422	2,141	9,442	26,730	3,047	1,973	28,000
21 (3)	306,610	306,609	243,179	2,036	10,550	29,573	3,532	2,537	46,452
22 (4)	205,798	205,798	260,089	1,468	15,805	19,069	2,899	1,720	57,145
23 (5)	213,953	213,942	210,970	1,499	9,869	10,928	11,843	2,269	21,347
24 (6)	218,900	218,654	203,403	1,735	16,033	8,547	8,670	1,522	28,584
25 (7)	149,066	148,398	236,109	1,260	9,837	15,953	25,258	1,292	20,219
26 (8)	228,294	227,287	233,631	1,631	4,656	17,260	31,786	2,125	24,997
27 (9)	116,040	115,748	241,169	1,141	7,693	10,910	43,333	1,803	13,701
28 (10)	114,027	113,728	211,674	1,078	6,461	9,129	39,572	2,106	9,272
29 (11)	84,040	83,574	194,236	2,024	3,368	7,643	32,460	1,790	11,499

(チ) さけ定置網 　　　　　　　　　　　　　　(ツ) 小型定置網

単位：t

年次	計	さけ類	ます類	ほっけ	いか類	計	さけ類	ます類
平成 19年 (1)	165,445	155,646	546	2,773	3,128	134,154	14,550	19,628
20 (2)	126,295	114,285	450	5,179	2,959	141,652	13,138	8,986
21 (3)	160,378	147,576	626	7,724	885	134,454	16,369	14,766
22 (4)	146,608	122,827	613	7,246	10,183	130,383	10,884	10,568
23 (5)	139,989	109,868	453	2,456	16,473	121,732	7,857	7,771
24 (6)	123,112	101,817	507	2,918	8,773	103,596	9,635	3,014
25 (7)	142,488	124,101	980	1,298	10,203	95,326	12,080	4,651
26 (8)	117,365	107,865	671	1,419	2,244	84,558	11,491	2,203
27 (9)	116,638	107,763	262	526	2,136	80,563	12,547	3,193
28 (10)	88,560	77,739	2,493	970	331	83,048	6,742	11,266
29 (11)	59,076	51,150	347	284	157	73,005	7,286	1,780

(テ) 遠洋まぐろはえ縄

年次	計	くろまぐろ	みなみまぐろ	びんなが	めばち
平成 19年 (1)	138,517	3,083	3,196	12,781	56,809
20 (2)	121,862	4,335	3,209	12,989	44,722
21 (3)	99,606	2,645	2,357	9,725	39,945
22 (4)	111,620	1,471	2,852	12,040	41,503
23 (5)	105,843	1,392	2,678	13,403	38,167
24 (6)	108,183	1,397	2,953	16,084	38,590
25 (7)	98,893	1,649	2,747	16,050	37,395
26 (8)	93,791	1,310	3,539	11,028	38,299
27 (9)	93,757	1,683	4,353	9,384	38,638
28 (10)	78,982	1,782	4,605	8,430	26,854
29 (11)	73,672	1,110	4,072	6,821	25,456

単位：t

まあじ	むろあじ類	さば類	さんま	ぶり類	すけとうだら	たい類	さわら類	いか類	
24,297	1,601	45,228	3,387	22,932	1,327	1,596	9,461	38,916	(1)
25,991	2,110	55,177	5,067	22,224	363	2,167	7,680	43,454	(2)
23,608	1,329	37,258	1,677	23,190	4,785	1,991	6,799	27,042	(3)
17,754	1,292	49,963	910	30,395	10,302	2,027	6,402	19,234	(4)
20,492	2,050	27,913	417	39,439	6,967	2,330	5,651	22,849	(5)
15,941	1,821	32,123	2,291	36,347	211	1,758	5,340	17,561	(6)
16,004	1,820	39,015	1,079	42,270	2,588	1,663	7,625	21,689	(7)
13,968	1,634	38,803	825	39,367	883	1,775	8,105	21,042	(8)
16,822	1,218	50,099	362	42,725	309	1,852	10,154	14,380	(9)
13,945	1,244	44,877	59	37,736	12	1,726	11,588	7,974	(10)
12,522	1,150	33,724	181	46,868	292	1,792	7,452	8,133	(11)

単位：t

まいわし	かたくちいわし	まあじ	さば類	ぶり類	ひらめ・かれい類	ほっけ	いか類	
1,514	4,984	10,227	2,453	3,788	3,275	15,439	17,847	(1)
1,667	5,430	10,110	3,683	5,022	3,599	27,954	15,016	(2)
873	5,477	7,743	1,802	4,944	3,329	17,827	11,285	(3)
994	4,553	6,606	3,318	4,403	3,520	11,037	19,748	(4)
1,848	2,775	7,377	3,363	4,489	3,233	6,467	27,097	(5)
1,326	3,085	5,448	3,544	5,350	3,809	14,720	10,992	(6)
3,420	3,358	5,847	2,444	4,703	3,768	5,797	17,506	(7)
2,118	2,734	4,907	3,619	6,072	3,629	2,820	14,929	(8)
2,944	2,365	5,884	4,545	6,429	3,341	1,394	9,628	(9)
5,440	2,758	5,712	4,272	5,695	2,968	1,793	4,790	(10)
3,274	2,020	5,411	2,964	7,486	3,842	5,394	3,480	(11)

単位：t

きはだ	まかじき	めかじき	くろかじき類	その他のかじき類	さめ類	
35,732	887	6,028	3,682	1,033	12,349	(1)
25,388	859	5,585	2,733	916	17,531	(2)
17,765	576	4,334	2,378	767	15,557	(3)
22,435	795	5,438	3,140	895	17,373	(4)
18,831	1,294	5,675	2,482	856	17,047	(5)
17,405	1,207	5,916	2,180	872	17,576	(6)
15,832	888	5,004	1,995	842	12,914	(7)
11,988	801	5,263	1,827	841	15,388	(8)
12,667	588	5,519	1,977	635	15,308	(9)
11,803	483	4,718	1,916	542	14,818	(10)
11,871	413	4,632	1,646	383	14,836	(11)

1　全国統計（続き）
(1)　年次別統計（平成19年～29年）（続き）
ウ　主要漁業種類・魚種別漁獲量（続き）
(ト)　近海まぐろはえ縄

単位：t

年次	計	くろまぐろ	びんなが	めばち	きはだ	まかじき	めかじき	くろかじき類	その他のかじき類	さめ類
平成 19年 (1)	58,312	821	18,457	12,377	6,238	789	3,276	1,276	28	14,542
20 (2)	49,736	569	15,365	9,763	5,898	675	3,365	1,426	39	12,026
21 (3)	52,219	366	18,783	8,785	4,976	626	2,894	1,247	37	13,567
22 (4)	51,281	291	18,538	7,495	6,061	798	2,499	1,369	308	13,300
23 (5)	42,042	270	17,313	8,518	5,178	856	1,754	1,476	45	6,176
24 (6)	46,700	120	19,040	8,154	3,976	1,024	1,880	1,204	45	10,501
25 (7)	42,354	149	16,550	6,992	4,061	1,116	2,068	1,426	52	9,215
26 (8)	44,229	167	17,548	8,117	3,033	741	2,152	1,133	58	10,602
27 (9)	47,373	140	18,918	8,041	4,781	953	2,245	870	40	11,026
28 (10)	42,100	183	15,038	6,891	5,045	836	2,768	1,113	26	9,862
29 (11)	42,757	265	15,713	6,992	4,755	753	2,228	888	29	10,800

(ニ)　遠洋かつお一本釣　　　　　　　　　　　　　　　(ヌ)　近海かつお一本釣

単位：t

年次	計	くろまぐろ	びんなが	めばち	きはだ	かつお	そうだがつお類	計	くろまぐろ	びんなが	めばち
平成 19年 (1)	76,560	3	19,494	474	646	55,771	9	50,260	21	18,170	344
20 (2)	59,586	12	9,873	422	628	48,605	6	46,691	65	9,152	609
21 (3)	53,646	6	17,779	379	508	34,886	41	40,669	47	13,302	1,687
22 (4)	65,376	12	15,737	514	829	48,179	55	42,974	8	3,689	784
23 (5)	67,889	24	16,812	784	889	49,345	1	39,143	0	8,844	903
24 (6)	62,673	6	22,725	1,071	440	38,404	1	36,288	31	10,940	772
25 (7)	65,344	5	21,205	1,182	330	42,581	1	41,034	16	12,310	818
26 (8)	57,614	-	17,462	1,097	255	38,770	-	31,472	6	11,890	1,546
27 (9)	54,817	2	11,498	191	290	42,806	-	31,733	4	9,710	432
28 (10)	51,734	2	8,655	446	525	42,050	1	29,464	22	5,754	590
29 (11)	47,860	-	12,110	676	533	34,404	1	28,530	67	8,753	816

(ノ)　遠洋いか釣　　　　　　　　　　　　　　　　　(ハ)　近海いか釣

単位：t

年次	計	するめいか	あかいか	その他のいか類	計	するめいか
平成 19年 (1)	18,570	248	16,122	2,200	56,615	51,648
20 (2)	17,182	755	15,068	1,359	55,515	46,091
21 (3)	26,441	807	24,873	761	56,609	45,260
22 (4)	18,314	500	16,958	856	41,614	35,743
23 (5)	12,223	481	10,505	1,237	44,612	40,575
24 (6)	5,537	840	2,908	1,789	35,865	33,206
25 (7)	1,229	534	-	695	34,982	31,325
26 (8)	x	x	x	x	32,189	28,826
27 (9)	x	x	x	x	26,854	23,861
28 (10)	x	x	x	x	24,152	20,521
29 (11)	x	x	x	x	22,541	18,274

(け)　沿岸まぐろはえ縄

単位：t

計	くろまぐろ	びんなが	めばち	きはだ	まかじき	めかじき	くろかじき類	その他のかじき類	さめ類	
9,502	1,204	3,044	947	1,383	143	169	106	37	2,185	(1)
7,705	922	2,056	610	1,418	161	100	168	40	1,900	(2)
8,159	945	2,642	499	1,281	171	70	241	10	1,984	(3)
6,527	616	1,689	414	1,844	191	72	164	19	1,292	(4)
5,463	666	1,824	525	1,701	212	81	153	20	70	(5)
5,881	677	1,847	446	1,289	200	99	148	24	965	(6)
6,258	734	1,520	390	1,338	242	102	166	18	1,538	(7)
4,775	541	1,168	374	1,218	230	96	131	28	741	(8)
5,532	487	1,212	343	1,765	248	100	130	33	985	(9)
5,093	456	896	280	2,018	201	89	113	34	845	(10)
5,403	586	1,229	291	1,666	223	91	83	33	1,023	(11)

(ね)　沿岸かつお一本釣

単位：t　　　　　　　　　　　　　　　　　　　　単位：t

きはだ	かつお	そうだがつお類	計	くろまぐろ	びんなが	めばち	きはだ	かつお	そうだがつお類	
3,173	27,980	31	10,284	119	104	173	1,189	8,026	72	(1)
2,598	33,860	19	11,320	575	35	127	1,101	8,820	36	(2)
1,467	23,237	768	11,094	226	91	151	1,494	8,609	82	(3)
2,326	35,009	716	10,384	268	135	124	1,693	7,632	69	(4)
2,331	26,766	14	12,002	307	57	100	1,815	9,144	35	(5)
2,488	21,550	25	12,712	140	92	71	1,994	9,930	53	(6)
1,476	26,257	18	15,913	54	61	146	2,182	13,003	52	(7)
943	16,733	7	11,085	5	81	234	1,662	8,670	27	(8)
980	20,362	5	10,746	7	86	165	1,710	8,251	29	(9)
1,671	20,387	35	11,080	88	33	63	1,554	8,438	31	(10)
1,570	16,812	35	12,774	21	30	203	1,456	10,441	53	(11)

(ひ)　沿岸いか釣

単位：t　　　　　　　　　　　　　　　　　単位：t

あかいか	その他のいか類	計	するめいか	あかいか	その他のいか類	
4,363	605	103,027	88,622	1,096	13,246	(1)
9,230	194	89,844	77,856	51	11,893	(2)
11,067	282	91,418	79,903	20	11,459	(3)
5,350	521	82,336	69,675	11	12,595	(4)
3,920	117	93,270	80,787	60	12,369	(5)
2,519	139	77,079	64,725	20	12,287	(6)
3,516	142	79,308	67,396	82	11,784	(7)
3,262	102	69,557	61,370	8	8,142	(8)
2,902	92	56,440	45,849	12	10,539	(9)
3,563	68	35,149	25,289	6	9,812	(10)
4,163	104	34,341	25,248	9	9,035	(11)

1　全国統計（続き）
(1)　年次別統計（平成19年〜29年）（続き）
ウ　主要漁業種類・魚種別漁獲量（続き）
(�)　ひき縄釣

年　次	計	くろまぐろ	びんなが	めばち	きはだ
平成 19年　(1)	23,533	2,308	519	124	2,297
20　(2)	27,352	3,005	549	138	2,436
21　(3)	22,915	2,913	410	115	2,534
22　(4)	22,613	1,813	588	157	3,167
23　(5)	18,174	2,409	443	141	2,497
24　(6)	18,096	1,218	610	118	2,279
25　(7)	16,242	1,294	302	116	1,817
26　(8)	15,573	1,411	197	160	1,523
27　(9)	15,284	667	239	140	2,014
28　(10)	13,401	770	148	87	2,250
29　(11)	12,724	741	107	119	1,877

(ﾍ)　採貝・採藻

単位：t

年　次	計	あわび類	さざえ	あさり類	ほたてがい	その他の貝類	こんぶ類	その他の海藻類
平成 19年	151,119	1,790	5,935	25,550	180	15,223	72,691	29,000
20	150,560	1,442	5,652	24,279	17	15,333	73,120	30,063
21	143,956	1,630	5,404	18,065	1	15,348	80,036	22,841
22	133,754	1,244	5,084	14,671	3	16,308	73,952	21,929
23	126,258	1,074	4,552	17,322	2	16,108	61,332	25,311
24	134,152	1,099	3,907	15,483	1	15,635	73,027	24,456
25	116,250	1,238	4,098	12,773	2	14,511	56,944	26,168
26	125,027	1,220	4,523	13,730	3	14,438	66,752	23,890
27	125,298	1,156	4,304	9,771	2	16,264	71,619	21,741
28	109,262	1,012	4,442	7,957	11	15,720	57,988	21,676
29	97,001	855	4,392	6,743	37	15,339	45,474	23,707

単位：t

かつお	そうだがつお類	ぶり類	たちうお	さわら類	
3,249	5,280	695	4,461	1,925	(1)
4,178	8,087	739	4,115	1,634	(2)
3,819	6,382	721	2,313	1,752	(3)
4,729	5,514	785	1,879	2,159	(4)
1,780	4,290	963	1,491	2,098	(5)
3,487	4,124	869	1,602	1,926	(6)
2,514	4,211	932	1,320	2,003	(7)
954	5,086	915	1,148	2,256	(8)
1,238	5,199	779	988	2,308	(9)
1,642	3,311	810	1,047	1,800	(10)
1,615	2,774	811	1,054	2,070	(11)

1　全国統計（続き）
（1）　年次別統計（平成19年～29年）（続き）
（参考）

ア　捕鯨業

年　次		捕鯨船隻数	鯨　種　別　捕　獲　頭　数					
			計	みんくくじら	つちくじら	ごんどうくじら	しゃち	その他
		隻	頭	頭	頭	頭	頭	頭
平成 19年	(1)	5	103	－	67	16	－	20
20	(2)	5	84	－	64	20	－	－
21	(3)	5	89	－	67	22	－	－
22	(4)	5	77	－	66	10	－	1
23	(5)	5	61	－	61	－	－	－
24	(6)	5	87	－	71	16	－	－
25	(7)	5	73	－	62	10	－	1
26	(8)	5	76	－	70	3	－	3
27	(9)	5	77	－	57	20	－	－
28	(10)	5	66	－	61	5	－	0
29	(11)	5	30	－	28	2	－	－

注：捕鯨業によって捕獲されたくじらの捕獲頭数（流失鯨を含む。）を掲載した。

ウ　北西太平洋鯨類捕獲調査

年　次	母船隻数（船団）	1) 捕鯨船隻数	乗組員数	鯨　種　別　捕　獲　頭　数				
				計	いわしくじら	にたりくじら	まっこうくじら	みんくくじら
	隻	隻	人	頭	頭	頭	頭	頭
平成 19年	(1)	(7)	(195)	(360)	(100)	(50)	(3)	(207)
20	(1)	(6)	(192)	(321)	(100)	(50)	(2)	(169)
21	(1)	(7)	(187)	(313)	(100)	(50)	(1)	(162)
22	(1)	(7)	(195)	(272)	(100)	(50)	(3)	(119)
23	(1)	(7)	(186)	(272)	(95)	(50)	(1)	(126)
24	(1)	(7)	(196)	(319)	(100)	(34)	(3)	(182)
25	(1)	(7)	(196)	(224)	(100)	(28)	(1)	(95)
26	(1)	(7)	(201)	(196)	(90)	(25)	－	(81)
27	(1)	(7)	(208)	(185)	(90)	(25)	－	(70)
28	(1)	(7)	(188)	(152)	(90)	(25)	－	(37)
29	(1)	(8)	(205)	(219)	(134)	－	－	(128)

注：　この統計表の数値は、国際捕鯨委員会（ＩＷＣ）に提出する科学データを得るための調査捕獲の結果であるため、（　）を付した。
　　（平成６年から北西太平洋におけるみんくくじらの捕獲調査を実施している。）
　1)は、沿岸での小型捕鯨船４隻を含む。
　「－」:捕獲枠のないもの

イ　南極海鯨類捕獲調査

母船隻数（船団）	捕鯨船隻数	乗組員数	鯨　種　別　捕　獲　頭　数					
			計	ながすくじら	いわしくじら	まっこうくじら	くろみんくくじら	
隻	隻	人	頭	頭	頭	頭	頭	
(1)	(3)	(217)	(508)	(3)	-	-	(505)	(1)
(1)	(3)	(199)	(551)	(0)	-	-	(551)	(2)
(1)	(2)	(195)	(680)	(1)	-	-	(679)	(3)
(1)	(3)	(186)	(507)	(1)	-	-	(506)	(4)
(1)	(3)	(184)	(172)	(2)	-	-	(170)	(5)
(1)	(3)	(164)	(267)	(1)	-	-	(266)	(6)
(1)	(3)	(156)	(103)	(0)	-	-	(103)	(7)
(1)	(3)	(186)	(251)	(0)	-	-	(251)	(8)
-	-	-	-	-	-	-	-	(9)
(1)	(3)	(160)	(333)	-	-	-	(333)	(10)
(1)	(3)	(156)	(333)	-	-	-	(333)	(11)

注：この統計表の数値は、国際捕鯨委員会（ＩＷＣ）に提出する科学データを得るための調査捕獲の結果であるため、（　）を付した。
　　「－」：捕獲枠のないもの
　　「(0)」：捕獲枠はあるが、捕獲していないもの

1　全国統計（続き）
(2)　漁業種類別・魚種別漁獲量

漁業種類		合計	魚				
			計	ま		ぐ	
				小計	くろまぐろ	みなみまぐろ	びんなが
計	(1)	3,258,020	2,690,005	169,149	9,786	4,072	46,220
遠 洋 底 び き 網	(2)	9,466	9,466	-	-	-	-
以 西 底 び き 網	(3)	x	x	x	x	x	x
沖合底びき網 1 そ う び き	(4)	188,871	164,347	-	-	-	-
2 そ う び き	(5)	18,627	15,570	-	-	-	-
小 型 底 び き 網	(6)	317,378	45,440	0	0	-	-
船 び き 網	(7)	177,002	161,725	0	-	-	-
大中型 1そうまき遠洋かつお・まぐろまき網	(8)	175,647	175,647	44,942	-	-	11
1そうまき近海かつお・まぐろまき網	(9)	33,910	33,904	8,012	3,167	-	1,221
1そうまきその他のまき網	(10)	746,180	743,742	1,018	1,015	-	1
2 そ う ま き 網	(11)	37,936	37,848	0	0	-	-
中 ・ 小 型 ま き 網	(12)	464,150	463,254	421	28	-	17
さ け ・ ま す 流 し 網	(13)	1,273	1,273	-	-	-	-
か じ き 等 流 し 網	(14)	4,140	4,140	124	77	-	40
そ の 他 の 刺 網	(15)	121,339	111,130	3	2	-	0
さ ん ま 棒 受 網	(16)	84,040	84,040	7	7	-	-
定 置 網 大 型 定 置 網	(17)	194,236	185,717	2,272	2,024	-	38
さ け 定 置 網	(18)	59,076	58,811	29	29	-	-
小 型 定 置 網	(19)	73,005	68,723	195	141	-	10
そ の 他 の 網 漁 業	(20)	49,595	46,399	1	1	-	0
まぐろはえ縄 遠洋まぐろはえ縄	(21)	73,672	73,672	49,330	1,110	4,072	6,821
近海まぐろはえ縄	(22)	42,757	42,757	27,725	265	-	15,713
沿岸まぐろはえ縄	(23)	5,403	5,396	3,807	586	-	1,229
そ の 他 の は え 縄	(24)	23,969	18,006	150	82	-	34
かつお一本釣 遠洋かつお一本釣	(25)	47,860	47,860	13,319	-	-	12,110
近海かつお一本釣	(26)	28,530	28,530	11,248	67	-	8,753
沿岸かつお一本釣	(27)	12,774	12,774	2,010	21	-	30
い か 釣 遠 洋 い か 釣	(28)	x	x	x	x	x	x
近 海 い か 釣	(29)	22,541	-	-	-	-	-
沿 岸 い か 釣	(30)	34,341	48	23	0	-	8
ひ き 縄 釣	(31)	12,724	12,695	3,244	741	-	107
そ の 他 の 釣	(32)	29,183	28,435	1,270	422	-	77
採 貝 ・ 採 藻	(33)	97,001	41	-	-	-	-
そ の 他 の 漁 業	(34)	66,519	5,085	0	-	-	-

単位：t

類								
ろ　　　　類			か　　じ　　き　　類					
めばち	きはだ	その他のまぐろ類	小　計	まかじき	めかじき	くろかじき類	その他のかじき類	
38,683	69,453	936	13,100	1,764	7,815	2,806	714	(1)
-	-	-	-	-	-	-	-	(2)
x	x	x	x	x	x	x	x	(3)
								(4)
-	-	-	0	-	0	-	-	(5)
0	-	-	0	0	0	-	0	(6)
-	-	0	0	-	-	-	0	(7)
3,629	41,303	-	-	-	-	-	-	(8)
412	3,212	-	-	-	-	-	-	(9)
-	2	-	-	-	-	-	-	(10)
0	0	-	0	-	-	-	0	(11)
1	376	0	2	0	0	0	1	(12)
-	-	-	-	-	-	-	-	(13)
1	7	-	547	241	291	15	0	(14)
0	0	0	86	-	0	0	85	(15)
-	-	-	-	-	-	-	-	(16)
0	126	83	200	28	3	36	133	(17)
-	-	0	0	0	-	-	-	(18)
0	9	34	27	4	0	1	22	(19)
-	0	0	0	0	-	-	0	(20)
25,456	11,871	-	7,074	413	4,632	1,646	383	(21)
6,992	4,755	-	3,898	753	2,228	888	29	(22)
291	1,666	34	430	223	91	83	33	(23)
16	18	0	57	53	2	2	0	(24)
676	533	0	-	-	-	-	-	(25)
816	1,570	42	-	-	-	-	-	(26)
203	1,456	300	4	0	3	0	1	(27)
x	x	x	x	x	x	x	x	(28)
-	-	-	-	-	-	-	-	(29)
6	4	5	13	-	12	1	0	(30)
119	1,877	400	168	23	21	117	7	(31)
67	668	36	273	5	256	5	7	(32)
-	-	-	-	-	-	-	-	(33)
-	-	0	320	23	274	12	12	(34)

1　全国統計（続き）
（2）　漁業種類別・魚種別漁獲量（続き）

漁　業　種　類		魚					
		かつお類			さめ類	さけ・ます	
		小　計	かつお	そうだがつお類		小　計	さけ類
計	(1)	226,865	218,977	7,888	32,374	71,857	68,605
遠　洋　底　び　き　網	(2)	-	-	-	24	-	-
以　西　底　び　き　網	(3)	x	x	x	x	x	x
沖合底びき網 1 そ　う　び　き	(4)	-	-	-	504	0	0
2 そ　う　び　き	(5)	-	-	-	50	-	-
小　型　底　び　き　網	(6)	0	-	0	283	6	6
船　　　び　　　き　　　網	(7)	0	0	0	43	0	0
大中型 1そうまき遠洋かつお・まぐろまき網	(8)	130,605	130,585	20	-	-	-
1そうまき近海かつお・まぐろまき網	(9)	23,923	23,914	9	-	-	-
1そうまきその他のまき網	(10)	646	77	568	0	-	-
2 そ　う　ま　き　網	(11)	0	0	0	-	-	-
中　・　小　型　ま　き　網	(12)	857	467	390	12	0	0
さ　け　・　ま　す　流　し　網	(13)	-	-	-	-	1,273	387
か　じ　き　等　流　し　網	(14)	60	60	0	3,056	-	-
そ　の　他　の　刺　網	(15)	6	1	5	407	1,579	1,524
さ　ん　ま　棒　受　網	(16)	-	-	-	-	-	-
定　置　網 大　型　定　置　網	(17)	3,659	291	3,368	129	7,718	7,643
さ　け　定　置　網	(18)	0	0	0	76	51,497	51,150
小　型　定　置　網	(19)	683	110	573	46	9,066	7,286
そ　の　他　の　網　漁　業	(20)	57	6	51	25	512	501
まぐろはえ縄 遠洋まぐろはえ縄	(21)	93	93	-	14,836	-	-
近海まぐろはえ縄	(22)	20	20	-	10,800	-	-
沿岸まぐろはえ縄	(23)	6	6	-	1,023	-	-
そ　の　他　の　は　え　縄	(24)	4	4	0	1,008	119	106
かつお一本釣 遠洋かつお一本釣	(25)	34,405	34,404	1	-	-	-
近海かつお一本釣	(26)	16,846	16,812	35	-	-	-
沿岸かつお一本釣	(27)	10,494	10,441	53	0	-	-
い　か　釣 遠　洋　い　か　釣	(28)	x	x	x	x	x	x
近　海　い　か　釣	(29)	-	-	-	-	-	-
沿　岸　い　か　釣	(30)	0	0	0	0	-	-
ひ　　　き　　　縄　　　釣	(31)	4,389	1,615	2,774	2	1	-
そ　の　他　の　釣	(32)	112	71	41	42	85	1
採　貝　・　採　藻	(33)	-	-	-	0	0	-
そ　の　他　の　漁　業	(34)	0	0	-	4	2	2

単位：t

類 ます類	このしろ	にしん	いわし類 小計	まいわし	うるめいわし	かたくちいわし	しらす	
3,252	5,434	9,316	768,556	500,015	71,971	145,715	50,855	(1)
-	-	-	-	-	-	-	-	(2)
x	x	x	x	x	x	x	x	(3)
0	0	5,300	1	0	0	0	-	(4)
-	-	3	-	-	-	-	-	(5)
0	140	27	32	25	1	6	-	(6)
0	78	-	145,341	42,864	39	52,380	50,057	(7)
-	-	-	-	-	-	-	-	(8)
-	-	-	1	-	1	-	-	(9)
-	0	-	288,325	273,755	11,511	3,059	-	(10)
-	-	-	26,063	25,225	165	673	-	(11)
-	2,900	-	229,860	105,482	52,610	71,669	98	(12)
886	-	-	-	-	-	-	-	(13)
-	-	-	-	-	-	-	-	(14)
55	404	2,484	62	59	0	3	-	(15)
-	-	-	458	458			-	(16)
75	132	97	45,754	32,460	1,790	11,499	5	(17)
347	-	163	62	0	-	62	-	(18)
1,780	640	1,241	5,670	3,274	370	2,020	6	(19)
11	1,134	0	26,566	16,202	5,335	4,340	689	(20)
-	-	-	-	-	-	-	-	(21)
-	-	-	-	-	-	-	-	(22)
-	-	-	-	-	-	-	-	(23)
13	-	-	-	-	-	-	-	(24)
-	-	-	-	-	-	-	-	(25)
-	-	-	-	-	-	-	-	(26)
-	-	-	-	-	-	-	-	(27)
x	x	x	x	x	x	x	x	(28)
-	-	-	-	-	-	-	-	(29)
-	-	-	-	-	-	-	-	(30)
1	-	-	0	0	-	-	-	(31)
84	4	0	155	7	147	0	0	(32)
0	-	-	-	-	-	-	-	(33)
0	1	0	207	202	2	3	-	(34)

1　全国統計（続き）
(2)　漁業種類別・魚種別漁獲量（続き）

漁　業　種　類		魚					
		あ　じ　類			さば類	さんま	ぶり類
		小　計	まあじ	むろあじ類			
計	(1)	164,731	145,215	19,515	517,602	83,803	117,761
遠　洋　底　び　き　網	(2)	-	-	-	-	-	-
以　西　底　び　き　網	(3)	x	x	x	x	x	x
沖合底びき網 1　そ　う　び　き	(4)	80	80	0	5	-	1
2　そ　う　び　き	(5)	250	249	1	2	-	2
小　型　底　び　き　網	(6)	881	689	192	197	-	72
船　　び　　き　　網	(7)	259	233	26	132	-	179
大中型 1そうまき遠洋かつお・まぐろまき網	(8)	-	-	-	-	-	-
1そうまき近海かつお・まぐろまき網	(9)	672	638	34	1,044	-	137
1そうまきその他のまき網	(10)	59,346	56,760	2,587	352,872	-	29,396
2　そ　う　ま　き　網	(11)	2,220	2,216	3	3,751	-	3,454
中　・　小　型　ま　き　網	(12)	77,907	63,495	14,411	110,847	0	18,393
さ　け　・　ま　す　流　し　網	(13)	-	-	-	-	-	-
か　じ　き　等　流　し　網	(14)	-	-	-	-	-	0
そ　の　他　の　刺　網	(15)	518	451	68	455	5	2,671
さ　ん　ま　棒　受　網	(16)	-	-	-	0	83,574	-
定　置　網 大　型　定　置　網	(17)	13,672	12,522	1,150	33,724	181	46,868
さ　け　定　置　網	(18)	3	3	-	916	0	1,951
小　型　定　置　網	(19)	5,732	5,411	321	2,964	43	7,486
そ　の　他　の　網　漁　業	(20)	1,032	477	555	8,967	0	407
まぐろはえ縄 遠洋まぐろはえ縄	(21)	-	-	-	-	-	-
近海まぐろはえ縄	(22)	-	-	-	-	-	-
沿岸まぐろはえ縄	(23)	-	-	-	-	-	11
そ　の　他　の　は　え　縄	(24)	19	19	0	41	-	1,499
かつお一本釣 遠洋かつお一本釣	(25)	-	-	-	-	-	0
近海かつお一本釣	(26)	0	0	0	-	-	0
沿岸かつお一本釣	(27)	1	-	1	0	-	9
い　か　釣 遠　洋　い　か　釣	(28)	x	x	x	x	x	x
近　海　い　か　釣	(29)	-	-	-	-	-	-
沿　岸　い　か　釣	(30)	0	0	-	0	-	1
ひ　　き　　縄　　釣	(31)	29	20	9	102	0	811
そ　の　他　の　釣	(32)	2,039	1,881	158	1,581	-	4,401
採　貝　・　採　藻	(33)						
そ　の　他　の　漁　業	(34)	8	7	0	1	-	12

単位：t

ひ ら め・か れ い 類			た　　ら　　類			ほっけ	きちじ	はたはた	
小　計	ひらめ	かれい類	小　計	まだら	すけとうだら				
54,385	7,084	47,301	173,539	44,269	129,269	17,777	1,022	6,458	(1)
2,157	–	2,157	–	–	–	–	–	–	(2)
x	x	x	x	x	x	x	x	x	(3)
13,493	632	12,860	105,229	21,759	83,470	4,826	437	4,564	(4)
1,924	162	1,762	4,856	1,117	3,739	0	161	0	(5)
9,840	1,472	8,368	1,899	1,632	267	34	49	1,093	(6)
108	45	63	39	38	1	0	–	13	(7)
–	–	–	–	–	–	–	–	–	(8)
–	–	–	–	–	–	–	–	–	(9)
1	1	0	–	–	–	–	–	–	(10)
0	0	–	–	–	–	–	–	–	(11)
2	2	0	–	–	–	66	–	–	(12)
–	–	–	–	–	–	–	–	–	(13)
–	–	–	–	–	–	–	–	–	(14)
18,861	2,286	16,575	49,968	11,473	38,495	7,108	290	101	(15)
–	–	–	–	–	–	–	–	–	(16)
704	558	146	775	483	292	19	–	1	(17)
2,143	114	2,028	328	197	130	284	–	1	(18)
3,842	1,234	2,608	3,783	2,345	1,437	5,394	–	685	(19)
13	6	7	3	3	0	4	–	0	(20)
–	–	–	–	–	–	–	–	–	(21)
–	–	–	–	–	–	–	–	–	(22)
–	–	–	–	–	–	–	–	–	(23)
350	28	322	6,147	4,733	1,414	18	81	–	(24)
–	–	–	–	–	–	–	–	–	(25)
–	–	–	–	–	–	–	–	–	(26)
–	–	–	–	–	–	–	–	–	(27)
x	x	x	x	x	x	x	x	x	(28)
–	–	–	–	–	–	–	–	–	(29)
0	0	–	–	–	–	–	–	–	(30)
130	129	0	0	0	–	1	–	–	(31)
470	384	86	360	336	24	17	0	–	(32)
0	0	0	3	3	–	0	0	0	(33)
278	17	261	149	149	0	6	4	–	(34)

1 全国統計（続き）
(2) 漁業種類別・魚種別漁獲量（続き）

漁 業 種 類	魚					
	にぎす類	あなご類	たちうお	た		い
				小 計	まだい	ちだい・きだい
計 (1)	2,832	3,422	6,331	24,764	15,343	6,272
遠 洋 底 び き 網 (2)	-	-	-	-	-	-
以 西 底 び き 網 (3)	x	x	x	x	x	x
沖合底びき網 1 そ う び き (4)	1,465	545	6	475	194	262
2 そ う び き (5)	53	423	66	1,616	640	976
小 型 底 び き 網 (6)	1,274	776	1,883	5,189	3,189	911
船 び き 網 (7)	32	8	203	5,888	4,617	1,067
大中型 1そうまき遠洋かつお・まぐろまき網 (8)	-	-	-	-	-	-
1そうまき近海かつお・まぐろまき網 (9)	-	-	-	0	-	-
1そうまきその他のまき網 10	-	-	270	8	8	-
2 そ う ま き 網 (11)	-	-	12	344	142	202
中 ・ 小 型 ま き 網 (12)	-	0	286	778	467	82
さ け ・ ま す 流 し 網 (13)	-	-	-	-	-	-
か じ き 等 流 し 網 (14)	-	-	-	0	0	-
そ の 他 の 刺 網 (15)	0	37	150	2,375	1,402	395
さ ん ま 棒 受 網 (16)	-	-	-	-	-	-
定 置 網 大 型 定 置 網 (17)	4	10	575	1,792	1,339	149
さ け 定 置 網 (18)	-	0	0	1	1	-
小 型 定 置 網 (19)	0	13	269	1,355	915	38
そ の 他 の 網 漁 業 20	2	1	14	85	58	4
まぐろはえ縄 遠洋まぐろはえ縄 (21)	-	-	-	-	-	-
近海まぐろはえ縄 (22)	-	-	-	-	-	-
沿岸まぐろはえ縄 (23)	-	-	-	-	-	-
そ の 他 の は え 縄 (24)	0	131	358	1,138	548	548
かつお一本釣 遠洋かつお一本釣 (25)	-	-	-	-	-	-
近海かつお一本釣 (26)	-	-	-	-	-	-
沿岸かつお一本釣 (27)						
い か 釣 遠 洋 い か 釣 (28)	x	x	x	x	x	x
近 海 い か 釣 (29)	-	-	-	-	-	-
沿 岸 い か 釣 30	-	-	0	1	1	1
ひ き 縄 釣 (31)	-	-	1,054	10	8	1
そ の 他 の 釣 (32)	0	16	1,157	2,047	1,551	252
採 貝 ・ 採 藻 (33)	-	0	-	0	0	-
そ の 他 の 漁 業 (34)	0	1,461	1	52	33	4

単位：t

類 くろだい・へだい	類（続き） いさき	さわら類	すずき類	いかなご	あまだい類	ふぐ類	その他の魚類	
3,149	3,796	15,201	6,626	12,180	1,177	4,420	175,527	(1)
-	-	-	-	-	-	-	7,285	(2)
x	x	x	x	x	x	x	x	(3)
19	-	1	35	3,929	14	83	23,355	(4)
0	0	39	5	-	117	162	5,841	(5)
1,089	42	115	2,108	3	103	1,121	18,270	(6)
205	305	93	178	2,034	20	54	6,718	(7)
-	-	-	-	-	-	-	100	(8)
-	-	39	-	-	-	-	76	(9)
0	-	283	6	-	-	1	11,572	(10)
-	0	188	1	-	-	0	1,815	(11)
229	360	397	654	-	0	56	19,455	(12)
-	-	-	-	-	-	-	-	(13)
-	-	0	-	-	-	-	353	(14)
578	520	2,001	963	0	247	94	19,735	(15)
-	-	-	-	-	-	0	-	(16)
304	847	7,452	924	45	1	1,144	17,017	(17)
0	-	0	0	1	-	98	1,258	(18)
401	298	970	1,096	156	2	652	16,416	(19)
22	5	82	78	6,012	1	92	1,307	(20)
-	-	2	-	-	-	-	2,337	(21)
-	-	7	-	-	-	-	307	(22)
-	-	10	-	-	-	-	109	(23)
42	9	303	99	-	529	598	5,346	(24)
-	-	0	-	-	-	-	137	(25)
-	-	0	-	-	-	-	436	(26)
-	-	2	-	-	-	-	255	(27)
x	x	x	x	x	x	x	x	(28)
-	-	-	-	-	-	-	-	(29)
-	0	1	0	-	0	2	6	(30)
1	3	2,070	51	-	0	1	632	(31)
244	1,398	1,118	417	-	137	157	11,177	(32)
-	-	-	-	-	-	-	37	(33)
15	8	11	10	-	1	103	2,447	(34)

1　全国統計（続き）
（2）　漁業種類別・魚種別漁獲量（続き）

漁　業　種　類		え　び　類				か	
		計	いせえび	くるまえび	その他の え び 類	計	ずわいがに
計	(1)	16,703	1,075	322	15,306	25,738	3,995
遠　洋　底　び　き　網	(2)	–	–	–	–	–	–
以　西　底　び　き　網	(3)	x	x	x	x	x	x
沖合底びき網 1 そ う び き	(4)	1,911	–	0	1,911	3,109	2,957
2 そ う び き	(5)	30	–	–	30	5	0
小　型　底　び　き　網	(6)	7,708	5	251	7,452	1,434	607
船　　び　　き　　網	(7)	1,215	0	2	1,212	20	5
大中型 1そうまき遠洋かつお・まぐろまき網	(8)	–	–	–	–	–	–
1そうまき近海かつお・まぐろまき網	(9)	–	–	–	–	–	–
1そうまきその他のまき網	(10)	–	–	–	–	–	–
2 そ う ま き 網	(11)	–	–	–	–	–	–
中　・　小　型　ま　き　網	(12)	1	–	0	1	–	–
さ　け　・　ま　す　流　し　網	(13)	–	–	–	–	–	–
か　じ　き　等　流　し　網	(14)	–	–	–	–	–	–
そ　の　他　の　刺　網	(15)	1,262	1,029	61	172	1,770	237
さ　ん　ま　棒　受　網	(16)	–	–	–	–	–	–
定　置　網 大 型 定 置 網	(17)	6	0	0	6	11	–
さ　け　定　置　網	(18)	0	–	–	0	4	–
小　型　定　置　網	(19)	21	2	3	16	59	–
そ　の　他　の　網　漁　業	(20)	2,496	0	1	2,495	15	–
まぐろはえ縄 遠洋まぐろはえ縄	(21)	–	–	–	–	–	–
近海まぐろはえ縄	(22)	–	–	–	–	–	–
沿岸まぐろはえ縄	(23)	–	–	–	–	–	–
そ　の　他　の　は　え　縄	(24)	0	0	–	0	4	–
かつお一本釣 遠洋かつお一本釣	(25)	–	–	–	–	–	–
近海かつお一本釣	(26)	–	–	–	–	–	–
沿岸かつお一本釣	(27)	–	–	–	–	–	–
い　か　釣 遠洋いか釣	(28)	x	x	x	x	x	x
近海いか釣	(29)	–	–	–	–	–	–
沿岸いか釣	(30)	–	–	–	–	–	–
ひ　　き　　縄　　釣	(31)	–	–	–	–	–	–
そ　の　他　の　釣	(32)	0	0	0	0	0	–
採　貝　・　採　藻	(33)	25	1	–	25	0	–
そ　の　他　の　漁　業	(34)	2,016	38	4	1,974	19,305	189

単位：t

| に　　類 | | | おきあみ類 | 貝　　　　　　　　類 | | | | | | |
べにずわいがに	がざみ類	その他のかに類		計	あわび類	さざえ	あさり類	ほたてがい	その他の貝　類	
15,149	2,232	4,361	13,756	283,985	964	6,083	7,072	235,952	33,914	(1)
-	-	-	-	-	-	-	-	-	-	(2)
x	x	x	x	x	x	x	x	x	x	(3)
4	1	147	-	228	-	-	-	-	228	(4)
1	-	4	-	2	-	-	-	-	2	(5)
1	654	173	-	249,072	2	4	327	235,381	13,359	(6)
-	7	8	13,755	15	-	-	-	0	15	(7)
-	-	-	-	-	-	-	-	-	-	(8)
										(9)
-	-	-	-	-	-	-	-	-	-	(10)
-	-	-	-	-	-	-	-	-	-	(11)
-	-	-	-	-	-	-	-	-	-	(12)
-	-	-	-	-	-	-	-	-	-	(13)
-	-	-	-	-	-	-	-	-	-	(14)
18	774	740	-	2,095	4	1,012	-	14	1,066	(15)
									-	(16)
-	10	0	-	0	-	0	-	-	0	(17)
-	2	3	-	0	-	-	-	-	0	(18)
-	47	11	1	7	0	0	-	-	7	(19)
-	15	0	-	0	0	0	-	-	0	(20)
-	-	-	-	-	-	-	-	-	-	(21)
-	-	-	-	-	-	-	-	-	-	(22)
-	-	-	-	-	-	-	-	-	-	(23)
-	0	4	-	0	-	-	-	-	0	(24)
-	-	-	-	-	-	-	-	-	-	(25)
-	-	-	-	-	-	-	-	-	-	(26)
-	-	-	-	-	-	-	-	-	-	(27)
x	x	x	x	x	x	x	x	x	x	(28)
-	-	-	-	-	-	-	-	-	-	(29)
-	-	-	-	0	0	-	-	-	-	(30)
-	-	-	-	-	-	-	-	-	-	(31)
-	0	0	-	0	0	-	-	-	0	(32)
-	0	0	-	27,365	855	4,392	6,743	37	15,339	(33)
15,126	721	3,269	-	5,199	103	676	2	520	3,898	(34)

1　全国統計（続き）
(2)　漁業種類別・魚種別漁獲量（続き）

漁　業　種　類		い　　か　　類				たこ類
		計	するめいか	あかいか	その他の い か 類	
計	(1)	103,414	63,734	4,334	35,346	35,473
遠　洋　底　び　き　網	(2)	-	-	-	-	-
以　西　底　び　き　網	(3)	x	x	x	x	x
沖合底びき網 1　そ　う　び　き	(4)	17,817	9,045	0	8,772	1,378
2　そ　う　び　き	(5)	2,889	2,304	-	585	131
小　型　底　び　き　網	(6)	6,696	348	140	6,208	2,780
船　　　び　　　き　　　網	(7)	244	3	0	241	19
大中型 1そうまき遠洋かつお・まぐろまき網	(8)	-	-	-	-	-
1そうまき近海かつお・まぐろまき網	(9)	7	7	-	-	-
1そうまきその他のまき網	(10)	2,439	2,423	-	16	-
2　そ　う　ま　き　網	(11)	88	88	-	-	-
中　・　小　型　ま　き　網	(12)	895	380	0	515	0
さ　け　・　ま　す　流　し　網	(13)	-	-	-	-	-
か　じ　き　等　流　し　網	(14)	-	-	-	-	-
そ　の　他　の　刺　網	(15)	1,173	174	0	998	1,281
さ　ん　ま　棒　受　網	(16)	-	-	-	-	-
定　置　網　大　型　定　置　網	(17)	8,133	4,340	19	3,774	104
さ　け　定　置　網	(18)	157	114	-	43	104
小　型　定　置　網	(19)	3,480	598	2	2,881	690
そ　の　他　の　網　漁　業	(20)	383	20	0	363	7
まぐろはえ縄　遠洋まぐろはえ縄	(21)	-	-	-	-	-
近海まぐろはえ縄	(22)	-	-	-	-	-
沿岸まぐろはえ縄	(23)	7	-	-	7	-
そ　の　他　の　は　え　縄	(24)	1	0	-	1	5,958
かつお一本釣　遠洋かつお一本釣	(25)	-	-	-	-	-
近海かつお一本釣	(26)	-	-	-	-	-
沿岸かつお一本釣	(27)	-	-	-	-	-
い　か　釣　遠　洋　い　か　釣	(28)	x	x	x	x	x
近　海　い　か　釣	(29)	22,541	18,274	4,163	104	-
沿　岸　い　か　釣	(30)	34,293	25,248	9	9,035	0
ひ　　　き　　　縄　　　釣	(31)	29	-	-	29	0
そ　の　他　の　釣	(32)	69	9	-	60	678
採　貝　・　採　藻	(33)	0	-	-	0	119
そ　の　他　の　漁　業	(34)	744	0	0	744	22,222

単位：t

うに類	海産ほ乳類	その他の水産動物類	海　藻　類			
			計	こんぶ類	その他の海藻類	
7,612	567	10,800	69,969	45,506	24,463	(1)
-	-	-	-	-	-	(2)
x	x	x	x	x	x	(3)
-	-	80	-	-	-	(4)
-	-	-	-	-	-	(5)
52	-	4,195	1	-	1	(6)
0	-	9	-	-	-	(7)
-	-	-	-	-	-	(8)
-	-	-	-	-	-	(9)
-	-	-	-	-	-	(10)
-	-	-	-	-	-	(11)
-	-	0	-	-	-	(12)
-	-	-	-	-	-	(13)
-	-	-	-	-	-	(14)
1	-	2,626	0	-	0	(15)
-	-	-	-	-	-	(16)
-	264	1	0	-	0	(17)
-	-	0	-	-	-	(18)
-	18	6	-	-	-	(19)
0	-	295	-	-	-	(20)
-	-	-	-	-	-	(21)
-	-	-	-	-	-	(22)
-	-	-	-	-	-	(23)
-	-	0	-	-	-	(24)
-	-	-	-	-	-	(25)
-	-	-	-	-	-	(26)
-	-	-	-	-	-	(27)
x	x	x	x	x	x	(28)
-	-	-	-	-	-	(29)
-	-	-	-	-	-	(30)
-	-	-	-	-	-	(31)
-	-	0	-	-	-	(32)
83	-	187	69,180	45,474	23,707	(33)
7,476	284	3,401	787	32	755	(34)

2　大海区都道府県振興局別統計
(1)　漁業種類別漁獲量

都道府県・大海区・振興局	計	網 底 び き		沖 合 底 び き 網	
		遠洋底びき網	以西底びき網	1そうびき	2そうびき
全　　　　国　(1)	3,258,020	9,466	x	188,871	18,627
北　海　道　(2)	738,957	x	-	133,395	-
青　　　森　(3)	102,496	x	-	8,683	-
岩　　　手　(4)	75,792	-	-	x	7,913
宮　　　城　(5)	158,328	x	-	17,124	-
秋　　　田　(6)	5,986	-	-	829	-
山　　　形　(7)	4,461	-	-	x	-
福　　　島　(8)	52,846	-	-	x	-
茨　　　城　(9)	295,345	-	-	2,082	-
千　　　葉　(10)	120,101	-	-	993	-
東　　　京　(11)	40,616	-	-	-	-
神　奈　川　(12)	32,396	-	-	x	-
新　　　潟　(13)	30,021	-	-	x	-
富　　　山　(14)	23,690	-	-	-	-
石　　　川　(15)	37,473	-	-	1,589	-
福　　　井　(16)	11,731	-	-	1,265	-
静　　　岡　(17)	202,227	-	-	x	-
愛　　　知　(18)	69,970	-	-	1,427	-
三　　　重　(19)	154,672	-	-	x	-
京　　　都　(20)	8,677	-	-	270	-
大　　　阪　(21)	19,291	-	-	-	-
兵　　　庫　(22)	41,036	-	-	11,066	-
和　歌　山　(23)	18,801	-	-	-	-
鳥　　　取　(24)	74,191	-	-	6,371	-
島　　　根　(25)	132,871	-	-	334	5,420
岡　　　山　(26)	3,600	-	-	-	-
広　　　島　(27)	16,106	-	-	-	-
山　　　口　(28)	25,792	-	-	-	4,075
徳　　　島　(29)	10,591	-	-	-	x
香　　　川　(30)	16,373	-	-	-	-
愛　　　媛　(31)	79,699	-	-	-	x
高　　　知　(32)	65,625	-	-	x	x
福　　　岡　(33)	25,600	-	-	-	-
佐　　　賀　(34)	8,047	-	-	-	-
長　　　崎　(35)	317,069	-	x	x	-
熊　　　本　(36)	17,952	-	x	-	-
大　　　分　(37)	31,872	-	-	-	-
宮　　　崎　(38)	96,540	-	-	-	-
鹿　児　島　(39)	75,227	-	-	-	-
沖　　　縄　(40)	15,954	-	-	-	-
北海道太平洋北区　(41)	362,389	-	-	74,642	-
太　平　洋　北　区　(42)	670,274	x	-	29,221	7,913
太　平　洋　中　区　(43)	619,982	-	-	2,549	-
太　平　洋　南　区　(44)	256,279	-	-	x	1,220
北海道日本海北区　(45)	376,569	x	-	58,753	-
日　本　海　北　区　(46)	78,691	-	-	1,941	-
日　本　海　西　区　(47)	279,024	-	-	20,895	5,420
東　シ　ナ　海　区　(48)	476,631	-	x	x	4,075
瀬　戸　内　海　区　(49)	138,182	-	-	-	-
宗　　　谷　(50)	155,858	x	-	16,718	-
オ　ホ　ー　ツ　ク　(51)	175,631	-	-	35,820	-
根　　　室　(52)	113,575	-	-	-	-
釧　　　路　(53)	94,220	-	-	49,915	-
十　　　勝　(54)	12,831	-	-	x	-
日　　　高　(55)	47,656	-	-	x	-
胆　　　振　(56)	34,328	-	-	x	-
渡　　　島　(57)	62,117	-	-	-	-
留　　　萌　(58)	10,205	-	-	-	-
石　　　狩　(59)	3,737	-	-	-	-
後　　　志　(60)	24,593	-	-	6,214	-
檜　　　山　(61)	4,209	-	-	-	-
青　森（太北）　(62)	87,963	x	-	7,895	-
（日北）　(63)	14,533	-	-	788	-
兵　庫（日西）　(64)	14,082	-	-	11,066	-
（瀬戸）　(65)	26,954	-	-	-	-
和歌山（太南）　(66)	11,407	-	-	-	-
（瀬戸）　(67)	7,394	-	-	-	-
山　口（東シ）　(68)	18,183	-	-	-	4,075
（瀬戸）　(69)	7,609	-	-	-	-
徳　島（太南）　(70)	3,223	-	-	-	x
（瀬戸）　(71)	7,368	-	-	-	-
愛　媛（太南）　(72)	56,122	-	-	-	x
（瀬戸）　(73)	23,577	-	-	-	-
福　岡（東シ）　(74)	24,200	-	-	-	-
（瀬戸）　(75)	1,400	-	-	-	-
大　分（太南）　(76)	23,362	-	-	-	-
（瀬戸）　(77)	8,510	-	-	-	-

単位：t

小型底びき網	船びき網	遠洋かつお・まぐろまき網	近海かつお・まぐろまき網	その他の1そうまき網	2そうまき網	中・小型まき網	
317,378	177,002	175,647	33,910	746,180	37,936	464,150	(1)
243,856	2	–	–	–	–	66	(2)
2,574	2	–	x	x	x	–	(3)
2	6,346	–	–	–	–	–	(4)
3,768	7,479	18,977	4,609	x	–	–	(5)
418	32	–	–	–	–	–	(6)
1,320	106	–	–	–	–	–	(7)
387	918	–	x	38,437	–	–	(8)
1,883	4,142	–	–	282,857	–	–	(9)
3,106	18	–	–	40,693	x	19,009	(10)
–	x	x	–	–	–	x	(11)
593	336	x	–	–	–	696	(12)
2,495	625	x	x	–	–	–	(13)
657	x	–	–	–	–	–	(14)
3,981	209	–	x	x	–	4,961	(15)
1,662	3	–	–	–	–	–	(16)
233	6,502	66,936	12,147	x	–	5,414	(17)
6,800	43,238	–	–	–	–	x	(18)
2,140	25,275	x	x	x	–	70,473	(19)
320	x	–	–	–	–	–	(20)
1,132	3,229	–	–	–	–	14,480	(21)
7,741	11,018	–	–	–	–	3,961	(22)
2,321	2,281	–	–	–	–	8,187	(23)
218	86	x	–	x	–	125	(24)
3,628	319	–	–	x	–	101,209	(25)
1,717	833	–	–	–	–	–	(26)
1,804	11,332	–	–	–	–	x	(27)
2,783	3,804	–	–	–	–	3,624	(28)
1,961	x	–	–	–	–	–	(29)
3,037	9,358	–	–	–	–	–	(30)
8,284	11,029	x	x	25,941	–	19,066	(31)
210	2,350	–	–	–	–	x	(32)
1,136	3,608	–	x	x	–	4,637	(33)
543	757	–	–	–	–	–	(34)
645	5,564	x	1,040	146,210	–	108,721	(35)
922	1,052	–	–	–	–	4,130	(36)
1,983	4,273	–	–	x	–	11,032	(37)
687	1,966	–	–	x	–	37,079	(38)
431	5,308	–	–	–	–	31,887	(39)
–	–	–	–	–	–	–	(40)
35,281	2	–	–	–	–	x	(41)
7,147	18,888	18,977	12,800	363,899	x	–	(42)
12,871	75,369	119,166	x	121,213	x	99,139	(43)
1,856	x	x	x	x	–	85,247	(44)
208,575	–	–	–	–	–	x	(45)
6,359	x	x	x	–	–	–	(46)
9,809	x	x	x	64,375	–	106,295	(47)
4,005	17,039	x	x	x	–	152,999	(48)
31,476	58,351	–	–	–	–	20,404	(49)
107,410	–	–	–	–	–	x	(50)
99,525	–	–	–	–	–	–	(51)
29,834	x	–	–	–	–	–	(52)
1,481	x	–	–	–	–	–	(53)
758	–	–	–	–	–	–	(54)
540	–	–	–	–	–	–	(55)
2,163	–	–	–	–	–	–	(56)
517	–	–	–	–	–	x	(57)
1,417	–	–	–	–	–	–	(58)
87	–	–	–	–	–	–	(59)
110	–	–	–	–	–	–	(60)
14	–	–	–	–	–	–	(61)
1,107	2	–	x	x	x	–	(62)
1,467	–	–	–	–	–	–	(63)
–	–	–	–	–	–	–	(64)
7,741	11,018	–	–	–	–	3,961	(65)
2	227	–	–	–	–	x	(66)
2,318	2,054	–	–	–	–	x	(67)
932	781	–	–	–	–	3,624	(68)
1,851	3,022	–	–	–	–	–	(69)
–	x	–	–	–	–	–	(70)
1,961	3,591	–	–	–	–	–	(71)
588	350	x	x	25,941	–	19,066	(72)
7,697	10,679	–	–	–	–	–	(73)
533	3,576	–	x	x	–	4,637	(74)
603	31	–	–	–	–	–	(75)
369	1,071	–	–	x	–	11,032	(76)
1,615	3,202	–	–	–	–	–	(77)

2 大海区都道府県振興局別統計（続き）
(1) 漁業種類別漁獲量（続き）

都道府県・大海区・振興局	網漁業				
	刺網			敷網	定
	さけ・ます流し網	かじき等流し網	その他の刺網	さんま棒受網	大型定置網
全 国 (1)	1,273	4,140	121,339	84,040	194,236
北 海 道 (2)	1,273	1,776	84,618	39,128	27,325
青 森 (3)	-	-	2,376	x	4,026
岩 手 (4)	-	x	527	9,233	31,578
宮 城 (5)	-	1,849	2,943	11,966	29,073
秋 田 (6)	-	-	552	-	1,123
山 形 (7)	-	-	160	-	x
福 島 (8)	-	-	185	5,080	-
茨 城 (9)	-	-	274	x	x
千 葉 (10)	-	x	1,240	3,079	6,601
東 京 (11)	-	-	313	x	-
神 奈 川 (12)	-	-	518	-	8,227
新 潟 (13)	-	-	1,673	-	4,212
富 山 (14)	-	-	439	7,153	10,253
石 川 (15)	-	-	1,424	-	9,902
福 井 (16)	-	-	235	-	6,379
静 岡 (17)	-	-	386	x	4,262
愛 知 (18)	-	-	606	-	-
三 重 (19)	-	-	1,159	905	9,877
京 都 (20)	-	-	139	-	6,784
大 阪 (21)	-	-	258	-	-
兵 庫 (22)	-	-	1,160	-	x
和 歌 山 (23)	-	-	326	x	2,404
鳥 取 (24)	-	-	1,023	-	-
島 根 (25)	-	-	625	-	x
岡 山 (26)	-	-	353	-	-
広 島 (27)	-	-	714	-	-
山 口 (28)	-	-	2,045	-	1,394
徳 島 (29)	-	-	248	-	x
香 川 (30)	-	-	1,096	-	x
愛 媛 (31)	-	-	1,835	-	-
高 知 (32)	-	-	123	-	9,733
福 岡 (33)	-	-	2,254	-	-
佐 賀 (34)	-	-	1,465	-	x
長 崎 (35)	-	213	3,333	x	6,568
熊 本 (36)	-	-	1,051	-	x
大 分 (37)	-	-	1,309	-	-
宮 崎 (38)	-	-	521	-	2,699
鹿 児 島 (39)	-	-	1,664	-	4,034
沖 縄 (40)	-	-	167	-	135
北海道太平洋北区 (41)	1,273	x	63,234	37,394	26,186
太 平 洋 北 区 (42)	-	x	5,316	29,530	63,449
太 平 洋 中 区 (43)	-	x	4,222	5,567	28,968
太 平 洋 南 区 (44)	-	x	1,594	x	15,025
北海道日本海北区 (45)	-	x	21,383	1,734	1,139
日 本 海 北 区 (46)	-	-	3,814	7,153	17,333
日 本 海 西 区 (47)	-	-	3,457	-	28,317
東 シ ナ 海 区 (48)	-	213	10,901	x	12,947
瀬 戸 内 海 区 (49)	-	-	7,416	-	873
宗 谷 (50)	-	-	9,019	x	-
オ ホ ー ツ ク (51)	-	-	x	x	-
根 室 (52)	713	-	20,311	23,828	-
釧 路 (53)	359	-	2,961	8,742	-
十 勝 (54)	x	x	799	x	-
日 高 (55)	41	x	10,754	2,365	-
胆 振 (56)	x	x	12,678	x	-
渡 島 (57)	x	x	16,134	x	26,186
留 萌 (58)	-	-	2,173	-	-
石 狩 (59)	-	-	1,827	-	-
後 志 (60)	-	-	6,697	-	1,139
檜 山 (61)	-	-	x	-	-
青 森（太北）(62)	-	-	1,386	x	x
（日北）(63)	-	-	990	-	x
兵 庫（日西）(64)	-	-	12	-	x
（瀬戸）(65)	-	-	1,148	-	-
和歌山（太南）(66)	-	-	258	x	x
（瀬戸）(67)	-	-	68	-	x
山 口（東シ）(68)	-	-	1,210	-	1,394
（瀬戸）(69)	-	-	835	-	-
徳 島（太南）(70)	-	-	133	-	x
（瀬戸）(71)	-	-	115	-	-
愛 媛（太南）(72)	-	-	244	-	-
（瀬戸）(73)	-	-	1,591	-	-
福 岡（東シ）(74)	-	-	2,010	-	-
（瀬戸）(75)	-	-	244	-	-
大 分（太南）(76)	-	-	314	-	x
（瀬戸）(77)	-	-	995	-	-

単位：t

（　続　き　）置網		その他の網漁業	釣漁業 はえ縄 まぐろはえ縄				
さけ定置網	小型定置網	その他の網漁業	遠洋まぐろはえ縄	近海まぐろはえ縄	沿岸まぐろはえ縄	その他のはえ縄	
59,076	73,005	49,595	73,672	42,757	5,403	23,969	(1)
59,076	24,972	16,583	x	–	184	10,417	(2)
–	10,705	188	2,479	–	260	786	(3)
–	1,844	2,773	6,098	x	x	2,717	(4)
–	3,257	2,782	18,426	9,413	x	464	(5)
–	1,322	–	–	–	–	206	(6)
–	609	x	x	–	–	168	(7)
–	–	–	3,306	–	–	3	(8)
–	–	–	x	–	–	59	(9)
–	802	1,387	x	x	222	140	(10)
–	70	101	2,071	–	30	367	(11)
–	1,637	167	7,228	–	–	288	(12)
–	1,178	x	–	–	–	42	(13)
–	715	150	3,149	–	–	3	(14)
–	1,064	x	–	–	–	389	(15)
–	633	25	–	–	–	131	(16)
–	632	6,531	5,989	–	–	32	(17)
–	276	–	–	–	–	47	(18)
–	1,369	111	4,019	1,185	x	85	(19)
–	571	x	–	–	–	48	(20)
–	100	–	–	–	–	–	(21)
–	649	294	x	–	x	155	(22)
–	519	337	–	252	31	218	(23)
–	x	365	–	–	–	3	(24)
–	x	179	x	–	–	78	(25)
–	295	121	–	–	–	1	(26)
–	346	x	–	–	–	45	(27)
–	802	1,996	x	–	–	491	(28)
–	837	12	–	x	x	582	(29)
–	613	1,231	x	–	–	14	(30)
–	294	246	x	–	–	367	(31)
–	758	68	4,183	10,708	142	x	(32)
–	672	140	x	–	–	452	(33)
–	649	3,081	–	–	–	x	(34)
–	6,208	1,480	x	–	x	3,078	(35)
–	849	4,882	–	x	–	673	(36)
–	2,592	–	x	2,678	–	316	(37)
–	1,368	x	1,012	9,215	2,002	303	(38)
–	1,959	4,175	15,164	x	x	294	(39)
–	52	x	x	7,456	1,284	110	(40)
22,516	10,090	15,127	x	–	129	8,340	(41)
–	10,459	x	x	x	1,193	3,939	(42)
–	4,787	8,297	x	x	x	959	(43)
–	5,185	x	5,204	23,707	2,280	989	(44)
36,560	14,881	1,456	–	–	55	2,077	(45)
–	9,171	300	x	–	134	510	(46)
–	4,052	634	x	–	–	652	(47)
–	10,807	15,758	15,217	8,009	1,333	5,354	(48)
–	3,573	1,785	x	x	x	1,149	(49)
6,636	1,437	892	–	–	–	482	(50)
24,717	10,399	–	–	–	–	138	(51)
8,420	7,019	4,697	–	–	–	3,602	(52)
1,356	457	8,927	–	–	–	1,816	(53)
1,215	67	1,002	–	–	–	417	(54)
6,178	120	x	–	–	–	1,771	(55)
3,162	671	–	–	–	–	–	(56)
2,220	1,928	76	x	–	184	789	(57)
1,460	125	–	–	–	–	465	(58)
1,586	74	–	–	–	–	16	(59)
1,771	2,405	484	–	–	–	489	(60)
358	269	x	–	–	–	431	(61)
–	5,358	x	2,479	–	126	696	(62)
–	5,347	x	–	–	134	90	(63)
–	–	x	x	–	–	3	(64)
–	649	x	–	–	x	152	(65)
–	387	335	–	x	x	157	(66)
–	132	2	–	x	x	62	(67)
–	592	1,918	x	–	–	411	(68)
–	210	78	–	–	–	80	(69)
–	251	12	–	x	x	127	(70)
–	587	0	–	–	–	454	(71)
–	34	216	x	–	–	184	(72)
–	259	31	–	–	–	182	(73)
–	498	x	x	–	–	x	(74)
–	175	x	–	–	–	x	(75)
–	2,386	–	x	2,678	–	x	(76)
–	206	–	–	–	–	x	(77)

2　大海区都道府県振興局別統計（続き）
（1）　漁業種類別漁獲量（続き）

都道府県・大海区・振興局	釣　漁　業 かつお一本釣 遠洋かつお一本釣	釣　漁　業 かつお一本釣 近海かつお一本釣	釣　漁　業 かつお一本釣 沿岸かつお一本釣	はえ縄以外の釣 いか 遠洋いか釣	はえ縄以外の釣 いか 近海いか釣
全　　国　(1)	47,860	28,530	12,774	x	22,541
北　海　道　(2)	-	-	-	-	3,400
青　　森　(3)	-	-	-	x	10,652
岩　　手　(4)	-	-	-	-	x
宮　　城　(5)	6,904	-	-	-	-
秋　　田　(6)	-	-	-	-	-
山　　形　(7)	-	-	-	-	950
福　　島　(8)	-	-	-	-	-
茨　　城　(9)	x	-	-	-	-
千　　葉　(10)	-	-	-	-	x
東　　京　(11)	-	-	-	-	-
神　奈　川　(12)	x	x	x	x	x
新　　潟　(13)	-	-	-	-	x
富　　山　(14)	-	-	-	-	x
石　　川　(15)	-	-	-	-	5,768
福　　井　(16)	-	-	-	-	-
静　　岡　(17)	16,586	x	x	-	-
愛　　知　(18)	x	-	-	-	-
三　　重　(19)	7,148	3,857	1,106	-	-
京　　都　(20)	-	-	-	-	-
大　　阪　(21)	-	-	-	-	-
兵　　庫　(22)	-	-	-	-	x
和　歌　山　(23)	-	-	x	-	-
鳥　　取　(24)	-	-	-	-	x
島　　根　(25)	-	-	-	-	x
岡　　山　(26)	-	-	-	-	-
広　　島　(27)	-	-	-	-	-
山　　口　(28)	-	-	-	-	-
徳　　島　(29)	-	-	x	-	-
香　　川　(30)	-	-	-	-	-
愛　　媛　(31)	-	-	668	-	-
高　　知　(32)	5,265	5,617	8,431	-	-
福　　岡　(33)	-	-	-	-	x
佐　　賀　(34)	-	-	-	-	-
長　　崎　(35)	-	-	-	-	-
熊　　本　(36)	-	-	-	-	-
大　　分　(37)	-	-	-	-	-
宮　　崎　(38)	3,204	17,605	576	-	-
鹿　児　島　(39)	x	-	824	-	-
沖　　縄　(40)	-	-	538	-	-
北海道太平洋北区　(41)	-	-	-	-	2,623
太　平　洋　北　区　(42)	x	-	-	x	x
太　平　洋　中　区　(43)	24,596	5,309	1,235	x	x
太　平　洋　南　区　(44)	8,469	23,222	10,176	-	-
北海道日本海北区　(45)	-	-	-	-	778
日　本　海　北　区　(46)	-	-	-	-	1,206
日　本　海　西　区　(47)	-	-	-	-	6,658
東　シ　ナ　海　区　(48)	x	-	1,363	-	x
瀬　戸　内　海　区　(49)	-	-	-	-	-
宗　　谷　(50)	-	-	-	-	-
オ　ホ　ー　ツ　ク　(51)	-	-	-	-	-
根　　室　(52)	-	-	-	-	x
釧　　路　(53)	-	-	-	-	-
十　　勝　(54)	-	-	-	-	-
日　　高　(55)	-	-	-	-	-
胆　　振　(56)	-	-	-	-	-
渡　　島　(57)	-	-	-	-	2,280
留　　萌　(58)	-	-	-	-	-
石　　狩　(59)	-	-	-	-	-
後　　志　(60)	-	-	-	-	x
檜　　山　(61)	-	-	-	-	-
青　森（太北）(62)	-	-	-	x	10,652
（日北）(63)	-	-	-	-	-
兵　庫（日西）(64)	-	-	-	-	x
（瀬戸）(65)	-	-	-	-	-
和歌山（太南）(66)	-	-	x	-	-
（瀬戸）(67)	-	-	-	-	-
山　口（東シ）(68)	-	-	-	-	-
（瀬戸）(69)	-	-	-	-	-
徳　島（太南）(70)	-	-	x	-	-
（瀬戸）(71)	-	-	-	-	-
愛　媛（太南）(72)	-	-	668	-	-
（瀬戸）(73)	-	-	-	-	-
福　岡（東シ）(74)	-	-	-	-	x
（瀬戸）(75)	-	-	-	-	-
大　分（太南）(76)	-	-	-	-	-
（瀬戸）(77)	-	-	-	-	-

単位：t

| （　続　き　） | | | その　他 | | |
| 釣 | | | 採貝・採藻 | その他の漁業 | |
沿岸いか釣	ひき縄釣	その他の釣			
34,341	12,724	29,183	97,001	66,519	(1)
10,459	111	580	51,627	25,715	(2)
8,484	221	790	3,189	2,369	(3)
931	–	83	898	3,267	(4)
148	–	12	402	3,325	(5)
6	34	207	371	884	(6)
236	–	74	206	470	(7)
–	6	45	7	294	(8)
–	47	87	26	209	(9)
42	305	1,897	4,033	312	(10)
50	153	2,034	142	778	(11)
16	x	528	629	341	(12)
242	64	267	899	2,663	(13)
70	5	28	270	537	(14)
747	–	318	699	1,351	(15)
745	1	122	305	224	(16)
52	267	1,747	1,677	192	(17)
–	x	773	10,801	2,443	(18)
43	531	541	2,331	440	(19)
43	–	94	267	116	(20)
–	5	12	3	71	(21)
378	586	384	291	2,887	(22)
27	480	540	582	202	(23)
1,846	191	93	501	3,467	(24)
746	67	902	1,127	2,831	(25)
–	2	36	2	242	(26)
–	394	388	471	357	(27)
734	x	1,302	1,564	1,030	(28)
7	98	316	586	97	(29)
–	18	57	21	504	(30)
9	31	2,009	2,082	576	(31)
65	3,462	2,041	138	55	(32)
306	858	861	3,725	1,880	(33)
352	75	134	324	86	(34)
5,287	1,440	3,581	2,801	2,260	(35)
75	x	945	1,275	1,357	(36)
60	–	1,910	2,009	1,086	(37)
30	820	205	60	54	(38)
320	404	1,974	275	678	(39)
1,785	1,785	1,265	384	871	(40)
5,289	16	376	48,473	9,677	(41)
7,484	266	753	4,148	8,305	(42)
203	1,262	7,521	19,613	4,506	(43)
x	4,826	4,701	2,337	950	(44)
5,171	95	204	3,154	16,037	(45)
2,632	111	840	2,119	5,713	(46)
4,505	264	1,589	3,015	9,973	(47)
8,859	4,717	9,699	9,861	7,268	(48)
x	1,167	3,500	4,280	4,090	(49)
x	27	2	2,087	5,541	(50)
–	–	–	852	2,555	(51)
497	–	–	11,112	3,016	(52)
x	–	x	16,906	1,235	(53)
183	–	x	1,361	178	(54)
79	–	x	15,316	1,113	(55)
x	–	–	1,288	998	(56)
4,816	18	444	2,519	3,864	(57)
867	45	4	23	3,626	(58)
x	x	–	3	144	(59)
2,255	x	0	86	2,338	(60)
1,577	12	119	73	1,107	(61)
6,405	214	526	2,815	1,210	(62)
2,078	7	264	374	1,158	(63)
378	5	61	116	1,985	(64)
–	581	324	176	902	(65)
27	438	242	468	161	(66)
–	42	298	114	41	(67)
734	x	956	1,124	386	(68)
–	103	346	441	644	(69)
7	76	74	270	19	(70)
–	22	242	316	79	(71)
7	31	633	758	142	(72)
2	–	1,377	1,325	434	(73)
306	858	843	3,679	1,630	(74)
–	–	18	46	250	(75)
x	–	1,507	643	519	(76)
x	–	402	1,365	567	(77)

2　大海区都道府県振興局別統計（続き）
(2)　魚種別漁獲量

都道府県・大海区・振興局	合計	魚 計	まぐろ類 小計	くろまぐろ	みなみまぐろ	びんなが	めばち	きはだ	その他のまぐろ類	小計
全国 (1)	3,258,020	2,690,005	169,149	9,786	4,072	46,220	38,683	69,453	936	13,100
北海道 (2)	738,957	392,082	984	963	-	18	1	2	1	213
青森 (3)	102,496	68,043	3,565	1,144	106	734	928	652	-	79
岩手 (4)	75,792	61,354	5,014	327	433	994	1,987	1,272	-	582
宮城 (5)	158,328	140,356	18,514	1,013	971	3,267	5,756	7,506	-	2,902
秋田 (6)	5,986	4,241	x	x	-	-	-	x	-	1
山形 (7)	4,461	2,312	x	x	-	-	-	-	-	0
福島 (8)	52,846	51,714	2,990	148	105	412	1,733	592	-	566
茨城 (9)	295,345	292,575	790	12	-	594	135	40	10	57
千葉 (10)	120,101	112,937	460	112	-	x	x	x	-	324
東京 (11)	40,616	39,634	10,047	74	-	43	1,972	7,958	-	644
神奈川 (12)	32,396	30,953	6,764	17	216	590	3,516	2,424	-	926
新潟 (13)	30,021	25,035	3,834	159	-	x	x	x	-	1
富山 (14)	23,690	19,554	2,222	76	55	278	961	840	13	220
石川 (15)	37,473	26,419	445	444	-	0	-	0	-	9
福井 (16)	11,731	8,938	40	38	-	1	-	0	1	25
静岡 (17)	202,227	198,813	29,658	566	785	5,407	3,609	19,290	0	595
愛知 (18)	69,970	52,801	7	-	-	x	x	x	-	0
三重 (19)	154,672	149,216	11,201	445	-	4,896	1,966	3,894	0	674
京都 (20)	8,677	7,753	x	97	-	x	-	-	x	10
大阪 (21)	19,291	18,863	-	-	-	-	-	-	-	-
兵庫 (22)	41,036	27,212	12	6	-	x	x	x	x	2
和歌山 (23)	18,801	17,481	399	38	-	209	21	130	-	24
鳥取 (24)	74,191	65,840	3,016	739	-	x	x	x	x	x
島根 (25)	132,871	126,833	453	377	-	2	x	x	14	21
岡山 (26)	3,600	2,219	-	-	-	-	-	-	-	-
広島 (27)	16,106	13,854	-	-	-	-	-	-	-	-
山口 (28)	25,792	20,628	127	66	-	2	x	x	46	6
徳島 (29)	10,591	8,880	983	13	-	715	115	141	-	85
香川 (30)	16,373	14,124	x	-	-	x	x	x	-	x
愛媛 (31)	79,699	73,707	816	116	-	1	104	595	-	x
高知 (32)	65,625	65,115	16,735	258	57	9,108	3,955	3,261	97	1,521
福岡 (33)	25,600	18,343	71	57	-	4	x	x	1	3
佐賀 (34)	8,047	2,856	16	13	-	-	0	-	3	0
長崎 (35)	317,069	304,052	5,108	1,751	-	49	237	3,039	31	167
熊本 (36)	17,952	14,823	47	12	-	19	6	10	-	8
大分 (37)	31,872	27,459	2,494	13	-	1,978	255	248	-	200
宮崎 (38)	96,540	96,194	18,533	236	-	11,415	2,193	4,646	43	1,219
鹿児島 (39)	75,227	73,343	13,166	227	1,345	2,694	4,989	3,898	13	1,307
沖縄 (40)	15,954	13,448	10,455	167	-	2,613	3,623	3,388	663	705
北海道太平洋北区 (41)	362,389	252,520	837	818	-	x	1	x	x	201
太平洋北区 (42)	670,274	606,034	30,538	2,310	1,614	6,001	10,540	10,063	10	4,185
太平洋中区 (43)	619,982	584,354	58,137	1,215	1,001	11,110	11,134	33,677	0	3,164
太平洋南区 (44)	256,279	251,318	39,869	650	57	23,384	6,639	9,001	140	3,044
北海道日本海北区 (45)	376,569	139,562	147	145	-	x	-	x	x	12
日本海北区 (46)	78,691	59,150	6,450	628	55	x	x	4,336	13	223
日本海西区 (47)	279,024	240,202	4,056	1,700	-	5	334	2,003	15	65
東シナ海区 (48)	476,631	441,296	28,991	2,294	1,345	5,382	8,874	10,341	756	2,196
瀬戸内海区 (49)	138,182	115,568	123	25	-	x	x	31	-	9
宗谷 (50)	155,858	40,080	x	x	-	-	-	-	-	-
オホーツク (51)	175,631	71,161	x	x	-	-	-	-	0	-
根室 (52)	113,575	66,614	2	2	-	-	-	-	-	-
釧路 (53)	94,220	73,687	1	0	-	-	-	-	0	-
十勝 (54)	12,831	10,157	3	1	-	1	0	0	-	x
日高 (55)	47,656	28,632	27	21	-	6	-	0	-	x
胆振 (56)	34,328	28,678	28	20	-	x	x	x	-	x
渡島 (57)	62,117	45,530	869	864	-	x	x	x	x	13
留萌 (58)	10,205	4,616	7	7	-	-	-	-	-	-
石狩 (59)	3,737	3,293	-	-	-	-	-	-	-	-
後志 (60)	24,593	18,232	40	x	-	-	-	-	x	x
檜山 (61)	4,209	1,402	7	7	-	-	-	-	-	-
青森（太北） (62)	87,963	60,035	3,230	810	106	734	928	652	-	79
（日北） (63)	14,533	8,008	334	334	-	-	-	-	-	0
兵庫（日西） (64)	14,082	4,419	x	5	-	x	-	-	-	x
（瀬戸） (65)	26,954	22,793	x	1	-	x	x	x	-	x
和歌山（太南） (66)	11,407	10,565	314	x	-	166	x	110	-	x
（瀬戸） (67)	7,394	6,917	85	x	-	43	x	20	-	x
山口（東シ） (68)	18,183	15,113	127	66	-	2	x	x	46	6
（瀬戸） (69)	7,609	5,515	-	-	-	-	-	-	-	-
徳島（太南） (70)	3,223	2,810	977	x	-	715	x	141	-	85
（瀬戸） (71)	7,368	6,070	6	x	-	-	x	0	-	0
愛媛（太南） (72)	56,122	54,747	816	116	-	1	104	595	-	x
（瀬戸） (73)	23,577	18,960	0	0	-	-	-	-	-	-
福岡（東シ） (74)	24,200	17,662	71	57	-	4	x	x	1	3
（瀬戸） (75)	1,400	682	-	-	-	-	-	-	-	-
大分（太南） (76)	23,362	21,888	2,494	13	-	1,978	255	248	-	200
（瀬戸） (77)	8,510	5,571	-	-	-	-	-	-	-	-

単位：t

かじき類				かつお類			さめ類	さけ・ます類			
まかじき	めかじき	くろかじき類	その他のかじき類	小 計	かつお	そうだがつお類		小 計	さけ類	ます類	
1,764	7,815	2,806	714	226,865	218,977	7,888	32,374	71,857	68,605	3,252	(1)
48	157	x	x	4	1	3	1,909	58,818	55,719	3,099	(2)
x	x	7	x	4,423	4,421	2	1,626	3,339	3,286	53	(3)
51	377	120	34	150	22	129	1,419	6,391	6,325	66	(4)
127	2,410	316	49	23,243	23,098	145	16,163	2,242	2,230	12	(5)
-	-	-	1	6	-	6	67	380	370	10	(6)
0	-	-	-	1	0	1	42	256	255	2	(7)
38	348	136	44	2,247	2,247	0	151	5	5	-	(8)
x	x	8	x	2,022	2,017	6	16	x	2	x	(9)
254	46	22	1	409	264	145	187	-	-	-	(10)
17	533	91	3	24,684	24,684	0	455	-	-	-	(11)
57	648	180	41	8,884	8,608	276	1,757	0	0	-	(12)
-	-	-	1	11,826	11,750	76	23	358	355	3	(13)
14	99	84	24	765	11	754	746	37	36	1	(14)
x	-	2	x	202	2	200	2	16	13	2	(15)
x	-	x	15	50	4	46	x	9	5	4	(16)
33	431	92	39	72,449	72,269	181	380	-	-	-	(17)
0	-	-	0	5	5	0	6	-	-	-	(18)
55	438	153	29	18,334	18,159	176	531	-	-	-	(19)
-	-	4	5	108	1	107	x	x	x	x	(20)
-	-	-	-	-	-	-	6	-	-	-	(21)
x	x	x	x	10	x	x	x	x	x	x	(22)
15	x	x	1	596	462	134	30	-	-	-	(23)
x	-	-	x	5,895	x	x	x				(24)
5	1	3	13	142	x	x	8	x	1	x	(25)
-	-	-	-	-	-	-	0	-	-	-	(26)
-	-	-	-	-	-	-	3	-	-	-	(27)
1	x	x	4	67	10	57	14	0	0	-	(28)
17	21	47	1	410	370	40	31	-	-	-	(29)
x	x	x	x	x	-	-	1	-	-	-	(30)
x	x	-	x	4,508	4,402	106	108	-	-	-	(31)
239	784	431	66	18,065	14,548	3,516	1,912	-	-	-	(32)
x	x	x	1	44	42	2	11	-	-	-	(33)
-	-	-	0	x	x	4	2	-	-	-	(34)
113	4	18	33	9,608	8,773	835	93	-	-	-	(35)
x	x	2	3	x	x	57	7	-	-	-	(36)
24	61	115	0	25	20	5	39	-	-	-	(37)
483	509	182	45	12,249	11,918	331	1,790	-	-	-	(38)
91	568	430	218	4,954	4,602	351	2,745	-	-	-	(39)
56	275	346	28	417	410	7	75	-	-	-	(40)
40	153	x	x	x	x	3	1,829	20,260	18,805	1,455	(41)
232	3,233	586	133	32,083	31,801	282	19,156	x	11,630	x	(42)
416	2,097	538	113	124,766	123,988	778	3,315	0	0	-	(43)
775	1,378	779	113	35,828	31,714	4,114	3,784	-	-	-	(44)
8	4	-	-	x	x	0	79	38,558	36,914	1,644	(45)
15	99	84	26	12,601	11,764	837	1,098	1,258	1,234	24	(46)
12	1	13	40	6,406	5,862	543	12	x	22	x	(17)
261	849	798	288	15,154	13,841	1,313	2,944	0	0	-	(48)
5	1	x	x	24	6	18	156	-	-	-	(49)
-	-	-	-	-	-	-	16	7,308	7,249	58	(50)
-	-	-	-	-	-	-	0	26,202	24,641	1,560	(51)
-	-	-	-	-	-	-	63	8,781	8,088	693	(52)
-	-	-	-	-	-	-	11	1,331	995	335	(53)
x	x	4	-	0	0	-	155	1,238	1,169	69	(54)
x	x	x	x	x	x	x	1,270	3,530	3,407	123	(55)
x	x	x	x	0	-	0	151	2,562	2,445	117	(56)
9	4	x	x	x	x	x	228	2,848	2,729	119	(57)
-	-	-	-	-	-	-	0	1,483	1,480	2	(58)
-	-	-	-	-	-	-	-	1,542	1,538	3	(59)
x	x	-	-	0	-	0	5	1,647	1,633	14	(60)
-	-	-	-	-	-	-	10	348	343	4	(61)
x	x	7	x	4,420	4,418	2	1,407	3,113	3,068	45	(62)
-	-	-	0	3	3	0	219	227	218	8	(63)
-	-	x	x	10	x	x	x	x	x	x	(64)
x	x	x					15				(65)
x	x	4	x	575	456	119	1	-	-	-	(66)
x	x	x	x	21	6	15	30	-	-	-	(67)
1	x	x	4	67	10	57	11	0	0	-	(68)
-	-	-	-	-	-	-	3	-	-	-	(69)
17	21	47	1	409	369	40	29	-	-	-	(70)
-	0	-	-	0	0	0	2	-	-	-	(71)
x	x	-	x	4,505	4,402	103	14	-	-	-	(72)
-	-	-	-	3	-	3	94	-	-	-	(73)
x	x	x	1	44	42	2	11	-	-	-	(74)
-	-	-	-	-	-	-	-	-	-	-	(75)
24	61	115	0	25	20	5	37	-	-	-	(76)
-	-	-	-	-	-	-	2	-	-	-	(77)

2　大海区都道府県振興局別統計（続き）
(2)　魚種別漁獲量（続き）

都道府県・大海区・振興局	このしろ	にしん	魚 い　わ　し　類 小　計	まいわし	うるめいわし	かたくちいわし	しらす	あ　じ　類 小　計	まあじ	むろあじ類
全　　　　国 (1)	5,434	9,316	768,556	500,015	71,971	145,715	50,855	164,731	145,215	19,515
北　海　道 (2)	-	9,249	31,501	28,806	0	2,691	3	51	51	-
青　　森 (3)	0	6	15,953	15,310	x	x	-	233	233	-
岩　　手 (4)	0	2	5,657	5,221	x	x	-	88	88	0
宮　　城 (5)	10	42	18,717	17,479	211	955	72	1,853	1,853	-
秋　　田 (6)	7	-	4	x	x	-	-	212	212	-
山　　形 (7)	-	-	0	0	-	-	-	64	64	-
福　　島 (8)	-	-	22,631	22,305	0	-	326	111	111	-
茨　　城 (9)	1	-	157,602	153,618	0	209	3,775	1,793	1,793	-
千　　葉 (10)	1,448	-	56,762	46,866	1,210	8,675	12	3,715	3,680	34
東　　京 (11)	6	-	0	0	-	0	-	14	1	13
神　奈　川 (12)	243	-	3,868	1,222	167	2,148	331	768	629	138
新　　潟 (13)	6	-	22	x	13	x	-	1,512	1,512	0
富　　山 (14)	42	-	426	64	x	257	x	1,853	1,848	6
石　　川 (15)	21	x	1,582	857	x	473	x	3,095	3,091	4
福　　井 (16)	x	-	82	7	x	x	-	613	600	13
静　　岡 (17)	91	-	35,667	26,490	1,736	2,216	5,226	1,084	447	637
愛　　知 (18)	122	-	46,536	30,209	41	11,246	5,039	231	211	20
三　　重 (19)	22	-	69,338	48,604	8,128	12,324	283	3,075	2,567	508
京　　都 (20)	25	x	2,355	591	x	1,738	x	725	687	38
大　　阪 (21)	393	-	15,000	2,360	-	9,521	3,119	254	246	8
兵　　庫 (22)	x	-	11,344	148	3	1,604	9,589	2,146	648	1,498
和　歌　山 (23)	x	-	4,139	516	1,238	109	2,277	4,123	2,703	1,420
鳥　　取 (24)	151	13	16,295	16,096	34	135	30	6,592	6,587	5
島　　根 (25)	59	x	49,785	40,867	4,078	4,767	73	26,891	26,855	36
岡　　山 (26)	18	-	741	1	-	0	740	12	8	4
広　　島 (27)	169	-	11,064	27	-	9,582	1,454	60	43	16
山　　口 (28)	69	-	5,125	63	190	4,627	246	2,856	2,780	76
徳　　島 (29)	5	-	3,701	144	27	731	2,799	437	377	59
香　　川 (30)	51	-	9,826	72	x	8,942	x	313	265	48
愛　　媛 (31)	35	-	34,196	12,901	4,517	13,090	3,687	7,381	5,401	1,980
高　　知 (32)	0	-	11,138	1,690	5,057	2,001	2,391	3,619	1,998	1,622
福　　岡 (33)	203	-	102	19	16	66	-	3,492	3,417	75
佐　　賀 (34)	552	-	707	1	4	551	150	442	424	19
長　　崎 (35)	88	-	73,559	20,797	22,372	30,318	72	62,135	58,848	3,287
熊　　本 (36)	815	-	7,739	212	2,901	4,205	422	326	321	5
大　　分 (37)	28	-	9,888	2,000	2,585	2,919	2,383	4,738	3,405	1,333
宮　　崎 (38)	4	-	18,982	3,225	11,227	2,565	1,965	11,923	7,593	4,330
鹿　児　島 (39)	698	-	16,525	1,215	5,798	5,913	3,599	5,892	3,616	2,277
沖　　縄 (40)	-	-	-	-	-	-	-	9	-	9
北海道太平洋北区 (41)	-	1,878	31,497	28,803	0	2,691	3	51	51	-
太　平　洋　北　区 (42)	11	50	219,603	212,981	214	2,236	4,173	3,871	3,871	0
太　平　洋　中　区 (43)	1,932	-	212,171	153,391	11,281	36,608	10,891	8,886	7,536	1,350
太　平　洋　南　区 (44)	22	-	63,648	20,339	x	12,695	x	30,414	20,262	10,152
北海道日本海北区 (45)	-	7,371	3	3	-	-	-	0	0	-
日　本　海　北　区 (46)	56	0	1,408	1,028	x	262	x	3,848	3,842	6
日　本　海　西　区 (47)	257	18	70,106	58,419	4,399	7,173	114	38,016	37,921	96
東　シ　ナ　海　区 (48)	2,343	-	100,915	22,307	31,281	42,839	4,488	75,004	69,260	5,744
瀬　戸　内　海　区 (49)	812	-	69,205	2,744	28	41,210	25,222	4,639	2,471	2,168
宗　　谷 (50)	-	945	-	-	-	-	-	-	-	-
オホーツク (51)	-	4,606	-	-	-	-	-	-	-	-
根　　室 (52)	-	803	5,116	5,116	-	-	-	-	-	-
釧　　路 (53)	-	756	8,955	8,952	-	-	3	-	-	-
十　　勝 (54)	-	69	983	983	-	-	-	-	-	-
日　　高 (55)	-	40	493	493	-	-	-	-	-	-
胆　　振 (56)	-	44	0	0	-	0	-	0	0	-
渡　　島 (57)	-	165	15,950	13,259	0	2,691	-	51	51	-
留　　萌 (58)	-	43	-	-	-	-	-	-	-	-
石　　狩 (59)	-	1,383	-	-	-	-	-	-	-	-
後　　志 (60)	-	392	0	0	-	-	-	0	0	-
檜　　山 (61)	-	1	3	3	-	-	-	-	-	-
青　森（太北）(62)	-	6	14,996	14,358	x	x	-	26	26	-
（日北）(63)	0	0	957	951	x	x	-	206	206	-
兵　庫（日西）(64)	x	-	7	1	x	x	3	99	99	-
（瀬戸）(65)	49	-	11,337	147	x	x	9,586	2,047	549	1,498
和歌山（太南）(66)	x	-	2,056	487	x	x	234	2,895	1,990	905
（瀬戸）(67)	x	-	2,084	29	x	x	2,042	1,229	714	515
山　口（東シ）(68)	10	-	2,284	63	190	1,785	246	2,709	2,635	74
（瀬戸）(69)	59	-	2,841	-	-	2,841	-	147	145	2
徳　島（太南）(70)	x	-	125	44	x	x	x	236	221	15
（瀬戸）(71)	x	-	3,576	100	x	x	x	201	157	44
愛　媛（太南）(72)	-	-	24,068	12,893	4,517	6,171	487	7,067	5,105	1,962
（瀬戸）(73)	35	-	10,128	8	0	6,920	3,201	314	296	18
福　岡（東シ）(74)	179	-	102	19	16	66	-	3,492	3,417	75
（瀬戸）(75)	24	-	-	-	-	-	-	0	0	-
大　分（太南）(76)	18	-	7,279	2,000	2,585	1,810	884	4,675	3,356	1,319
（瀬戸）(77)	10	-	2,608	-	-	1,109	1,499	63	48	14

単位：t

| | | | 類（続き） | | | | | | | | |
| さば類 | さんま | ぶり類 | ひらめ・かれい類 | | | たら類 | | | ほっけ | きちじ | |
			小　計	ひらめ	かれい類	小　計	まだら	すけとうだら			
517,602	83,803	117,761	54,385	7,084	47,301	173,539	44,269	129,269	17,777	1,022	(1)
3,708	39,123	7,856	25,983	796	25,186	152,837	31,562	121,276	17,696	553	(2)
20,398	x	2,984	2,129	930	1,199	4,549	2,925	1,623	28	41	(3)
10,101	9,250	10,410	631	113	518	7,423	3,240	4,182	x	293	(4)
13,418	11,988	5,597	5,304	1,289	4,015	5,574	3,442	2,132	0	108	(5)
25	–	881	411	155	256	530	504	26	15	–	(6)
3	–	288	199	47	153	295	293	2	4	–	(7)
15,561	5,080	20	1,037	328	709	71	70	1	–	2	(8)
125,522	x	1,115	790	407	382	49	47	2	15	24	(9)
29,645	3,139	7,144	570	379	191	1	1	0	–	1	(10)
10	x	31	26	0	26	–	–	–	–	–	(11)
2,050	x	2,037	171	116	55	x	x	–	0	–	(12)
305	0	1,943	886	287	598	701	679	21	13	–	(13)
808	7,153	1,734	235	100	135	25	x	x	x	–	(14)
3,237	x	8,229	1,389	64	1,325	815	810	4	5	–	(15)
203	0	1,683	1,182	54	1,129	33	33	–	–	–	(16)
51,717	499	1,143	67	55	12	–	–	–	–	–	(17)
228	–	101	517	176	341	–	–	–	–	–	(18)
33,980	447	7,917	141	107	34	–	–	–	–	–	(19)
271	2	1,015	168	37	130	5	5	–	–	–	(20)
36	–	23	230	7	223	–	–	–	–	–	(21)
223	x	280	2,642	115	2,528	x	85	x	–	–	(22)
3,768	3	997	64	32	32	–	–	–	–	–	(23)
18,936	–	7,819	2,368	41	2,327	385	385	–	–	–	(24)
23,833	x	13,015	3,042	171	2,872	161	161	–	–	–	(25)
1	–	20	229	27	203	–	–	–	–	–	(26)
19	–	59	235	38	197	–	–	–	–	–	(27)
1,588	x	1,668	901	165	736	x	x	–	–	–	(28)
170	–	382	85	31	55	–	–	–	–	–	(29)
101	–	52	569	74	495	–	–	–	–	–	(30)
11,850	–	2,010	610	151	458	–	–	–	–	–	(31)
2,806	1	2,956	17	12	5	–	–	–	–	–	(32)
3,024	0	2,907	467	186	282	–	–	–	–	–	(33)
39	3	139	24	13	11	–	–	–	–	–	(34)
99,643	2,771	18,197	455	309	146	–	–	–	–	–	(35)
685	x	318	220	128	92	–	–	–	–	–	(36)
2,973	–	1,356	268	70	198	–	–	–	–	–	(37)
21,353	x	1,258	58	24	34	–	–	–	–	–	(38)
15,366	0	2,154	65	52	13	–	–	–	–	–	(39)
–	–	23	–	–	–	–	–	–	–	–	(40)
3,601	37,390	5,832	15,549	207	15,342	118,883	19,451	99,432	341	418	(41)
184,778	29,569	18,481	9,153	2,762	6,391	16,762	8,823	7,940	x	468	(42)
117,629	5,176	18,373	1,492	832	659	x	x	0	0	1	(43)
42,022	x	8,209	154	93	60	–	–	–	–	–	(44)
108	1,734	2,024	10,433	589	9,844	33,954	12,110	21,843	17,355	135	(45)
1,362	7,154	6,492	2,470	895	1,575	2,453	x	x	x	–	(46)
46,484	x	31,840	9,571	377	9,194	x	1,480	x	5	–	(47)
120,341	2,775	25,207	1,683	825	859	x	x	–	–	–	(48)
1,277	–	1,303	3,880	504	3,377	–	–	–	–	–	(49)
1	x	121	1,360	35	1,325	7,911	3,884	4,028	9,123	–	(50)
12	x	521	2,704	–	2,704	19,749	6,114	13,635	4,876	135	(51)
256	23,828	471	4,664	0	4,664	15,184	7,112	8,072	278	164	(52)
63	8,742	82	1,597	0	1,597	49,091	7,952	41,139	1	126	(53)
18	1,606	12	234	0	234	5,088	1,619	3,469	0	1	(54)
698	2,365	511	3,262	15	3,247	15,648	1,538	14,109	2	20	(55)
92	x	364	3,180	54	3,126	20,424	496	19,927	5	86	(56)
2,477	x	4,440	2,639	150	2,490	13,569	813	12,756	403	20	(57)
0	–	56	1,661	103	1,558	518	399	119	72	–	(58)
0	–	53	160	62	98	2	2	–	–	–	(59)
86	–	1,192	4,401	291	4,110	5,235	1,501	3,734	2,719	–	(60)
4	–	32	121	87	34	418	132	286	216	–	(61)
20,177	x	1,338	1,391	625	766	3,646	2,023	1,623	0	41	(62)
221	–	1,646	738	305	433	903	902	1	28	–	(63)
5	x	79	1,422	11	1,411	x	85	x	–	–	(64)
217	–	200	1,220	104	1,117	–	–	–	–	–	(65)
2,955	3	838	22	20	1	–	–	–	–	–	(66)
813	–	160	42	12	31	–	–	–	–	–	(67)
1,583	x	1,472	589	138	451	x	x	–	–	–	(68)
5	–	196	312	26	285	–	–	–	–	–	(69)
143	–	180	7	7	0	–	–	–	–	–	(70)
27	–	203	78	24	54	–	–	–	–	–	(71)
11,793	–	1,782	14	9	4	–	–	–	–	–	(72)
57	–	228	596	142	454	–	–	–	–	–	(73)
3,024	0	2,905	330	184	145	–	–	–	–	–	(74)
–	–	2	138	1	136	–	–	–	–	–	(75)
2,971	–	1,196	36	21	15	–	–	–	–	–	(76)
2	–	160	232	49	182	–	–	–	–	–	(77)

2　大海区都道府県振興局別統計（続き）
(2)　魚種別漁獲量（続き）

都道府県・大海区・振興局	はたはた	にぎす類	あなご類	たちうお	たい類 小計	まだい	ちだい・きだい	くろだい・へだい	いさき
全　　　国 (1)	6,458	2,832	3,422	6,331	24,764	15,343	6,272	3,149	3,796
北　海　道 (2)	434	-	5	0	5	5	-	0	-
青　　森 (3)	604	x	8	0	366	360	5	2	-
岩　　手 (4)	-	-	x	0	48	27	21	1	-
宮　　城 (5)	-	0	439	28	122	119	3	-	0
秋　　田 (6)	527	23	x	x	184	171	6	8	-
山　　形 (7)	274	22	x	x	311	275	32	4	-
福　　島 (8)	-	-	153	1	14	7	7	-	-
茨　　城 (9)	x	x	216	35	130	93	35	2	-
千　　葉 (10)	-	-	140	216	715	435	224	55	115
東　　京 (11)	-	-	x	-	3	1	0	2	32
神　奈　川 (12)	x	x	128	189	118	55	18	45	64
新　　潟 (13)	163	430	2	10	662	516	116	30	-
富　　山 (14)	10	x	1	24	186	137	17	31	-
石　　川 (15)	538	846	9	7	849	635	168	46	2
福　　井 (16)	71	66	37	5	337	169	153	14	4
静　　岡 (17)	-	x	x	76	174	103	14	57	205
愛　　知 (18)	-	426	269	46	952	595	-	356	22
三　　重 (19)	-	x	x	43	356	238	23	96	233
京　　都 (20)	30	184	4	x	156	95	36	25	16
大　　阪 (21)	-	-	16	116	460	112	-	348	-
兵　　庫 (22)	2,107	188	159	x	1,457	1,114	37	305	7
和　歌　山 (23)	-	-	x	685	506	279	154	72	165
鳥　　取 (24)	1,682	95	12	1	199	134	61	4	4
島　　根 (25)	18	308	508	30	1,578	686	858	33	230
岡　　山 (26)	-	-	31	2	278	194	-	84	0
広　　島 (27)	-	-	52	540	638	365	63	210	0
山　　口 (28)	-	0	203	79	1,460	724	657	79	326
徳　　島 (29)	-	x	x	291	342	187	87	68	52
香　　川 (30)	-	-	72	45	591	392	-	199	-
愛　　媛 (31)	-	x	194	1,077	1,536	1,311	54	171	128
高　　知 (32)	-	194	0	46	308	81	129	98	111
福　　岡 (33)	-	-	148	128	2,225	1,621	424	179	429
佐　　賀 (34)	-	-	7	8	181	141	30	10	28
長　　崎 (35)	-	x	496	525	4,625	2,122	2,414	89	1,260
熊　　本 (36)	-	-	6	333	773	611	95	67	79
大　　分 (37)	-	-	10	617	689	509	64	116	155
宮　　崎 (38)	-	-	x	238	179	75	59	45	17
鹿　児　島 (39)	-	3	1	337	1,036	649	196	190	111
沖　　縄 (40)	-	-	-	17	15	-	10	5	-
北海道太平洋北区 (41)	395	-	5	0	4	4	-	0	-
太 平 洋 北 区 (42)	x	x	869	64	400	327	70	3	0
太 平 洋 中 区 (43)	x	457	573	570	2,318	1,427	279	612	673
太 平 洋 南 区 (44)	-	197	x	993	1,060	499	319	243	512
北海道日本海北区 (45)	39	-	-	-	1	1	-	0	-
日 本 海 北 区 (46)	1,578	486	x	36	1,623	1,377	172	74	-
日 本 海 西 区 (47)	4,446	1,687	591	115	3,177	1,754	1,302	122	261
東 シ ナ 海 区 (48)	-	x	814	1,384	9,896	5,598	3,796	502	2,231
瀬 戸 内 海 区 (49)	-	-	551	3,169	6,284	4,356	335	1,593	119
宗　　谷 (50)	1	-	-	-	-	-	-	-	-
オホーツク (51)	3	-	-	-	-	-	-	-	-
根　　室 (52)	57	-	2	-	-	-	-	-	-
釧　　路 (53)	48	-	0	-	-	-	-	-	-
十　　勝 (54)	201	-	-	-	-	-	-	-	-
日　　高 (55)	15	-	0	-	0	0	-	-	-
胆　　振 (56)	61	-	2	-	-	-	-	-	-
渡　　島 (57)	13	-	1	0	4	4	-	0	-
留　　萌 (58)	11	-	-	-	-	-	-	-	-
石　　狩 (59)	5	-	-	-	0	0	-	0	-
後　　志 (60)	19	-	-	-	0	0	-	0	-
檜　　山 (61)	-	-	-	-	1	1	-	-	-
青　森（太北） (62)	0	-	x	0	85	82	3	0	-
（日北） (63)	604	x	x	-	281	278	2	1	-
兵　庫（日西） (64)	2,107	188	22	x	59	33	25	1	5
（瀬戸） (65)	-	-	137	461	1,397	1,081	12	304	2
和歌山（太南） (66)	-	-	-	69	45	27	5	13	97
（瀬戸） (67)	-	-	x	616	461	252	149	60	68
山　口（東シ） (68)	-	0	166	39	1,093	456	626	12	324
（瀬戸） (69)	-	-	38	40	367	268	31	68	2
徳　島（太南） (70)	-	x	1	80	87	14	67	6	19
（瀬戸） (71)	-	-	x	211	255	172	20	63	34
愛　媛（太南） (72)	-	x	12	173	194	136	40	18	118
（瀬戸） (73)	-	-	182	904	1,341	1,174	14	153	10
福　岡（東シ） (74)	-	-	138	126	2,172	1,620	424	128	429
（瀬戸） (75)	-	-	11	3	53	1	-	51	-
大　分（太南） (76)	-	-	3	387	247	165	19	63	152
（瀬戸） (77)	-	-	7	230	442	344	45	53	3

単位：t

さわら類	すずき類	いかなご	あまだい類	ふぐ類	その他の魚類	計	いせえび	くるまえび	その他のえび類	
		類（続き）						えび類		
15,201	6,626	12,180	1,177	4,420	175,527	16,703	1,075	322	15,306	(1)
1	1	5,492	–	478	35,183	1,910	–	–	1,910	(2)
230	15	51	1	63	4,472	26	.	x	x	(3)
245	6	1,510	–	68	2,012	0	–	–	0	(4)
166	262	2,780	–	137	10,746	4	0	0	3	(5)
34	98		34	162	596	62	–	x	x	(6)
21	27	–	9	139	338	108	–	0	108	(7)
6	–	585	–	3	483	0	0	–	0	(8)
18	90	13	–	68	1,836	45	8	4	33	(9)
352	1,469	–	1	103	6,022	197	177	1	19	(10)
10	116	–	–	0	2,454	28	28	–	0	(11)
86	308	–	9	29	2,553	36	29	0	7	(12)
149	159	–	38	190	1,802	413	–	1	411	(13)
372	54	–	7	242	2,381	588	–	0	588	(14)
1,173	181	–	59	656	3,053	1,022	–	1	1,021	(15)
2,627	131	4	87	115	1,534	457	–	0	456	(16)
62	47	–	14	40	4,829	1,264	112	1	1,150	(17)
148	458	–	11	162	2,554	448	3	64	380	(18)
507	178	–	5	91	2,100	443	258	3	181	(19)
1,352	194	–	25	66	869	8	–	0	8	(20)
108	252	110	–	18	1,842	120	–	0	120	(21)
384	645	1,001	2	55	3,937	1,205	11	6	1,188	(22)
140	20	–	4	102	1,715	213	125	0	88	(23)
547	46	–	0	14	1,772	145	–	0	145	(24)
1,258	180	–	126	224	4,955	16	–	0	16	(25)
79	95	77	–	40	596	257	–	4	252	(26)
78	92	–	–	22	824	1,072	–	5	1,067	(27)
890	162	–	317	214	4,554	476	–	7	470	(28)
241	82	1	19	68	1,487	292	83	5	205	(29)
434	201	291	–	162	1,389	770	–	19	751	(30)
609	212	41	13	163	8,218	1,050	6	69	975	(31)
193	12	–	11	21	5,447	49	37	0	12	(32)
833	248	–	82	206	3,720	324	0	46	279	(33)
112	52	–	8	x	517	2,381	0	2	2,379	(34)
658	168	–	263	x	24,143	350	48	20	282	(35)
138	156	–	3	57	3,055	122	7	23	92	(36)
270	125	226	4	21	3,334	314	11	37	267	(37)
359	23	–	16	48	7,947	107	59	0	48	(38)
251	62	–	8	74	8,587	353	52	2	300	(39)
64	–	–	–	–	1,668	27	22	–	5	(40)
1	x	190	–	115	13,239	428	–	–	428	(41)
552	363	4,937	–	295	18,074	49	8	4	37	(42)
1,165	2,576	–	40	425	20,512	2,416	609	70	1,738	(43)
773	62	–	53	136	20,518	415	283	16	116	(44)
0	x	5,302	–	363	21,944	1,483	–	–	1,483	(45)
687	347	–	89	777	6,592	1,197	–	2	1,195	(46)
7,016	750	4	300	1,080	12,423	2,237	–	1	2,236	(47)
2,788	675	–	681	607	44,664	3,452	128	80	3,244	(48)
2,220	1,852	1,747	15	622	17,560	5,027	48	149	4,830	(49)
–	–	4,185	–	22	7,954	46	–	–	46	(50)
–	–	633	–	202	10,915	34	–	–	34	(51)
0	–	–	–	85	6,861	x	–	–	x	(52)
–	0	–	–	0	2,883	40	–	–	40	(53)
–	x	–	–	0	520	x	–	–	x	(54)
–	x	–	–	0	596	2	–	–	2	(55)
0	x	–	–	0	883	26	–	–	26	(56)
1	0	190	–	29	1,544	285	–	–	285	(57)
x	x	–	–	13	751	1,052	–	–	1,052	(58)
–	0	–	–	0	148	–	–	–	–	(59)
x	0	484	–	119	1,894	319	–	–	319	(60)
0	0	–	–	7	235	22	–	–	22	(61)
118	6	51	–	19	2,997	0	–	–	0	(62)
111	9	–	1	44	1,475	26	–	x	x	(63)
59	19	–	2	5	240	590	–	–	590	(64)
325	627	1,001	–	49	3,698	615	11	6	598	(65)
79	3	–	2	38	557	121	119	0	2	(66)
61	17	–	2	64	1,158	93	6	0	86	(67)
740	46	–	317	172	3,357	57	–	2	55	(68)
150	116	–	0	41	1,198	419	–	4	414	(69)
14	6	–	10	11	388	58	57	–	1	(70)
227	75	1	9	57	1,099	234	25	5	204	(71)
115	2	–	11	8	4,053	35	0	1	34	(72)
494	210	41	2	155	4,165	1,015	6	68	942	(73)
825	191	–	82	202	3,337	162	0	31	131	(74)
8	57	–	–	4	383	163	–	14	148	(75)
13	15	–	4	11	2,126	45	10	14	20	(76)
257	109	226	0	11	1,208	269	0	23	246	(77)

2 大海区都道府県振興局別統計（続き）
(2) 魚種別漁獲量（続き）

都道府県・大海区・振興局	か　　に　　類					おきあみ類	計
	計	ずわいがに	べにずわいがに	がざみ類	その他のかに類		
全　　国 (1)	25,738	3,995	15,149	2,232	4,361	13,756	283,985
北　海　道 (2)	6,253	972	2,033	90	3,157	1	249,330
青　　森 (3)	264	0	x	x	71	-	2,742
岩　　手 (4)	62	x	x	23	38	6,346	317
宮　　城 (5)	812	x	x	714	97	7,407	782
秋　　田 (6)	803	19	x	x	6	-	299
山　　形 (7)	491	40	443	0	8	2	218
福　　島 (8)	35	9	0	24	2	-	131
茨　　城 (9)	46	0	1	23	21	-	589
千　　葉 (10)	38	x	-	x	11	-	5,213
東　　京 (11)	614	-	-	0	614	-	103
神　奈　川 (12)	13	x	-	x	12	-	308
新　　潟 (13)	2,510	177	2,297	5	32	-	797
富　　山 (14)	501	32	460	5	4	-	250
石　　川 (15)	1,417	349	1,031	1	36	-	635
福　　井 (16)	415	356	53	1	6	-	275
静　　岡 (17)	26			9	17	-	1,344
愛　　知 (18)	266	-	-	219	47	-	6,200
三　　重 (19)	25			15	10	-	2,822
京　　都 (20)	65	61		x	x	-	254
大　　阪 (21)	17			16	1	-	46
兵　　庫 (22)	3,013	942	1,976	x	x	-	385
和　歌　山 (23)	5			3	3	-	72
鳥　　取 (24)	4,286	888	3,395	0	2	-	519
島　　根 (25)	2,712	146	2,563	3	1	-	962
岡　　山 (26)	83			69	14	-	184
広　　島 (27)	29	-	-	23	6	-	190
山　　口 (28)	78	-	-	69	8	-	1,260
徳　　島 (29)	6	-	-	5	2	-	163
香　　川 (30)	59	-	-	46	12	-	193
愛　　媛 (31)	177	-	-	121	55	-	493
高　　知 (32)	4	-	-	1	2	-	54
福　　岡 (33)	247	-	-	247	1	-	2,840
佐　　賀 (34)	15	-	-	15	0	-	686
長　　崎 (35)	78	-	-	73	5	-	1,642
熊　　本 (36)	109	-	-	99	10	-	831
大　　分 (37)	134	-	-	108	26	-	446
宮　　崎 (38)	6	-	-	2	4	-	61
鹿　児　島 (39)	12	-	-	5	7	-	110
沖　　縄 (40)	12	-	-	7	5	-	240
北海道太平洋北区 (41)	1,490	75	17	21	1,377	x	42,700
太平洋北区 (42)	1,043	9	3	853	178	13,753	2,841
太平洋中区 (43)	982	4	-	267	711	-	15,990
太平洋南区 (44)	29	-	-	10	19	-	581
北海道日本海北区 (45)	4,763	897	2,016	70	1,780	x	206,631
日本海北区 (46)	4,481	267	4,095	17	101	2	3,284
日本海西区 (47)	11,815	2,743	9,018	5	49	-	2,835
東シナ海区 (48)	348	-	-	314	34	-	7,324
瀬戸内海区 (49)	788	-	-	677	111	-	1,799
宗　　谷 (50)	1,483	97	488	-	898	-	106,770
オホーツク (51)	1,655	787	-	-	868	-	99,587
根　　室 (52)	709	0	-	-	709	-	30,241
釧　　路 (53)	211	0	7	-	204	x	3,599
十　　勝 (54)	166	-	-	-	166	-	1,367
日　　高 (55)	104	0	9	-	95	-	2,863
胆　　振 (56)	151	8	2	1	140	-	3,359
渡　　島 (57)	591	67	442	20	63	-	1,283
留　　萌 (58)	5	0	-	3	2	-	113
石　　狩 (59)	18	-	-	14	4	-	32
後　　志 (60)	722	13	648	53	8	x	68
檜　　山 (61)	438	-	438	0	0	-	47
青　森（太北） (62)	88	0	-	68	20	-	1,022
（日北） (63)	176	-	x	x	51	-	1,721
兵　庫（日西） (64)	2,920	942	1,976	x	x	-	191
（瀬戸） (65)	93	-	-	92	1	-	194
和歌山（太南） (66)	3	-	-	1	2	-	58
（瀬戸） (67)	2	-	-	1	1	-	14
山　口（東シ） (68)	11	-	-	6	5	-	1,063
（瀬戸） (69)	67	-	-	64	3	-	197
徳　島（太南） (70)	1	-	-	0	1	-	77
（瀬戸） (71)	6	-	-	4	1	-	86
愛　媛（太南） (72)	5	-	-	4	2	-	29
（瀬戸） (73)	171	-	-	118	54	-	464
福　岡（東シ） (74)	110	-	-	110	1	-	2,754
（瀬戸） (75)	137	-	-	137	-	-	86
大　分（太南） (76)	10	-	-	1	9	-	302
（瀬戸） (77)	124	-	-	107	17	-	144

単位：t

貝		類			い	か	類		
あわび類	さざえ	あさり類	ほたてがい	その他の貝類	計	するめいか	あかいか	その他のいか類	
964	6,083	7,072	235,952	33,914	103,414	63,734	4,334	35,346	(1)
33	-	1,312	233,993	13,993	17,920	16,702	15	1,203	(2)
37	23	1	1,959	722	25,697	19,538	3,695	2,464	(3)
181	-	6	-	130	4,088	3,427	174	487	(4)
86	-	37	-	659	6,238	3,912	159	2,167	(5)
17	99	-	-	184	164	93	-	71	(6)
9	88	-	-	122	1,258	1,227	-	31	(7)
1	-	6	-	123	590	531	-	59	(8)
13	-	-	-	576	1,625	1,021	1	603	(9)
117	289	206	-	4,600	938	590	0	347	(10)
1	23	58	-	21	53	0	-	53	(11)
10	274	2	0	23	377	167	x	x	(12)
17	439	0	0	340	785	629	-	157	(13)
1	14	-	-	235	2,711	1,233	-	1,478	(14)
x	338	x	-	289	7,271	6,917	-	354	(15)
13	96	-	-	167	1,309	808	-	501	(16)
26	310	968	-	40	191	108	-	83	(17)
2	83	1,635	-	4,480	711	81	-	630	(18)
72	475	318	-	1,957	360	147	-	213	(19)
x	116	x	-	129	310	81	-	229	(20)
0	1	-	-	45	130	-	-	130	(21)
20	125	2	-	238	7,079	318	-	6,760	(22)
10	16	-	-	46	303	54	-	249	(23)
10	126	-	-	383	3,144	1,779	x	x	(24)
16	421	-	-	526	1,948	448	-	1,500	(25)
0	2	0	-	181	106	-	-	106	(26)
1	13	81	-	94	138	0	-	138	(27)
35	624	18	-	583	1,638	257	1	1,380	(28)
59	26	3	-	74	691	19	-	672	(29)
1	9	1	-	182	312	0	-	311	(30)
45	338	0	-	109	1,858	237	-	1,621	(31)
0	0	0	-	54	266	139	-	127	(32)
39	157	1,513	-	1,131	1,026	144	-	882	(33)
13	89	4	-	580	447	97	-	350	(34)
42	1,306	163	-	131	7,961	2,897	-	5,064	(35)
3	2	730	-	95	312	24	-	289	(36)
16	151	6	-	273	763	63	-	700	(37)
1	7	-	-	53	124	25	-	99	(38)
1	1	0	-	107	750	19	3	729	(39)
-	-	-	-	240	1,821	-	3	1,818	(40)
8	-	1,311	28,742	12,639	11,440	10,465	15	959	(41)
310	1	49	306	2,176	35,124	26,065	4,028	5,030	(42)
228	1,455	3,186	0	11,121	2,630	1,094	x	x	(43)
60	149	-	-	372	1,331	516	-	814	(44)
24	-	1	205,251	1,355	6,480	6,237	-	244	(45)
53	662	2	1,654	914	8,032	5,547	-	2,486	(46)
56	1,157	1	-	1,621	19,882	10,351	x	x	(47)
131	2,129	2,389	-	2,676	13,572	3,438	7	10,127	(48)
94	531	132	-	1,041	4,922	21	-	4,902	(49)
9	-	0	106,492	269	105	x	-	x	(50)
-	-	1	98,758	828	225	218	-	6	(51)
-	-	455	28,175	1,611	1,575	1,088	-	487	(52)
-	-	855	29	2,715	96	x	0	x	(53)
-	-	-	-	1,367	196	x	-	x	(54)
-	-	-	-	2,863	85	x	-	x	(55)
2	-	0	376	2,980	1,152	1,149	0	3	(56)
8	-	1	162	1,112	9,127	8,525	15	587	(57)
2	-	-	-	111	867	866	-	0	(58)
0	-	-	-	32	2	x	-	x	(59)
8	-	-	-	61	2,895	2,851	-	44	(60)
4	-	-	-	43	1,596	1,567	-	29	(61)
28	1	-	306	688	22,583	17,173	3,695	1,714	(62)
9	22	1	1,654	34	3,114	2,364	-	749	(63)
3	61	-	-	127	5,900	318	-	5,582	(64)
16	64	2	-	111	1,178	-	-	1,178	(65)
6	10	-	-	41	85	54	-	31	(66)
4	6	-	-	5	218	0	-	218	(67)
33	574	-	-	456	1,427	257	1	1,169	(68)
2	50	18	-	127	211	-	-	211	(69)
38	4	-	-	35	71	16	-	55	(70)
21	22	3	-	39	620	2	-	617	(71)
3	19	0	-	6	535	235	-	300	(72)
42	319	0	-	103	1,322	2	-	1,321	(73)
39	157	1,492	-	1,067	853	144	-	709	(74)
-	-	22	-	64	173	-	-	173	(75)
11	108	0	-	183	249	47	-	202	(76)
5	43	6	-	91	514	16	-	498	(77)

2　大海区都道府県振興局別統計（続き）
(2)　魚種別漁獲量（続き）

単位：t

都道府県・大海区・振興局	たこ類	うに類	海産ほ乳類	その他の水産動物類	海藻類 計	こんぶ類	その他の海藻類
全　　　国　(1)	35,473	7,612	567	10,800	69,969	45,506	24,463
北　海　道　(2)	20,996	4,367	26	2,845	43,227	42,907	320
青　　森　(3)	1,032	577	16	1,021	3,079	2,297	781
岩　　手　(4)	1,886	859	159	127	593	274	319
宮　　城　(5)	2,000	466	24	136	104	28	76
秋　　田　(6)	311	–	x	x	73	–	73
山　　形　(7)	36	0	–	21	14	–	14
福　　島　(8)	339	0	–	36	–	–	–
茨　　城　(9)	415	1	–	40	9	–	9
千　　葉　(10)	66	0	10	27	675	–	675
東　　京　(11)	0	–	–	12	171	–	171
神　奈　川　(12)	126	0	13	117	452	–	452
新　　潟　(13)	170	0	–	130	181	–	181
富　　山　(14)	33	0	x	x	31	–	31
石　　川　(15)	267	x	x	262	144	–	144
福　　井　(16)	171	x	x	93	58	–	58
静　　岡　(17)	22	0	6	50	512	–	512
愛　　知　(18)	346	1	–	346	8,851	–	8,851
三　　重　(19)	173	7	6	241	1,379	–	1,379
京　　都　(20)	45	x	18	x	81	–	81
大　　阪　(21)	82	–	–	31	2	–	2
兵　　庫　(22)	1,638	x	–	x	173	–	173
和　歌　山　(23)	29	9	150	24	513	–	513
鳥　　取　(24)	109	16	–	17	116	–	116
島　　根　(25)	140	29	4	82	143	–	143
岡　　山　(26)	284	0	–	465	2	–	2
広　　島　(27)	362	0	–	148	313	–	313
山　　口　(28)	383	154	5	575	595	–	595
徳　　島　(29)	102	x	x	55	365	–	365
香　　川　(30)	793	–	–	117	6	–	6
愛　　媛　(31)	280	22	–	241	1,872	–	1,872
高　　知　(32)	4	10	29	4	90	–	90
福　　岡　(33)	915	163	3	755	983	–	983
佐　　賀　(34)	21	81	–	1,503	57	–	57
長　　崎　(35)	689	362	18	329	1,589	–	1,589
熊　　本　(36)	757	147	–	76	775	–	775
大　　分　(37)	203	49	–	356	2,147	–	2,147
宮　　崎　(38)	11	x	x	1	6	–	6
鹿　児　島　(39)	127	190	2	33	306	–	306
沖　　縄　(40)	109	0	7	7	284	–	284
北海道太平洋北区　(41)	10,496	2,094	x	1,067	40,128	39,875	254
太　平　洋　北　区　(42)	5,466	1,864	195	430	3,476	2,596	879
太　平　洋　中　区　(43)	733	9	36	793	12,039	–	12,039
太　平　洋　南　区　(44)	78	104	182	126	2,114	–	2,114
北海道日本海北区　(45)	10,500	2,273	x	1,778	3,098	3,032	66
日　本　海　北　区　(46)	757	41	21	1,118	608	3	605
日　本　海　西　区　(47)	759	53	72	596	572	–	572
東シナ海区　(48)	2,632	1,082	35	2,712	4,178	–	4,178
瀬　戸　内　海　区　(49)	4,052	92	–	2,178	3,755	–	3,755
宗　　谷　(50)	3,473	1,094	–	752	2,053	2,019	34
オホーツク　(51)	1,935	95	–	91	848	848	0
根　　室　(52)	2,865	534	x	506	10,440	10,427	14
釧　　路　(53)	2,057	296	–	x	14,228	14,226	1
十　　勝　(54)	517	x	–	–	404	398	6
日　　高　(55)	2,672	x	–	x	13,052	12,927	125
胆　　振　(56)	718	158	–	58	26	16	10
渡　　島　(57)	1,760	1,066	20	417	2,037	1,939	98
留　　萌　(58)	3,028	208	–	297	20	19	0
石　　狩　(59)	154	1	–	234	3	3	0
後　　志　(60)	1,576	397	x	308	74	58	16
檜　　山　(61)	241	342	–	81	40	26	15
青　森（太北）(62)	826	537	12	91	2,770	2,295	475
（日北）(63)	206	40	4	930	309	3	306
兵　庫（日西）(64)	27	x	–	x	30	–	30
（瀬戸）(65)	1,611	30	–	296	144	–	144
和歌山（太南）(66)	1	3	150	12	410	–	410
（瀬戸）(67)	28	7	–	12	103	–	103
山　口（東シ）(68)	86	139	5	96	186	–	186
（瀬戸）(69)	297	15	–	479	409	–	409
徳　島（太南）(70)	6	x	x	9	169	–	169
（瀬戸）(71)	96	13	–	47	197	–	197
愛　媛（太南）(72)	21	5	–	23	722	–	722
（瀬戸）(73)	259	17	–	218	1,150	–	1,150
福　岡（東シ）(74)	843	163	3	669	981	–	981
（瀬戸）(75)	72	–	–	86	2	–	2
大　分（太南）(76)	35	38	–	77	718	–	718
（瀬戸）(77)	168	11	–	279	1,429	–	1,429

(3)　魚種別漁獲量（さけ・ます類細分類）

単位：t

| | さけ・ます類細分類 | | | | | | |
| さけ類 | | | | ます類 | | |
べにざけ	しろざけ	ぎんざけ	ますの すけ	からふと ます	さくら ます	
2	68,583	5	14	2,574	678	(1)
2	55,701	4	13	2,573	526	(2)
-	3,286	0	1	0	53	(3)
-	6,324	0	1	1	65	(4)
-	2,229	1	0	0	12	(5)
-	370	-	-	0	10	(6)
-	255	-	-	-	2	(7)
-	5	-	-	-	-	(8)
-	2	-	-	x	x	(9)
-	-	-	-	-	-	(10)
-	-	-	-	-	-	(11)
-	0	-	-	-	-	(12)
-	354	1	-	-	3	(13)
-	36	-	-	-	1	(14)
-	13	-	-	-	2	(15)
-	5	-	-	-	4	(16)
-	-	-	-	-	-	(17)
-	-	-	-	-	-	(18)
-	-	-	-	-	-	(19)
x	x	x	x	x	x	(20)
-	-	-	-	-	-	(21)
x	x	x	x	x	x	(22)
-	-	-	-	-	-	(23)
-	-	-	-	-	-	(24)
-	1	-	-	x	x	(25)
-	-	-	-	-	-	(26)
-	-	-	-	-	-	(27)
-	0	-	-	-	-	(28)
-	-	-	-	-	-	(29)
-	-	-	-	-	-	(30)
-	-	-	-	-	-	(31)
-	-	-	-	-	-	(32)
-	-	-	-	-	-	(33)
-	-	-	-	-	-	(34)
-	-	-	-	-	-	(35)
-	-	-	-	-	-	(36)
-	-	-	-	-	-	(37)
-	-	-	-	-	-	(38)
-	-	-	-	-	-	(39)
-	-	-	-	-	-	(40)
2	18,787	3	12	1,073	382	(41)
-	11,628	1	2	x	x	(42)
-	0	-	-	-	-	(43)
-	-	-	-	-	-	(44)
0	36,913	1	0	1,499	144	(45)
-	1,233	1	0	0	24	(46)
-	22	-	-	x	x	(47)
-	0	-	-	-	-	(48)
-	-	-	-	-	-	(49)
-	7,249	0	0	24	35	(50)
0	24,641	0	0	1,475	85	(51)
1	8,080	1	6	659	34	(52)
1	991	0	3	275	61	(53)
0	1,168	0	0	67	1	(54)
0	3,404	0	2	29	94	(55)
0	2,444	0	1	42	75	(56)
0	2,728	0	0	1	118	(57)
-	1,480	-	-	-	2	(58)
-	1,538	-	0	-	3	(59)
-	1,633	-	0	0	14	(60)
-	343	-	-	0	4	(61)
-	3,068	0	1	0	44	(62)
-	218	-	0	-	8	(63)
x	x	x	x	x	x	(64)
-	-	-	-	-	-	(65)
-	-	-	-	-	-	(66)
-	-	-	-	-	-	(67)
-	0	-	-	-	-	(68)
-	-	-	-	-	-	(69)
-	-	-	-	-	-	(70)
-	-	-	-	-	-	(71)
-	-	-	-	-	-	(72)
-	-	-	-	-	-	(73)
-	-	-	-	-	-	(74)
-	-	-	-	-	-	(75)
-	-	-	-	-	-	(76)
-	-	さけ・ます類細分類	-	-	-	(77)

2　大海区都道府県振興局別統計（続き）
（4）　特殊魚種別漁獲量
　　　ア　漁業向け活餌販売　　　　　　　　　　　　　　　　　イ　天然産増養殖向け種苗採捕量

単位：t

都　道　府　県・ 大　海　区・振　興　局	計	まいわし	かたくちいわし	計	ぶり類
全　　　　　国 (1)	5,690	296	5,394	124	113
北　海　道 (2)	-	-	-	-	-
青　　森 (3)	-	-	-	-	-
岩　　手 (4)	178	-	178	-	-
宮　　城 (5)	340	175	165	-	-
秋　　田 (6)	-	-	-	-	-
山　　形 (7)	-	-	-	-	-
福　　島 (8)	-	-	-	-	-
茨　　城 (9)	-	-	-	-	-
千　　葉 (10)	1,637	-	1,637	0	-
東　　京 (11)	-	-	-	-	-
神　奈　川 (12)	693	57	636	3	-
新　　潟 (13)	-	-	-	-	-
富　　山 (14)	-	-	-	-	-
石　　川 (15)	-	-	-	-	-
福　　井 (16)	-	-	-	-	-
静　　岡 (17)	-	-	-	4	-
愛　　知 (18)	-	-	-	-	-
三　　重 (19)	8	1	8	0	0
京　　都 (20)	-	-	-	-	-
大　　阪 (21)	-	-	-	0	-
兵　　庫 (22)	-	-	-	-	-
和　歌　山 (23)	2	2	-	3	-
鳥　　取 (24)	-	-	-	-	-
島　　根 (25)	-	-	-	-	-
岡　　山 (26)	-	-	-	-	-
広　　島 (27)	-	-	-	-	-
山　　口 (28)	-	-	-	-	-
徳　　島 (29)	-	-	-	12	12
香　　川 (30)	-	-	-	-	-
愛　　媛 (31)	12	-	12	0	0
高　　知 (32)	-	-	-	7	7
福　　岡 (33)	-	-	-	-	-
佐　　賀 (34)	-	-	-	-	-
長　　崎 (35)	472	-	472	1	1
熊　　本 (36)	-	-	-	1	1
大　　分 (37)	-	-	-	9	9
宮　　崎 (38)	-	-	-	28	28
鹿　児　島 (39)	2,348	62	2,286	55	55
沖　　縄 (40)	-	-	-	-	-
北海道太平洋北区 (41)	-	-	-	-	-
太　平　洋　北　区 (42)	518	175	343	-	-
太　平　洋　中　区 (43)	2,339	58	2,281	7	0
太　平　洋　南　区 (44)	13	2	12	57	55
北海道日本海北区 (45)	-	-	-	-	-
日　本　海　北　区 (46)	-	-	-	-	-
日　本　海　西　区 (47)	-	-	-	-	-
東　シ　ナ　海　区 (48)	2,821	62	2,759	58	57
瀬　戸　内　海　区 (49)	-	-	-	2	-
宗　　谷 (50)	-	-	-	-	-
オ　ホ　ー　ツ　ク (51)	-	-	-	-	-
根　　室 (52)	-	-	-	-	-
釧　　路 (53)	-	-	-	-	-
十　　勝 (54)	-	-	-	-	-
日　　高 (55)	-	-	-	-	-
胆　　振 (56)	-	-	-	-	-
渡　　島 (57)	-	-	-	-	-
留　　萌 (58)	-	-	-	-	-
石　　狩 (59)	-	-	-	-	-
後　　志 (60)	-	-	-	-	-
檜　　山 (61)	-	-	-	-	-
青　森（太　北） (62)	-	-	-	-	-
（日　北） (63)	-	-	-	-	-
兵　庫（日　西） (64)	-	-	-	-	-
（瀬　戸） (65)	-	-	-	-	-
和　歌　山（太　南） (66)	2	2	-	1	-
（瀬　戸） (67)	-	-	-	2	-
山　口（東　シ） (68)	-	-	-	-	-
（瀬　戸） (69)	-	-	-	-	-
徳　島（太　南） (70)	-	-	-	12	12
（瀬　戸） (71)	-	-	-	-	-
愛　媛（太　南） (72)	12	-	12	0	0
（瀬　戸） (73)	-	-	-	-	-
福　岡（東　シ） (74)	-	-	-	-	-
（瀬　戸） (75)	-	-	-	-	-
大　分（太　南） (76)	-	-	-	9	9
（瀬　戸） (77)	-	-	-	-	-

注：内水面種苗採捕量については141ページ参照。

ウ　海産ほ乳類捕獲頭数（捕鯨業を除く。）

単位：t　　　　　　　　　　　　　　　　　　　　　　　　　単位：頭

しらすうなぎ	海産稚あゆ	計	いるか類	くじら類	
2	9	2,485	2,319	166	(1)
-	-	10	-	10	(2)
-	-	8	-	8	(3)
-	-	1,367	1,347	20	(4)
-	-	35	24	11	(5)
-	-	1	-	1	(6)
-	-	-	-	-	(7)
-	-	-	-	-	(8)
-	-	-	-	-	(9)
0	-	6	-	6	(10)
-	-	-	-	-	(11)
0	3	2	-	2	(12)
-	-	-	-	-	(13)
-	-	12	-	12	(14)
-	-	27	-	27	(15)
-	-	7	-	7	(16)
1	3	4	-	4	(17)
-	-	-	-	-	(18)
0	-	3	-	3	(19)
-	-	10	-	10	(20)
0	-	-	-	-	(21)
-	-	-	-	-	(22)
0	3	924	921	3	(23)
-	-	-	-	-	(24)
-	-	4	-	4	(25)
-	-	-	-	-	(26)
-	-	-	-	-	(27)
-	-	3	-	3	(28)
0	-	1	-	1	(29)
-	-	-	-	-	(30)
0	-	-	-	-	(31)
0	-	13	-	13	(32)
-	-	2	-	2	(33)
-	-	-	-	-	(34)
-	-	16	-	16	(35)
0	-	-	-	-	(36)
-	-	-	-	-	(37)
0	0	1	-	1	(38)
0	0	2	-	2	(39)
-	-	27	27	-	(40)
-	-	9	-	9	(41)
-	-	1,408	1,371	37	(42)
2	6	15	-	15	(43)
0	2	939	921	18	(44)
-	-	1	-	1	(45)
-	-	15	-	15	(46)
-	-	48	-	48	(47)
1	0	50	27	23	(48)
0	2	-	-	-	(49)
-	-	-	-	-	(50)
-	-	-	-	-	(51)
-	-	2	-	2	(52)
-	-	-	-	-	(53)
-	-	-	-	-	(54)
-	-	-	-	-	(55)
-	-	-	-	-	(56)
-	-	7	-	7	(57)
-	-	-	-	-	(58)
-	-	-	-	-	(59)
-	-	1	-	1	(60)
-	-	-	-	-	(61)
-	-	6	-	6	(62)
-	-	2	-	2	(63)
-	-	-	-	-	(64)
-	-	-	-	-	(65)
0	1	924	921	3	(66)
0	2	-	-	-	(67)
-	-	3	-	3	(68)
-	-	-	-	-	(69)
0	-	1	-	1	(70)
-	-	-	-	-	(71)
0	-	-	-	-	(72)
-	-	-	-	-	(73)
-	-	2	-	2	(74)
-	-	-	-	-	(75)
-	-	-	-	-	(76)
-	-	-	-	-	(77)

2　大海区都道府県振興局別統計（続き）
(5)　漁業種類・規模別統計（稼働量調査対象漁業種類のみ）
ア　漁労体数
(ア)　大型定置網

都道府県・ 大海区・振興局	計	漁船非使用	無動力船	動力船 小　計	5T未満	5〜10T	10T以上	大型定置網
全　　　　国 (1)	569	–	–	–	–	–	–	569
北　海　道 (2)	34	–	–	–	–	–	–	34
青　　　森 (3)	21	–	–	–	–	–	–	21
岩　　　手 (4)	76	–	–	–	–	–	–	76
宮　　　城 (5)	x	–	–	–	–	–	–	x
秋　　　田 (6)	6	–	–	–	–	–	–	6
山　　　形 (7)	–	–	–	–	–	–	–	–
福　　　島 (8)	–	–	–	–	–	–	–	–
茨　　　城 (9)	x	–	–	–	–	–	–	x
千　　　葉 (10)	8	–	–	–	–	–	–	8
東　　　京 (11)	–	–	–	–	–	–	–	–
神　奈　川 (12)	20	–	–	–	–	–	–	20
新　　　潟 (13)	18	–	–	–	–	–	–	18
富　　　山 (14)	69	–	–	–	–	–	–	69
石　　　川 (15)	46	–	–	–	–	–	–	46
福　　　井 (16)	32	–	–	–	–	–	–	32
静　　　岡 (17)	11	–	–	–	–	–	–	11
愛　　　知 (18)	–	–	–	–	–	–	–	–
三　　　重 (19)	25	–	–	–	–	–	–	25
京　　　都 (20)	31	–	–	–	–	–	–	31
大　　　阪 (21)	–	–	–	–	–	–	–	–
兵　　　庫 (22)	x	–	–	–	–	–	–	x
和　歌　山 (23)	8	–	–	–	–	–	–	8
鳥　　　取 (24)	–	–	–	–	–	–	–	–
島　　　根 (25)	x	–	–	–	–	–	–	x
岡　　　山 (26)	–	–	–	–	–	–	–	–
広　　　島 (27)	–	–	–	–	–	–	–	–
山　　　口 (28)	8	–	–	–	–	–	–	8
徳　　　島 (29)	x	–	–	–	–	–	–	x
香　　　川 (30)	x	–	–	–	–	–	–	x
愛　　　媛 (31)	–	–	–	–	–	–	–	–
高　　　知 (32)	31	–	–	–	–	–	–	31
福　　　岡 (33)	–	–	–	–	–	–	–	–
佐　　　賀 (34)	x	–	–	–	–	–	–	x
長　　　崎 (35)	50	–	–	–	–	–	–	50
熊　　　本 (36)	x	–	–	–	–	–	–	x
大　　　分 (37)	x	–	–	–	–	–	–	x
宮　　　崎 (38)	5	–	–	–	–	–	–	5
鹿　児　島 (39)	18	–	–	–	–	–	–	18
沖　　　縄 (40)	3	–	–	–	–	–	–	3
北海道太平洋北区 (41)	30	–	–	–	–	–	–	30
太　平　洋　北　区 (42)	103	–	–	–	–	–	–	103
太　平　洋　中　区 (43)	64	–	–	–	–	–	–	64
太　平　洋　南　区 (44)	x	–	–	–	–	–	–	x
北海道日本海北区 (45)	4	–	–	–	–	–	–	4
日　本　海　北　区 (46)	104	–	–	–	–	–	–	104
日　本　海　西　区 (47)	134	–	–	–	–	–	–	134
東　シ　ナ　海　区 (48)	82	–	–	–	–	–	–	82
瀬　戸　内　海　区 (49)	x	–	–	–	–	–	–	x
宗　　　谷 (50)	–	–	–	–	–	–	–	–
オ　ホ　ー　ツ　ク (51)	–	–	–	–	–	–	–	–
根　　　室 (52)	–	–	–	–	–	–	–	–
釧　　　路 (53)	–	–	–	–	–	–	–	–
十　　　勝 (54)	–	–	–	–	–	–	–	–
日　　　高 (55)	–	–	–	–	–	–	–	–
胆　　　振 (56)	–	–	–	–	–	–	–	–
渡　　　島 (57)	30	–	–	–	–	–	–	30
留　　　萌 (58)	–	–	–	–	–	–	–	–
石　　　狩 (59)	–	–	–	–	–	–	–	–
後　　　志 (60)	4	–	–	–	–	–	–	4
檜　　　山 (61)	–	–	–	–	–	–	–	–
青　森（太北）(62)	10	–	–	–	–	–	–	10
（日北）(63)	11	–	–	–	–	–	–	11
兵　庫（日西）(64)	x	–	–	–	–	–	–	x
（瀬戸）(65)	–	–	–	–	–	–	–	–
和歌山（太南）(66)	5	–	–	–	–	–	–	5
（瀬戸）(67)	3	–	–	–	–	–	–	3
山　口（東シ）(68)	8	–	–	–	–	–	–	8
（瀬戸）(69)	–	–	–	–	–	–	–	–
徳　島（太南）(70)	x	–	–	–	–	–	–	x
（瀬戸）(71)	–	–	–	–	–	–	–	–
愛　媛（太南）(72)	–	–	–	–	–	–	–	–
（瀬戸）(73)	–	–	–	–	–	–	–	–
福　岡（東シ）(74)	–	–	–	–	–	–	–	–
（瀬戸）(75)	–	–	–	–	–	–	–	–
大　分（太南）(76)	x	–	–	–	–	–	–	x
（瀬戸）(77)	–	–	–	–	–	–	–	–

注：1)は各月に稼働した漁労体の延べ数であり、年間で稼働した漁労体の実数については規模別の計を参照。

単位：統

1) 計	1月	2月	3月	4月	5月	6月	7月	8月	9月	10月	11月	12月	
5,326	444	355	376	447	481	496	468	423	425	459	477	475	(1)
251	–	–	1	15	15	24	30	33	34	34	33	32	(2)
189	15	8	7	11	19	21	21	21	15	17	17	17	(3)
588	71	5	5	25	34	47	53	59	70	74	73	72	(4)
x	x	x	x	x	x	x	x	x	x	x	x	x	(5)
24	3	–	–	–	6	6	4	3	2	–	–	–	(6)
–	–	–	–	–	–	–	–	–	–	–	–	–	(7)
–	–	–	–	–	–	–	–	–	–	–	–	–	(8)
x	x	x	x	x	x	x	x	x	x	x	x	x	(9)
87	8	7	8	8	8	8	8	8	4	5	7	8	(10)
–	–	–	–	–	–	–	–	–	–	–	–	–	(11)
229	19	19	19	20	20	20	19	19	19	19	18	18	(12)
160	11	11	11	18	18	18	17	13	9	12	11	11	(13)
590	49	53	61	57	61	59	48	31	42	44	41	44	(14)
458	36	36	36	46	46	44	42	38	29	35	39	31	(15)
268	15	11	16	25	26	26	25	24	24	28	25	23	(16)
128	11	11	11	11	11	11	11	11	9	10	10	11	(17)
–	–	–	–	–	–	–	–	–	–	–	–	–	(18)
251	24	25	24	24	24	24	21	12	12	13	23	25	(19)
355	29	28	29	31	31	31	31	29	30	29	28	29	(20)
–	–	–	–	–	–	–	–	–	–	–	–	–	(21)
x	x	x	x	x	x	x	x	x	x	x	x	x	(22)
77	7	7	7	7	7	8	7	4	4	4	7	8	(23)
–	–	–	–	–	–	–	–	–	–	–	–	–	(24)
x	x	x	x	x	x	x	x	x	x	x	x	x	(25)
–	–	–	–	–	–	–	–	–	–	–	–	–	(26)
–	–	–	–	–	–	–	–	–	–	–	–	–	(27)
86	8	7	7	8	8	8	4	4	8	8	8	8	(28)
x	x	x	x	x	x	x	x	x	x	x	x	x	(29)
x	x	x	x	x	x	x	x	x	x	x	x	x	(30)
–	–	–	–	–	–	–	–	–	–	–	–	–	(31)
290	28	29	31	31	30	27	24	14	12	17	22	25	(32)
–	–	–	–	–	–	–	–	–	–	–	–	–	(33)
x	x	x	x	x	x	x	x	x	x	x	x	x	(34)
534	49	48	49	46	46	42	36	39	41	45	47	46	(35)
x	x	x	x	x	x	x	x	x	x	x	x	x	(36)
x	x	x	x	x	x	x	x	x	x	x	x	x	(37)
53	5	4	5	4	5	5	4	4	3	4	5	5	(38)
193	17	16	18	18	18	18	16	11	11	16	17	17	(39)
30	3	3	3	3	3	3	2	2	2	2	2	2	(40)
223	–	–	–	13	13	22	26	29	30	30	30	30	(41)
840	94	14	7	39	57	73	79	86	96	99	98	98	(42)
695	62	62	62	63	63	63	59	50	44	47	58	62	(43)
x	x	x	x	x	x	x	x	x	x	x	x	x	(44)
28	–	–	1	2	2	2	4	4	4	4	3	2	(45)
872	70	70	79	82	96	94	80	58	59	63	59	62	(46)
1,338	95	89	101	125	127	125	122	115	107	115	114	103	(47)
877	80	77	80	78	78	74	61	58	64	74	77	76	(48)
x	x	x	x	x	x	x	x	x	x	x	x	x	(49)
–	–	–	–	–	–	–	–	–	–	–	–	–	(50)
–	–	–	–	–	–	–	–	–	–	–	–	–	(51)
													(52)
													(53)
–	–	–	–	–	–	–	–	–	–	–	–	–	(54)
–	–	–	–	–	–	–	–	–	–	–	–	–	(55)
													(56)
223	–	–	–	13	13	22	26	29	30	30	30	30	(57)
													(58)
													(59)
28	–	–	1	2	2	2	4	4	4	4	3	2	(60)
													(61)
91	8	2	–	4	8	10	10	10	9	10	10	10	(62)
98	7	6	7	7	11	11	11	11	6	7	7	7	(63)
x	x	x	x	x	x	x	x	x	x	x	x	x	(64)
–	–	–	–	–	–	–	–	–	–	–	–	–	(65)
41	4	4	4	4	4	5	4	1	1	1	4	5	(66)
36	3	3	3	3	3	3	3	3	3	3	3	3	(67)
86	8	7	7	8	8	8	4	4	8	8	8	8	(68)
–	–	–	–	–	–	–	–	–	–	–	–	–	(69)
x	x	x	x	x	x	x	x	x	x	x	x	x	(70)
–	–	–	–	–	–	–	–	–	–	–	–	–	(71)
–	–	–	–	–	–	–	–	–	–	–	–	–	(72)
–	–	–	–	–	–	–	–	–	–	–	–	–	(73)
–	–	–	–	–	–	–	–	–	–	–	–	–	(74)
–	–	–	–	–	–	–	–	–	–	–	–	–	(75)
x	x	x	x	x	x	x	x	x	x	x	x	x	(76)
–	–	–	–	–	–	–	–	–	–	–	–	–	(77)

2 大海区都道府県振興局別統計（続き）
(5) 漁業種類・規模別統計（稼働量調査対象漁業種類のみ）（続き）
ア 漁労体数（続き）
(イ) 沿岸まぐろはえ縄

都道府県・大海区・振興局	計	漁船非使用	無動力船	規模別 動力船 小計	5T未満	5～10T	10T以上	大型定置網
全 国 (1)	355	-	-	355	102	181	72	-
北 海 道 (2)	58	-	-	58	25	30	3	-
青 森 (3)	96	-	-	96	49	40	7	-
岩 手 (4)	x	-	-	x	-	-	x	-
宮 城 (5)	x	-	-	x	-	x	5	-
秋 田 (6)	-	-	-	-	-	-	-	-
山 形 (7)	-	-	-	-	-	-	-	-
福 島 (8)	-	-	-	-	-	-	-	-
茨 城 (9)	-	-	-	-	-	-	-	-
千 葉 (10)	21	-	-	21	3	x	x	-
東 京 (11)	x	-	-	x	-	x	x	-
神 奈 川 (12)	-	-	-	-	-	-	-	-
新 潟 (13)	-	-	-	-	-	-	-	-
富 山 (14)	-	-	-	-	-	-	-	-
石 川 (15)	-	-	-	-	-	-	-	-
福 井 (16)	-	-	-	-	-	-	-	-
静 岡 (17)	-	-	-	-	-	-	-	-
愛 知 (18)	-	-	-	-	-	-	-	-
三 重 (19)	x	-	-	x	-	-	x	-
京 都 (20)	-	-	-	-	-	-	-	-
大 阪 (21)	-	-	-	-	-	-	-	-
兵 庫 (22)	-	-	-	-	-	-	-	-
和 歌 山 (23)	4	-	-	4	-	x	x	-
鳥 取 (24)	-	-	-	-	-	-	-	-
島 根 (25)	-	-	-	-	-	-	-	-
岡 山 (26)	-	-	-	-	-	-	-	-
広 島 (27)	-	-	-	-	-	-	-	-
山 口 (28)	-	-	-	-	-	-	-	-
徳 島 (29)	x	-	-	x	-	-	x	-
香 川 (30)	-	-	-	-	-	-	-	-
愛 媛 (31)	-	-	-	-	-	-	-	-
高 知 (32)	7	-	-	7	-	x	x	-
福 岡 (33)	-	-	-	-	-	-	-	-
佐 賀 (34)	-	-	-	-	-	-	-	-
長 崎 (35)	x	-	-	x	9	28	x	-
熊 本 (36)	-	-	-	-	-	-	-	-
大 分 (37)	-	-	-	-	-	-	-	-
宮 崎 (38)	74	-	-	74	13	39	22	-
鹿 児 島 (39)	x	-	-	x	-	-	x	-
沖 縄 (40)	39	-	-	39	3	21	15	-
北海道太平洋北区 (41)	33	-	-	33	16	14	3	-
太 平 洋 北 区 (42)	32	-	-	32	11	9	12	-
太 平 洋 中 区 (43)	25	-	-	25	3	18	4	-
太 平 洋 南 区 (44)	x	-	-	x	13	42	x	-
北海道日本海北区 (45)	25	-	-	25	9	16	-	-
日 本 海 北 区 (46)	72	-	-	72	38	x	x	-
日 本 海 西 区 (47)	-	-	-	-	-	-	-	-
東 シ ナ 海 区 (48)	81	-	-	81	12	49	20	-
瀬 戸 内 海 区 (49)	x	-	-	x	-	x	-	-
宗 谷 (50)	-	-	-	-	-	-	-	-
オ ホ ー ツ ク (51)	-	-	-	-	-	-	-	-
根 室 (52)	-	-	-	-	-	-	-	-
釧 路 (53)	-	-	-	-	-	-	-	-
十 勝 (54)	-	-	-	-	-	-	-	-
日 高 (55)	-	-	-	-	-	-	-	-
胆 振 (56)	-	-	-	-	-	-	-	-
渡 島 (57)	58	-	-	58	25	30	3	-
留 萌 (58)	-	-	-	-	-	-	-	-
石 狩 (59)	-	-	-	-	-	-	-	-
後 志 (60)	-	-	-	-	-	-	-	-
檜 山 (61)	-	-	-	-	-	-	-	-
青 森（太北）(62)	24	-	-	24	11	x	x	-
（日北）(63)	72	-	-	72	38	x	x	-
兵 庫（日西）(64)	-	-	-	-	-	-	-	-
（瀬戸）(65)	-	-	-	-	-	-	-	-
和歌山（太南）(66)	x	-	-	x	-	x	x	-
（瀬戸）(67)	x	-	-	x	-	x	-	-
山 口（東シ）(68)	-	-	-	-	-	-	-	-
（瀬戸）(69)	-	-	-	-	-	-	-	-
徳 島（太南）(70)	x	-	-	x	-	-	x	-
（瀬戸）(71)	-	-	-	-	-	-	-	-
愛 媛（太南）(72)	-	-	-	-	-	-	-	-
（瀬戸）(73)	-	-	-	-	-	-	-	-
福 岡（東シ）(74)	-	-	-	-	-	-	-	-
（瀬戸）(75)	-	-	-	-	-	-	-	-
大 分（太南）(76)	-	-	-	-	-	-	-	-
（瀬戸）(77)	-	-	-	-	-	-	-	-

注：1)は各月に稼働した漁労体の延べ数であり、年間で稼働した漁労体の実数については規模別の計を参照。

単位：統

1)	計	1月	2月	3月	4月	5月	6月	7月	8月	9月	10月	11月	12月	
	2,050	148	137	137	137	133	120	202	208	218	209	206	195	(1)
	205	5	–	–	–	–	–	40	51	53	30	20	6	(2)
	330	6	–	–	–	–	–	54	70	69	66	46	19	(3)
	x	x	x	x	x	x	x	x	x	x	x	x	x	(4)
	x	x	x	x	x	x	x	x	x	x	x	x	x	(5)
	–	–	–	–	–	–	–	–	–	–	–	–	–	(6)
	–	–	–	–	–	–	–	–	–	–	–	–	–	(7)
	–	–	–	–	–	–	–	–	–	–	–	–	–	(8)
	–	–	–	–	–	–	–	–	–	–	–	–	–	(9)
	168	20	20	20	19	15	10	3	3	7	13	19	19	(10)
	x	x	x	x	x	x	x	x	x	x	x	x	x	(11)
	–	–	–	–	–	–	–	–	–	–	–	–	–	(12)
	–	–	–	–	–	–	–	–	–	–	–	–	–	(13)
	–	–	–	–	–	–	–	–	–	–	–	–	–	(14)
	–	–	–	–	–	–	–	–	–	–	–	–	–	(15)
	–	–	–	–	–	–	–	–	–	–	–	–	–	(16)
	–	–	–	–	–	–	–	–	–	–	–	–	–	(17)
	–	–	–	–	–	–	–	–	–	–	–	–	–	(18)
	x	x	x	x	x	x	x	x	x	x	x	x	x	(19)
	–	–	–	–	–	–	–	–	–	–	–	–	–	(20)
	–	–	–	–	–	–	–	–	–	–	–	–	–	(21)
	–	–	–	–	–	–	–	–	–	–	–	–	–	(22)
	25	3	3	3	3	1	1	1	1	3	3	2	1	(23)
	–	–	–	–	–	–	–	–	–	–	–	–	–	(24)
	–	–	–	–	–	–	–	–	–	–	–	–	–	(25)
	–	–	–	–	–	–	–	–	–	–	–	–	–	(26)
	–	–	–	–	–	–	–	–	–	–	–	–	–	(27)
	–	–	–	–	–	–	–	–	–	–	–	–	–	(28)
	x	x	x	x	x	x	x	x	x	x	x	x	x	(29)
	–	–	–	–	–	–	–	–	–	–	–	–	–	(30)
	–	–	–	–	–	–	–	–	–	–	–	–	–	(31)
	38	6	6	6	5	1	2	–	1	1	2	3	5	(32)
	–	–	–	–	–	–	–	–	–	–	–	–	–	(33)
	–	–	–	–	–	–	–	–	–	–	–	–	–	(34)
	x	x	x	x	x	x	x	x	x	x	x	x	x	(35)
	–	–	–	–	–	–	–	–	–	–	–	–	–	(36)
	–	–	–	–	–	–	–	–	–	–	–	–	–	(37)
	743	52	67	70	68	68	66	69	50	50	52	67	64	(38)
	x	x	x	x	x	x	x	x	x	x	x	x	x	(39)
	371	33	34	31	35	36	32	25	27	28	28	31	31	(40)
	141	5	–	–	–	–	–	20	28	32	30	20	6	(41)
	119	3	1	2	2	7	5	8	18	16	19	18	20	(42)
	190	23	23	23	22	16	11	3	4	7	14	22	22	(43)
	x	x	x	x	x	x	x	x	x	x	x	x	x	(44)
	64	–	–	–	–	–	–	20	23	21	–	–	–	(45)
	251	4	–	–	–	–	–	50	54	55	51	33	4	(46)
	–	–	–	–	–	–	–	–	–	–	–	–	–	(47)
	463	50	35	31	35	38	35	31	29	33	36	39	71	(48)
	x	x	x	x	x	x	x	x	x	x	x	x	x	(49)
	–	–	–	–	–	–	–	–	–	–	–	–	–	(50)
	–	–	–	–	–	–	–	–	–	–	–	–	–	(51)
	–	–	–	–	–	–	–	–	–	–	–	–	–	(52)
	–	–	–	–	–	–	–	–	–	–	–	–	–	(53)
	–	–	–	–	–	–	–	–	–	–	–	–	–	(54)
	–	–	–	–	–	–	–	–	–	–	–	–	–	(55)
	–	–	–	–	–	–	–	–	–	–	–	–	–	(56)
	205	5	–	–	–	–	–	40	51	53	30	20	6	(57)
	–	–	–	–	–	–	–	–	–	–	–	–	–	(58)
	–	–	–	–	–	–	–	–	–	–	–	–	–	(59)
	–	–	–	–	–	–	–	–	–	–	–	–	–	(60)
	–	–	–	–	–	–	–	–	–	–	–	–	–	(61)
	79	2	–	–	–	–	–	4	16	14	15	13	15	(62)
	251	4	–	–	–	–	–	50	54	55	51	33	4	(63)
	–	–	–	–	–	–	–	–	–	–	–	–	–	(64)
	–	–	–	–	–	–	–	–	–	–	–	–	–	(65)
	x	x	x	x	x	x	x	x	x	x	x	x	x	(66)
	x	x	x	x	x	x	x	x	x	x	x	x	x	(67)
	–	–	–	–	–	–	–	–	–	–	–	–	–	(68)
	–	–	–	–	–	–	–	–	–	–	–	–	–	(69)
	x	x	x	x	x	x	x	x	x	x	x	x	x	(70)
	–	–	–	–	–	–	–	–	–	–	–	–	–	(71)
	–	–	–	–	–	–	–	–	–	–	–	–	–	(72)
	–	–	–	–	–	–	–	–	–	–	–	–	–	(73)
	–	–	–	–	–	–	–	–	–	–	–	–	–	(74)
	–	–	–	–	–	–	–	–	–	–	–	–	–	(75)
	–	–	–	–	–	–	–	–	–	–	–	–	–	(76)
	–	–	–	–	–	–	–	–	–	–	–	–	–	(77)

2 大海区都道府県振興局別統計（続き）
(5) 漁業種類・規模別統計（稼働量調査対象漁業種類のみ）（続き）
ア 漁労体数（続き）
(ｳ) 沿岸かつお一本釣

都道府県・大海区・振興局	計	漁船非使用	無動力船	動力船 小計	動力船 5T未満	動力船 5～10T	動力船 10T以上	大型定置網
全　　　国　(1)	128	–	–	128	48	30	50	–
北　海　道　(2)	–	–	–	–	–	–	–	–
青　　森　(3)	–	–	–	–	–	–	–	–
岩　　手　(4)	–	–	–	–	–	–	–	–
宮　　城　(5)	–	–	–	–	–	–	–	–
秋　　田　(6)	–	–	–	–	–	–	–	–
山　　形　(7)	–	–	–	–	–	–	–	–
福　　島　(8)	–	–	–	–	–	–	–	–
茨　　城　(9)	–	–	–	–	–	–	–	–
千　　葉　(10)	–	–	–	–	–	–	–	–
東　　京　(11)	–	–	–	–	–	–	–	–
神　奈　川　(12)	15	–	–	15	x	x	–	–
新　　潟　(13)	–	–	–	–	–	–	–	–
富　　山　(14)	–	–	–	–	–	–	–	–
石　　川　(15)	–	–	–	–	–	–	–	–
福　　井　(16)	–	–	–	–	–	–	–	–
静　　岡　(17)	–	–	–	–	–	–	–	–
愛　　知　(18)	–	–	–	–	–	–	–	–
三　　重　(19)	33	–	–	33	x	x	9	–
京　　都　(20)	–	–	–	–	–	–	–	–
大　　阪　(21)	–	–	–	–	–	–	–	–
兵　　庫　(22)	–	–	–	–	–	–	–	–
和　歌　山　(23)	6	–	–	6	x	x	–	–
鳥　　取　(24)	–	–	–	–	–	–	–	–
島　　根　(25)	–	–	–	–	–	–	–	–
岡　　山　(26)	–	–	–	–	–	–	–	–
広　　島　(27)	–	–	–	–	–	–	–	–
山　　口　(28)	–	–	–	–	–	–	–	–
徳　　島　(29)	3	–	–	3	–	x	x	–
香　　川　(30)	–	–	–	–	–	–	–	–
愛　　媛　(31)	3	–	–	3	–	–	3	–
高　　知　(32)	41	–	–	41	x	x	28	–
福　　岡　(33)	–	–	–	–	–	–	–	–
佐　　賀　(34)	–	–	–	–	–	–	–	–
長　　崎　(35)	–	–	–	–	–	–	–	–
熊　　本　(36)	–	–	–	–	–	–	–	–
大　　分　(37)	–	–	–	–	–	–	–	–
宮　　崎　(38)	9	–	–	9	4	x	x	–
鹿　児　島　(39)	4	–	–	4	–	x	x	–
沖　　縄　(40)	14	–	–	14	8	x	x	–
北海道太平洋北区　(41)	–	–	–	–	–	–	–	–
太　平　洋　北　区　(42)	–	–	–	–	–	–	–	–
太　平　洋　中　区　(43)	48	–	–	48	32	7	9	–
太　平　洋　南　区　(44)	62	–	–	62	8	18	36	–
北海道日本海北区　(45)	–	–	–	–	–	–	–	–
日　本　海　北　区　(46)	–	–	–	–	–	–	–	–
日　本　海　西　区　(47)	–	–	–	–	–	–	–	–
東　シ　ナ　海　区　(48)	18	–	–	18	8	5	5	–
瀬　戸　内　海　区　(49)	–	–	–	–	–	–	–	–
宗　　谷　(50)	–	–	–	–	–	–	–	–
オ　ホ　ー　ツ　ク　(51)	–	–	–	–	–	–	–	–
根　　室　(52)	–	–	–	–	–	–	–	–
釧　　路　(53)	–	–	–	–	–	–	–	–
十　　勝　(54)	–	–	–	–	–	–	–	–
日　　高　(55)	–	–	–	–	–	–	–	–
胆　　振　(56)	–	–	–	–	–	–	–	–
渡　　島　(57)	–	–	–	–	–	–	–	–
留　　萌　(58)	–	–	–	–	–	–	–	–
石　　狩　(59)	–	–	–	–	–	–	–	–
後　　志　(60)	–	–	–	–	–	–	–	–
檜　　山　(61)	–	–	–	–	–	–	–	–
青　森（太北）(62)	–	–	–	–	–	–	–	–
（日北）(63)	–	–	–	–	–	–	–	–
兵　庫（日西）(64)	–	–	–	–	–	–	–	–
（瀬戸）(65)	–	–	–	–	–	–	–	–
和歌山（太南）(66)	6	–	–	6	x	x	–	–
（瀬戸）(67)	–	–	–	–	–	–	–	–
山　口（東シ）(68)	–	–	–	–	–	–	–	–
（瀬戸）(69)	–	–	–	–	–	–	–	–
徳　島（太南）(70)	3	–	–	3	–	x	x	–
（瀬戸）(71)	–	–	–	–	–	–	–	–
愛　媛（太南）(72)	3	–	–	3	–	–	3	–
（瀬戸）(73)	–	–	–	–	–	–	–	–
福　岡（東シ）(74)	–	–	–	–	–	–	–	–
（瀬戸）(75)	–	–	–	–	–	–	–	–
大　分（太南）(76)	–	–	–	–	–	–	–	–
（瀬戸）(77)	–	–	–	–	–	–	–	–

注：1)は各月に稼働した漁労体の延べ数であり、年間で稼働した漁労体の実数については規模別の計を参照。

単位：統

1) 計	1月	2月	3月	4月	5月	6月	7月	8月	9月	10月	11月	12月	
936	37	41	68	78	90	93	99	92	96	93	90	59	(1)
–	–	–	–	–	–	–	–	–	–	–	–	–	(2)
–	–	–	–	–	–	–	–	–	–	–	–	–	(3)
–	–	–	–	–	–	–	–	–	–	–	–	–	(4)
–	–	–	–	–	–	–	–	–	–	–	–	–	(5)
–	–	–	–	–	–	–	–	–	–	–	–	–	(6)
–	–	–	–	–	–	–	–	–	–	–	–	–	(7)
–	–	–	–	–	–	–	–	–	–	–	–	–	(8)
–	–	–	–	–	–	–	–	–	–	–	–	–	(9)
–	–	–	–	–	–	–	–	–	–	–	–	–	(10)
–	–	–	–	–	–	–	–	–	–	–	–	–	(11)
42	–	–			–	3	7	5	9	8	10	–	(12)
–	–	–	–	–	–	–	–	–	–	–	–	–	(13)
–	–	–	–	–	–	–	–	–	–	–	–	–	(14)
–	–	–	–	–	–	–	–	–	–	–	–	–	(15)
–	–	–	–	–	–	–	–	–	–	–	–	–	(16)
–	–	–	–	–	–	–	–	–	–	–	–	–	(17)
–	–	–	–	–	–	–	–	–	–	–	–	–	(18)
229	7	4	14	14	20	21	23	26	26	26	26	22	(19)
–	–	–	–	–	–	–	–	–	–	–	–	–	(20)
–	–	–	–	–	–	–	–	–	–	–	–	–	(21)
–	–	–	–	–	–	–	–	–	–	–	–	–	(22)
23	–	1	2	3	3	3	4	4	2	1	–	–	(23)
–	–	–	–	–	–	–	–	–	–	–	–	–	(24)
–	–	–	–	–	–	–	–	–	–	–	–	–	(25)
–	–	–	–	–	–	–	–	–	–	–	–	–	(26)
–	–	–	–	–	–	–	–	–	–	–	–	–	(27)
–	–	–	–	–	–	–	–	–	–	–	–	–	(28)
23	1	2	2	3	2	2	2	2	2	2	2	1	(29)
–	–	–	–	–	–	–	–	–	–	–	–	–	(30)
23	–	–	3	3	3	3	2	2	2	2	2	1	(31)
357	13	20	29	34	37	37	36	33	34	35	32	17	(32)
–	–	–	–	–	–	–	–	–	–	–	–	–	(33)
–	–	–	–	–	–	–	–	–	–	–	–	–	(34)
–	–	–	–	–	–	–	–	–	–	–	–	–	(35)
–	–	–	–	–	–	–	–	–	–	–	–	–	(36)
–	–	–	–	–	–	–	–	–	–	–	–	–	(37)
68	1	2	6	7	9	9	8	6	6	7	3	4	(38)
43	3	3	3	3	4	4	4	4	4	4	4	3	(39)
128	12	9	9	11	12	11	13	10	11	8	11	11	(40)
–	–	–	–	–	–	–	–	–	–	–	–	–	(41)
–	–	–	–	–	–	–	–	–	–	–	–	–	(42)
271	7	4	14	14	20	24	30	31	35	34	36	22	(43)
494	15	25	42	50	54	54	52	47	46	47	39	23	(44)
–	–	–	–	–	–	–	–	–	–	–	–	–	(45)
–	–	–	–	–	–	–	–	–	–	–	–	–	(46)
–	–	–	–	–	–	–	–	–	–	–	–	–	(47)
171	15	12	12	14	16	15	17	14	15	12	15	14	(48)
–	–	–	–	–	–	–	–	–	–	–	–	–	(49)
–	–	–	–	–	–	–	–	–	–	–	–	–	(50)
–	–	–	–	–	–	–	–	–	–	–	–	–	(51)
–	–	–	–	–	–	–	–	–	–	–	–	–	(52)
–	–	–	–	–	–	–	–	–	–	–	–	–	(53)
–	–	–	–	–	–	–	–	–	–	–	–	–	(54)
–	–	–	–	–	–	–	–	–	–	–	–	–	(55)
–	–	–	–	–	–	–	–	–	–	–	–	–	(56)
–	–	–	–	–	–	–	–	–	–	–	–	–	(57)
–	–	–	–	–	–	–	–	–	–	–	–	–	(58)
–	–	–	–	–	–	–	–	–	–	–	–	–	(59)
–	–	–	–	–	–	–	–	–	–	–	–	–	(60)
–	–	–	–	–	–	–	–	–	–	–	–	–	(61)
–	–	–	–	–	–	–	–	–	–	–	–	–	(62)
–	–	–	–	–	–	–	–	–	–	–	–	–	(63)
–	–	–	–	–	–	–	–	–	–	–	–	–	(64)
–	–	–	–	–	–	–	–	–	–	–	–	–	(65)
23	–	1	2	3	3	3	4	4	2	1	–	–	(66)
–	–	–	–	–	–	–	–	–	–	–	–	–	(67)
–	–	–	–	–	–	–	–	–	–	–	–	–	(68)
–	–	–	–	–	–	–	–	–	–	–	–	–	(69)
23	1	2	2	3	2	2	2	2	2	2	2	1	(70)
–	–	–	–	–	–	–	–	–	–	–	–	–	(71)
23	–	–	3	3	3	3	2	2	2	2	2	1	(72)
–	–	–	–	–	–	–	–	–	–	–	–	–	(73)
–	–	–	–	–	–	–	–	–	–	–	–	–	(74)
–	–	–	–	–	–	–	–	–	–	–	–	–	(75)
–	–	–	–	–	–	–	–	–	–	–	–	–	(76)
–	–	–	–	–	–	–	–	–	–	–	–	–	(77)

2　大海区都道府県振興局別統計（続き）
（5）　漁業種類・規模別統計（稼働量調査対象漁業種類のみ）（続き）
ア　漁労体数（続き）
（エ）　ひき縄釣

都道府県・大海区・振興局	計	漁船非使用	無動力船	小計	5T未満	5～10T	10T以上	大型定置網
全国 (1)	3,298	-	-	3,298	2,441	763	94	-
北海道 (2)	65	-	-	65	57	4	4	-
青森 (3)	120	-	-	120	102	x	x	-
岩手 (4)	-	-	-	-	-	-	-	-
宮城 (5)	-	-	-	-	-	-	-	-
秋田 (6)	x	-	-	x	3	x	-	-
山形 (7)	-	-	-	-	-	-	-	-
福島 (8)	12	-	-	12	6	6	-	-
茨城 (9)	26	-	-	26	26	-	-	-
千葉 (10)	251	-	-	251	192	55	4	-
東京 (11)	128	-	-	128	48	59	21	-
神奈川 (12)	x	-	-	x	-	x	-	-
新潟 (13)	x	-	-	x	-	x	-	-
富山 (14)	5	-	-	5	5	-	-	-
石川 (15)	-	-	-	-	-	-	-	-
福井 (16)	-	-	-	-	-	-	-	-
静岡 (17)	55	-	-	55	28	22	5	-
愛知 (18)	-	-	-	-	-	-	-	-
三重 (19)	188	-	-	188	140	34	14	-
京都 (20)	-	-	-	-	-	-	-	-
大阪 (21)	-	-	-	-	-	-	-	-
兵庫 (22)	19	-	-	19	14	5	-	-
和歌山 (23)	456	-	-	456	x	195	x	-
鳥取 (24)	-	-	-	-	-	-	-	-
島根 (25)	27	-	-	27	x	x	-	-
岡山 (26)	-	-	-	-	-	-	-	-
広島 (27)	-	-	-	-	-	-	-	-
山口 (28)	37	-	-	37	31	3	3	-
徳島 (29)	93	-	-	93	68	25	-	-
香川 (30)	-	-	-	-	-	-	-	-
愛媛 (31)	21	-	-	21	x	x	-	-
高知 (32)	428	-	-	428	349	69	10	-
福岡 (33)	-	-	-	-	-	-	-	-
佐賀 (34)	12	-	-	12	x	x	-	-
長崎 (35)	611	-	-	611	465	134	12	-
熊本 (36)	10	-	-	10	x	x	-	-
大分 (37)	-	-	-	-	-	-	-	-
宮崎 (38)	147	-	-	147	127	x	x	-
鹿児島 (39)	162	-	-	162	131	27	4	-
沖縄 (40)	417	-	-	417	329	79	9	-
北海道太平洋北区 (41)	24	-	-	24	24	-	-	-
太平洋北区 (42)	143	-	-	143	119	x	x	-
太平洋中区 (43)	x	-	-	x	x	170	44	-
太平洋南区 (44)	1,124	-	-	1,124	808	x	x	-
北海道日本海北区 (45)	41	-	-	41	33	4	4	-
日本海北区 (46)	x	-	-	x	23	x	-	-
日本海西区 (47)	46	-	-	46	x	x	-	-
東シナ海区 (48)	1,249	-	-	1,249	971	250	28	-
瀬戸内海区 (49)	21	-	-	21	14	7	-	-
宗谷 (50)	-	-	-	-	-	-	-	-
オホーツク (51)	-	-	-	-	-	-	-	-
根室 (52)	-	-	-	-	-	-	-	-
釧路 (53)	-	-	-	-	-	-	-	-
十勝 (54)	-	-	-	-	-	-	-	-
日高 (55)	-	-	-	-	-	-	-	-
胆振 (56)	-	-	-	-	-	-	-	-
渡島 (57)	24	-	-	24	24	-	-	-
留萌 (58)	x	-	-	x	x	4	4	-
石狩 (59)	-	-	-	-	-	-	-	-
後志 (60)	-	-	-	-	-	-	-	-
檜山 (61)	x	-	-	x	x	-	-	-
青森（太北） (62)	105	-	-	105	87	x	x	-
（日北） (63)	15	-	-	15	15	-	-	-
兵庫（日西） (64)	19	-	-	19	14	5	-	-
（瀬戸） (65)	-	-	-	-	-	-	-	-
和歌山（太南） (66)	435	-	-	435	x	188	x	-
（瀬戸） (67)	21	-	-	21	14	7	-	-
山口（東シ） (68)	37	-	-	37	31	3	3	-
（瀬戸） (69)	-	-	-	-	-	-	-	-
徳島（太南） (70)	93	-	-	93	68	25	-	-
（瀬戸） (71)	-	-	-	-	-	-	-	-
愛媛（太南） (72)	21	-	-	21	x	x	-	-
（瀬戸） (73)	-	-	-	-	-	-	-	-
福岡（東シ） (74)	-	-	-	-	-	-	-	-
（瀬戸） (75)	-	-	-	-	-	-	-	-
大分（太南） (76)	-	-	-	-	-	-	-	-
（瀬戸） (77)	-	-	-	-	-	-	-	-

注：1)は各月に稼働した漁労体の延べ数であり、年間で稼働した漁労体の実数については規模別の計を参照。

単位：統

月　別

1) 計	1月	2月	3月	4月	5月	6月	7月	8月	9月	10月	11月	12月	
16,546	1,653	1,191	1,188	1,126	1,283	1,185	1,418	1,410	1,407	1,303	1,587	1,795	(1)
150	–	–	–	–	–	–	9	19	47	44	12	19	(2)
770	101	–	–	–	–	–	102	113	115	115	115	109	(3)
–	–	–	–	–	–	–	–	–	–	–	–	–	(4)
													(5)
x	x	x	x	x	x	x	x	x	x	x	x	x	(6)
–													(7)
17	6	2	–	–	–	–	–	–	–	–	1	8	(8)
99	8	5	7	11	9	11	1	3	5	18	17	4	(9)
1,248	147	128	111	89	141	176	30	25	36	106	145	114	(10)
829	79	75	77	15	82	90	78	61	73	60	68	71	(11)
x	x	x	x	x	x	x	x	x	x	x	x	x	(12)
x	x	x	x	x	x	x	x	x	x	x	x	x	(13)
24	2	2	1	2	1	1	1	1	3	4	4	2	(14)
–	–	–	–	–	–	–	–	–	–	–	–	–	(15)
–	–	–	–	–	–	–	–	–	–	–	–	–	(16)
225	21	17	16	14	16	14	12	8	25	22	31	29	(17)
													(18)
783	56	44	39	44	69	35	131	123	101	25	57	59	(19)
–	–	–	–	–	–	–	–	–	–	–	–	–	(20)
–	–	–	–	–	–	–	–	–	–	–	–	–	(21)
41	–	–	–	–	–	–	1	2	6	5	14	13	(22)
2,566	250	221	300	340	337	175	115	74	118	165	233	238	(23)
–	–	–	–	–	–	–	–	–	–	–	–	–	(24)
75	5	3	3	3	3	3	6	8	11	4	7	19	(25)
													(26)
–	–	–	–	–	–	–	–	–	–	–	–	–	(27)
37	–	–	–	–	–	–	–	–	–	–	–	37	(28)
193	1	1	1	3	6	3	76	86	6	4	2	4	(29)
–	–	–	–	–	–	–	–	–	–	–	–	–	(30)
82	4	5	6	6	5	4	19	19	5	4	2	3	(31)
1,887	265	113	82	83	109	112	218	198	173	181	171	182	(32)
–	–	–	–	–	–	–	–	–	–	–	–	–	(33)
71	12	11	11	11	–	–	–	–	–	3	11	12	(34)
1,772	218	94	83	16	29	73	118	173	191	143	242	392	(35)
46	9	9	8	8	1	–	–	–	–	–	3	8	(36)
–	–	–	–	–	–	–	–	–	–	–	–	–	(37)
1,017	91	102	107	110	78	81	88	77	56	60	81	86	(38)
1,130	103	100	92	87	84	87	83	96	99	86	109	104	(39)
3,466	275	259	243	282	312	319	326	322	334	252	260	282	(40)
74	–	–	–	–	–	–	9	12	15	8	12	18	(41)
821	113	7	7	11	9	11	100	106	108	119	119	111	(42)
x	x	x	x	x	x	x	x	x	x	x	x	x	(43)
5,673	608	440	493	539	531	372	508	445	342	403	481	511	(44)
76	–	–	–	–	–	–	–	7	32	36	–	1	(45)
x	x	x	x	x	x	x	x	x	x	x	x	x	(46)
116	5	3	3	3	3	3	7	10	17	9	21	32	(47)
6,522	617	473	437	404	426	479	527	591	624	484	625	835	(48)
72	3	2	3	3	4	3	8	9	16	11	8	2	(49)
–	–	–	–	–	–	–	–	–	–	–	–	–	(50)
–	–	–	–	–	–	–	–	–	–	–	–	–	(51)
–	–	–	–	–	–	–	–	–	–	–	–	–	(52)
–	–	–	–	–	–	–	–	–	–	–	–	–	(53)
–	–	–	–	–	–	–	–	–	–	–	–	–	(54)
–	–	–	–	–	–	–	–	–	–	–	–	–	(55)
–	–	–	–	–	–	–	–	–	–	–	–	–	(56)
74	–	–	–	–	–	–	9	12	15	8	12	18	(57)
x	x	x	x	x	x	x	x	x	x	x	x	x	(58)
–	–	–	–	–	–	–	–	–	–	–	–	–	(59)
–	–	–	–	–	–	–	–	–	–	–	–	–	(60)
x	x	x	x	x	x	x	x	x	x	x	x	x	(61)
705	99	–	–	–	–	–	99	103	103	101	101	99	(62)
65	2	–	–	–	–	–	3	10	12	14	14	10	(63)
41	–	–	–	–	–	–	1	2	6	5	14	13	(64)
–	–	–	–	–	–	–	–	–	–	–	–	–	(65)
2,494	247	219	297	337	333	172	107	65	102	154	225	236	(66)
72	3	2	3	3	4	3	8	9	16	11	8	2	(67)
37	–	–	–	–	–	–	–	–	–	–	–	37	(68)
–	–	–	–	–	–	–	–	–	–	–	–	–	(69)
193	1	1	1	3	6	3	76	86	6	4	2	4	(70)
–	–	–	–	–	–	–	–	–	–	–	–	–	(71)
82	4	5	6	6	5	4	19	19	5	4	2	3	(72)
–	–	–	–	–	–	–	–	–	–	–	–	–	(73)
–	–	–	–	–	–	–	–	–	–	–	–	–	(74)
–	–	–	–	–	–	–	–	–	–	–	–	–	(75)
–	–	–	–	–	–	–	–	–	–	–	–	–	(76)
–	–	–	–	–	–	–	–	–	–	–	–	–	(77)

2 大海区都道府県振興局別統計（続き）
(5) 漁業種類・規模別統計（稼働量調査対象漁業種類のみ）（続き）

イ 出漁日数
(ア) 大型定置網

都 道 府 県 ・大 海 区 ・振 興 局	計	漁船非使用	無動力船	規　　模　　別				大型定置網
				動　力　船				
				小 計	5 T未満	5〜10 T	10 T以上	
全　　　　　国 (1)	129,270	-	-	-	-	-	-	129,270
北　海　　道 (2)	6,342	-	-	-	-	-	-	6,342
青　　　森 (3)	3,284	-	-	-	-	-	-	3,284
岩　　　手 (4)	15,584	-	-	-	-	-	-	15,584
宮　　　城 (5)	x	-	-	-	-	-	-	x
秋　　　田 (6)	323	-	-	-	-	-	-	323
山　　　形 (7)	-	-	-	-	-	-	-	-
福　　　島 (8)	-	-	-	-	-	-	-	-
茨　　　城 (9)	x	-	-	-	-	-	-	x
千　　　葉 (10)	1,664	-	-	-	-	-	-	1,664
東　　　京 (11)	-	-	-	-	-	-	-	-
神　奈　　川 (12)	3,859	-	-	-	-	-	-	3,859
新　　　潟 (13)	4,387	-	-	-	-	-	-	4,387
富　　　山 (14)	15,285	-	-	-	-	-	-	15,285
石　　　川 (15)	12,809	-	-	-	-	-	-	12,809
福　　　井 (16)	7,215	-	-	-	-	-	-	7,215
静　　　岡 (17)	2,577	-	-	-	-	-	-	2,577
愛　　　知 (18)	-	-	-	-	-	-	-	-
三　　　重 (19)	5,519	-	-	-	-	-	-	5,519
京　　　都 (20)	6,656	-	-	-	-	-	-	6,656
大　　　阪 (21)	-	-	-	-	-	-	-	-
兵　　　庫 (22)	x	-	-	-	-	-	-	x
和　歌　　山 (23)	2,026	-	-	-	-	-	-	2,026
鳥　　　取 (24)	-	-	-	-	-	-	-	-
島　　　根 (25)	x	-	-	-	-	-	-	x
岡　　　山 (26)	-	-	-	-	-	-	-	-
広　　　島 (27)	-	-	-	-	-	-	-	-
山　　　口 (28)	2,449	-	-	-	-	-	-	2,449
徳　　　島 (29)	x	-	-	-	-	-	-	x
香　　　川 (30)	x	-	-	-	-	-	-	x
愛　　　媛 (31)	-	-	-	-	-	-	-	-
高　　　知 (32)	8,257	-	-	-	-	-	-	8,257
福　　　岡 (33)	-	-	-	-	-	-	-	-
佐　　　賀 (34)	x	-	-	-	-	-	-	x
長　　　崎 (35)	13,650	-	-	-	-	-	-	13,650
熊　　　本 (36)	x	-	-	-	-	-	-	x
大　　　分 (37)	x	-	-	-	-	-	-	x
宮　　　崎 (38)	1,010	-	-	-	-	-	-	1,010
鹿　児　　島 (39)	4,090	-	-	-	-	-	-	4,090
沖　　　縄 (40)	512	-	-	-	-	-	-	512
北海道太平洋北区 (41)	5,648	-	-	-	-	-	-	5,648
太　平　洋　北　区 (42)	20,978	-	-	-	-	-	-	20,978
太　平　洋　中　区 (43)	13,619	-	-	-	-	-	-	13,619
太　平　洋　南　区 (44)	x	-	-	-	-	-	-	x
北海道日本海北区 (45)	694	-	-	-	-	-	-	694
日　本　海　北　区 (46)	21,171	-	-	-	-	-	-	21,171
日　本　海　西　区 (47)	33,784	-	-	-	-	-	-	33,784
東　シ　ナ　海　区 (48)	21,462	-	-	-	-	-	-	21,462
瀬　戸　内　海　区 (49)	x	-	-	-	-	-	-	x
宗　　　谷 (50)	-	-	-	-	-	-	-	-
オ ホ ー ツ ク (51)	-	-	-	-	-	-	-	-
根　　　室 (52)	-	-	-	-	-	-	-	-
釧　　　路 (53)	-	-	-	-	-	-	-	-
十　　　勝 (54)	-	-	-	-	-	-	-	-
日　　　高 (55)	-	-	-	-	-	-	-	-
胆　　　振 (56)	-	-	-	-	-	-	-	-
渡　　　島 (57)	5,648	-	-	-	-	-	-	5,648
留　　　萌 (58)	-	-	-	-	-	-	-	-
石　　　狩 (59)	-	-	-	-	-	-	-	-
後　　　志 (60)	694	-	-	-	-	-	-	694
檜　　　山 (61)	-	-	-	-	-	-	-	-
青　森（太北）(62)	2,108	-	-	-	-	-	-	2,108
（日北）(63)	1,176	-	-	-	-	-	-	1,176
兵　庫（日西）(64)	x	-	-	-	-	-	-	x
（瀬戸）(65)	-	-	-	-	-	-	-	-
和歌山（太南）(66)	1,114	-	-	-	-	-	-	1,114
（瀬戸）(67)	912	-	-	-	-	-	-	912
山　口（東シ）(68)	2,449	-	-	-	-	-	-	2,449
（瀬戸）(69)	-	-	-	-	-	-	-	-
徳　島（太南）(70)	x	-	-	-	-	-	-	x
（瀬戸）(71)	-	-	-	-	-	-	-	-
愛　媛（太南）(72)	-	-	-	-	-	-	-	-
（瀬戸）(73)	-	-	-	-	-	-	-	-
福　岡（東シ）(74)	-	-	-	-	-	-	-	-
（瀬戸）(75)	-	-	-	-	-	-	-	-
大　分（太南）(76)	x	-	-	-	-	-	-	x
（瀬戸）(77)	-	-	-	-	-	-	-	-

単位：日

計	1月	2月	3月	4月	5月	6月	7月	8月	9月	10月	11月	12月	
129,270	10,231	7,786	9,095	10,512	12,742	12,227	11,678	9,993	10,111	10,926	11,988	11,981	(1)
6,342	–	–	22	307	453	344	789	845	958	994	948	682	(2)
3,284	196	62	49	87	372	466	468	375	225	323	352	309	(3)
15,584	1,444	81	49	473	821	1,117	1,562	1,687	1,897	2,111	2,157	2,185	(4)
x	x	x	x	x	x	x	x	x	x	x	x	x	(5)
323	19	–	–	–	88	88	65	40	23	–	–	–	(6)
–	–	–	–	–	–	–	–	–	–	–	–	–	(7)
–	–	–	–	–	–	–	–	–	–	–	–	–	(8)
x	x	x	x	x	x	x	x	x	x	x	x	x	(9)
1,664	146	134	150	162	187	162	170	153	83	92	88	137	(10)
													(11)
3,859	265	234	364	342	385	360	359	324	304	280	311	331	(12)
4,387	341	302	292	422	558	517	475	338	196	314	323	309	(13)
15,285	1,300	1,219	1,716	1,584	1,731	1,540	1,193	725	956	1,080	1,070	1,171	(14)
12,809	1,100	1,003	1,086	1,217	1,397	1,293	1,241	1,002	735	803	1,025	907	(15)
7,215	397	236	226	572	799	757	775	709	685	816	670	573	(16)
2,577	211	204	261	244	250	247	239	213	174	131	177	226	(17)
													(18)
5,519	549	531	578	541	581	533	380	246	274	287	437	582	(19)
6,656	434	380	555	647	686	695	626	563	489	438	558	585	(20)
–	–	–	–	–	–	–	–	–	–	–	–	–	(21)
x	x	x	x	x	x	x	x	x	x	x	x	x	(22)
2,026	190	177	189	204	207	203	173	108	108	102	162	203	(23)
–	–	–	–	–	–	–	–	–	–	–	–	–	(24)
x	x	x	x	x	x	x	x	x	x	x	x	x	(25)
													(26)
–	–	–	–	–	–	–	–	–	–	–	–	–	(27)
2,449	202	186	206	232	241	232	105	115	230	238	230	232	(28)
x	x	x	x	x	x	x	x	x	x	x	x	x	(29)
x	x	x	x	x	x	x	x	x	x	x	x	x	(30)
–	–	–	–	–	–	–	–	–	–	–	–	–	(31)
8,257	859	785	941	910	888	791	594	348	360	478	584	719	(32)
–	–	–	–	–	–	–	–	–	–	–	–	–	(33)
x	x	x	x	x	x	x	x	x	x	x	x	x	(34)
13,650	1,327	1,258	1,232	1,136	1,350	1,139	835	780	1,019	989	1,276	1,309	(35)
x	x	x	x	x	x	x	x	x	x	x	x	x	(36)
x	x	x	x	x	x	x	x	x	x	x	x	x	(37)
1,010	105	94	110	95	106	102	86	21	25	47	116	103	(38)
4,090	329	316	412	414	418	413	290	212	237	304	377	368	(39)
512	46	50	53	51	46	41	47	41	35	28	39	35	(40)
5,648	–	–	–	270	391	284	712	721	838	887	878	667	(41)
20,978	1,827	181	72	646	1,342	1,735	2,213	2,260	2,438	2,714	2,791	2,759	(42)
13,619	1,171	1,103	1,353	1,289	1,403	1,302	1,148	936	835	790	1,013	1,276	(43)
x	x	x	x	x	x	x	x	x	x	x	x	x	(44)
694	–	–	22	37	62	60	77	124	120	107	70	15	(45)
21,171	1,712	1,556	2,057	2,057	2,561	2,366	1,937	1,266	1,216	1,456	1,453	1,534	(46)
33,784	2,334	1,958	2,318	3,036	3,592	3,427	3,369	3,000	2,589	2,696	2,861	2,604	(47)
21,462	1,970	1,873	1,975	1,904	2,127	1,900	1,341	1,193	1,554	1,622	1,993	2,010	(48)
x	x	x	x	x	x	x	x	x	x	x	x	x	(49)
–	–	–	–	–	–	–	–	–	–	–	–	–	(50)
													(51)
													(52)
–	–	–	–	–	–	–	–	–	–	–	–	–	(53)
–	–	–	–	–	–	–	–	–	–	–	–	–	(54)
													(55)
													(56)
5,648	–	–	–	270	391	284	712	721	838	887	878	667	(57)
–	–	–	–	–	–	–	–	–	–	–	–	–	(58)
													(59)
694	–	–	22	37	62	60	77	124	120	107	70	15	(60)
–	–	–	–	–	–	–	–	–	–	–	–	–	(61)
2,108	144	27	–	36	188	245	264	212	184	261	292	255	(62)
1,176	52	35	49	51	184	221	204	163	41	62	60	54	(63)
x	x	x	x	x	x	x	x	x	x	x	x	x	(64)
													(65)
1,114	124	112	124	120	124	121	90	31	30	31	82	125	(66)
912	66	65	65	84	83	82	83	77	78	71	80	78	(67)
2,449	202	186	206	232	241	232	105	115	230	238	230	232	(68)
–	–	–	–	–	–	–	–	–	–	–	–	–	(69)
x	x	x	x	x	x	x	x	x	x	x	x	x	(70)
–	–	–	–	–	–	–	–	–	–	–	–	–	(71)
													(72)
													(73)
–	–	–	–	–	–	–	–	–	–	–	–	–	(74)
													(75)
x	x	x	x	x	x	x	x	x	x	x	x	x	(76)
–	–	–	–	–	–	–	–	–	–	–	–	–	(77)

2 大海区都道府県振興局別統計（続き）
（5） 漁業種類・規模別統計（稼働量調査対象漁業種類のみ）（続き）
イ 出漁日数（続き）
（イ） 沿岸まぐろはえ縄

都道府県・大海区・振興局	計	漁船非使用	無動力船	規模別 動力船 小計	5T未満	5～10T	10T以上	大型定置網
全 国 (1)	22,414	-	-	22,414	3,648	10,744	8,022	-
北 海 道 (2)	1,704	-	-	1,704	647	857	200	-
青 森 (3)	2,252	-	-	2,252	1,240	620	392	-
岩 手 (4)	x	-	-	x	-	-	x	-
宮 城 (5)	x	-	-	x	-	x	306	-
秋 田 (6)	-	-	-	-	-	-	-	-
山 形 (7)	-	-	-	-	-	-	-	-
福 島 (8)	-	-	-	-	-	-	-	-
茨 城 (9)	-	-	-	-	-	-	-	-
千 葉 (10)	877	-	-	877	173	x	x	-
東 京 (11)	x	-	-	x	-	x	x	-
神 奈 川 (12)	-	-	-	-	-	-	-	-
新 潟 (13)	-	-	-	-	-	-	-	-
富 山 (14)	-	-	-	-	-	-	-	-
石 川 (15)	-	-	-	-	-	-	-	-
福 井 (16)	-	-	-	-	-	-	-	-
静 岡 (17)	-	-	-	-	-	-	-	-
愛 知 (18)	-	-	-	-	-	-	-	-
三 重 (19)	x	-	-	x	-	-	x	-
京 都 (20)	-	-	-	-	-	-	-	-
大 阪 (21)	-	-	-	-	-	-	-	-
兵 庫 (22)	-	-	-	-	-	-	-	-
和 歌 山 (23)	274	-	-	274	-	x	x	-
鳥 取 (24)	-	-	-	-	-	-	-	-
島 根 (25)	-	-	-	-	-	-	-	-
岡 山 (26)	-	-	-	-	-	-	-	-
広 島 (27)	-	-	-	-	-	-	-	-
山 口 (28)	-	-	-	-	-	-	-	-
徳 島 (29)	x	-	-	x	-	-	x	-
香 川 (30)	-	-	-	-	-	-	-	-
愛 媛 (31)	-	-	-	-	-	-	-	-
高 知 (32)	498	-	-	498	-	x	x	-
福 岡 (33)	-	-	-	-	-	-	-	-
佐 賀 (34)	-	-	-	-	-	-	-	-
長 崎 (35)	x	-	-	x	26	236	x	-
熊 本 (36)	-	-	-	-	-	-	-	-
大 分 (37)	-	-	-	-	-	-	-	-
宮 崎 (38)	9,893	-	-	9,893	1,291	5,039	3,563	-
鹿 児 島 (39)	x	-	-	x	-	-	x	-
沖 縄 (40)	5,662	-	-	5,662	271	3,110	2,281	-
北海道太平洋北区 (41)	1,444	-	-	1,444	568	676	200	-
太 平 洋 北 区 (42)	1,457	-	-	1,457	403	316	738	-
太 平 洋 中 区 (43)	1,059	-	-	1,059	173	727	159	-
太 平 洋 南 区 (44)	x	-	-	x	1,291	5,139	x	-
北海道日本海北区 (45)	260	-	-	260	79	181	-	-
日 本 海 北 区 (46)	1,238	-	-	1,238	837	x	x	-
日 本 海 西 区 (47)	-	-	-	-	-	-	-	-
東 シ ナ 海 区 (48)	6,020	-	-	6,020	297	3,346	2,377	-
瀬 戸 内 海 区 (49)	x	-	-	x	-	x	-	-
宗 谷 (50)	-	-	-	-	-	-	-	-
オ ホ ー ツ ク (51)	-	-	-	-	-	-	-	-
根 室 (52)	-	-	-	-	-	-	-	-
釧 路 (53)	-	-	-	-	-	-	-	-
十 勝 (54)	-	-	-	-	-	-	-	-
日 高 (55)	-	-	-	-	-	-	-	-
胆 振 (56)	-	-	-	-	-	-	-	-
渡 島 (57)	1,704	-	-	1,704	647	857	200	-
留 萌 (58)	-	-	-	-	-	-	-	-
石 狩 (59)	-	-	-	-	-	-	-	-
後 志 (60)	-	-	-	-	-	-	-	-
檜 山 (61)	-	-	-	-	-	-	-	-
青 森（太北）(62)	1,014	-	-	1,014	403	x	x	-
（日北）(63)	1,238	-	-	1,238	837	x	x	-
兵 庫（日西）(64)	-	-	-	-	-	-	-	-
（瀬戸）(65)	-	-	-	-	-	-	-	-
和歌山（太南）(66)	x	-	-	x	-	x	-	-
（瀬戸）(67)	x	-	-	x	-	x	-	-
山 口（東シ）(68)	-	-	-	-	-	-	-	-
（瀬戸）(69)	-	-	-	-	-	-	-	-
徳 島（太南）(70)	x	-	-	x	-	-	x	-
（瀬戸）(71)	-	-	-	-	-	-	-	-
愛 媛（太南）(72)	-	-	-	-	-	-	-	-
（瀬戸）(73)	-	-	-	-	-	-	-	-
福 岡（東シ）(74)	-	-	-	-	-	-	-	-
（瀬戸）(75)	-	-	-	-	-	-	-	-
大 分（太南）(76)	-	-	-	-	-	-	-	-
（瀬戸）(77)	-	-	-	-	-	-	-	-

単位：日

計	1月	2月	3月	4月	5月	6月	7月	8月	9月	10月	11月	12月	
22,414	1,301	1,703	2,125	1,646	1,949	1,650	2,072	1,870	1,972	1,697	2,124	2,305	(1)
1,704	12	-	-	-	-	-	288	472	536	280	64	52	(2)
2,252	20	-	-	-	-	-	363	457	422	495	260	235	(3)
x	x	x	x	x	x	x	x	x	x	x	x	x	(4)
x	x	x	x	x	x	x	x	x	x	x	x	x	(5)
-	-	-	-	-	-	-	-	-	-	-	-	-	(6)
													(7)
													(8)
-												-	(9)
877	82	103	173	68	124	56	7	4	18	28	87	127	(10)
x	x	x	x	x	x	x	x	x	x	x	x	x	(11)
													(12)
													(13)
													(14)
													(15)
													(16)
													(17)
													(18)
x	x	x	x	x	x	x	x	x	x	x	x	x	(19)
													(20)
													(21)
-												-	(22)
274	23	23	30	26	18	17	19	29	26	23	27	13	(23)
													(24)
													(25)
													(26)
													(27)
													(28)
x	x	x	x	x	x	x	x	x	x	x	x	x	(29)
-	-	-	-	-	-	-	-	-	-	-	-	-	(30)
-	-	-	-	-	-	-	-	-	-	-	-	-	(31)
498	57	63	99	47	13	14	-	10	10	31	47	107	(32)
													(33)
-													(34)
x	x	x	x	x	x	x	x	x	x	x	x	x	(35)
-	-	-	-	-	-	-	-	-	-	-	-	-	(36)
-	-	-	-	-	-	-	-	-	-	-	-	-	(37)
9,893	473	954	1,299	871	973	955	1,037	480	529	440	917	965	(38)
x	x	x	x	x	x	x	x	x	x	x	x	x	(39)
5,662	516	498	444	571	696	529	293	361	401	292	542	519	(40)
1,444	12	-	-	-	-	-	182	393	461	280	64	52	(41)
1,457	23	10	25	14	95	50	87	207	227	249	244	226	(42)
1,059	94	116	187	77	130	61	7	29	18	53	124	163	(43)
x	x	x	x	x	x	x	x	x	x	x	x	x	(44)
260	-	-	-	-	-	-	106	79	75	-	-	-	(45)
1,238	16	-	-	-	-	-	321	270	215	296	72	48	(46)
-													(47)
6,020	570	499	444	571	700	553	313	373	411	311	591	684	(48)
x	x	x	x	x	x	x	x	x	x	x	x	x	(49)
-	-	-	-	-	-	-	-	-	-	-	-	-	(50)
-	-	-	-	-	-	-	-	-	-	-	-	-	(51)
-	-	-	-	-	-	-	-	-	-	-	-	-	(52)
-	-	-	-	-	-	-	-	-	-	-	-	-	(53)
-	-	-	-	-	-	-	-	-	-	-	-	-	(54)
-	-	-	-	-	-	-	-	-	-	-	-	-	(55)
-	-	-	-	-	-	-	-	-	-	-	-	-	(56)
1,704	12	-	-	-	-	-	288	472	536	280	64	52	(57)
													(58)
-	-	-	-	-	-	-	-	-	-	-	-	-	(59)
-	-	-	-	-	-	-	-	-	-	-	-	-	(60)
-													(61)
1,014	4	-	-	-	-	-	42	187	207	199	188	187	(62)
1,238	16	-	-	-	-	-	321	270	215	296	72	48	(63)
-	-	-	-	-	-	-	-	-	-	-	-	-	(64)
-	-	-	-	-	-	-	-	-	-	-	-	-	(65)
x	x	x	x	x	x	x	x	x	x	x	x	x	(66)
x	x	x	x	x	x	x	x	x	x	x	x	x	(67)
													(68)
													(69)
x	x	x	x	x	x	x	x	x	x	x	x	x	(70)
													(71)
-	-	-	-	-	-	-	-	-	-	-	-	-	(72)
-	-	-	-	-	-	-	-	-	-	-	-	-	(73)
-	-	-	-	-	-	-	-	-	-	-	-	-	(74)
-	-	-	-	-	-	-	-	-	-	-	-	-	(75)
-	-	-	-	-	-	-	-	-	-	-	-	-	(76)
-	-	-	-	-	-	-	-	-	-	-	-	-	(77)

2 大海区都道府県振興局別統計（続き）
（5） 漁業種類・規模別統計（稼働量調査対象漁業種類のみ）（続き）

イ 出漁日数（続き）
（ｳ） 沿岸かつお一本釣

都道府県・ 大海区・振興局	計	漁船非使用	無動力船	動力船 小計	5T未満	5～10T	10T以上	大型定置網
全　　　国 (1)	10,812	-	-	10,812	2,056	2,349	6,407	-
北　海　道 (2)	-	-	-	-	-	-	-	-
青　　森 (3)	-	-	-	-	-	-	-	-
岩　　手 (4)	-	-	-	-	-	-	-	-
宮　　城 (5)	-	-	-	-	-	-	-	-
秋　　田 (6)	-	-	-	-	-	-	-	-
山　　形 (7)	-	-	-	-	-	-	-	-
福　　島 (8)	-	-	-	-	-	-	-	-
茨　　城 (9)	-	-	-	-	-	-	-	-
千　　葉 (10)	-	-	-	-	-	-	-	-
東　　京 (11)	-	-	-	-	-	-	-	-
神　奈　川 (12)	207	-	-	207	x	x	-	-
新　　潟 (13)	-	-	-	-	-	-	-	-
富　　山 (14)	-	-	-	-	-	-	-	-
石　　川 (15)	-	-	-	-	-	-	-	-
福　　井 (16)	-	-	-	-	-	-	-	-
静　　岡 (17)	-	-	-	-	-	-	-	-
愛　　知 (18)	-	-	-	-	-	-	-	-
三　　重 (19)	2,822	-	-	2,822	x	x	1,494	-
京　　都 (20)	-	-	-	-	-	-	-	-
大　　阪 (21)	-	-	-	-	-	-	-	-
兵　　庫 (22)	-	-	-	-	-	-	-	-
和　歌　山 (23)	181	-	-	181	x	x	-	-
鳥　　取 (24)	-	-	-	-	-	-	-	-
島　　根 (25)	-	-	-	-	-	-	-	-
岡　　山 (26)	-	-	-	-	-	-	-	-
広　　島 (27)	-	-	-	-	-	-	-	-
山　　口 (28)	-	-	-	-	-	-	-	-
徳　　島 (29)	379	-	-	379	-	x	x	-
香　　川 (30)	-	-	-	-	-	-	-	-
愛　　媛 (31)	247	-	-	247	-	-	247	-
高　　知 (32)	4,545	-	-	4,545	x	x	3,471	-
福　　岡 (33)	-	-	-	-	-	-	-	-
佐　　賀 (34)	-	-	-	-	-	-	-	-
長　　崎 (35)	-	-	-	-	-	-	-	-
熊　　本 (36)	-	-	-	-	-	-	-	-
大　　分 (37)	-	-	-	-	-	-	-	-
宮　　崎 (38)	527	-	-	527	261	x	x	-
鹿　児　島 (39)	595	-	-	595	-	x	x	-
沖　　縄 (40)	1,309	-	-	1,309	452	x	x	-
北海道太平洋北区 (41)	-	-	-	-	-	-	-	-
太　平　洋　北　区 (42)	-	-	-	-	-	-	-	-
太　平　洋　中　区 (43)	3,029	-	-	3,029	1,282	253	1,494	-
太　平　洋　南　区 (44)	5,879	-	-	5,879	322	1,297	4,260	-
北海道日本海北区 (45)	-	-	-	-	-	-	-	-
日　本　海　北　区 (46)	-	-	-	-	-	-	-	-
日　本　海　西　区 (47)	-	-	-	-	-	-	-	-
東　シ　ナ　海　区 (48)	1,904	-	-	1,904	452	799	653	-
瀬　戸　内　海　区 (49)	-	-	-	-	-	-	-	-
宗　　谷 (50)	-	-	-	-	-	-	-	-
オホーツク (51)	-	-	-	-	-	-	-	-
根　　室 (52)	-	-	-	-	-	-	-	-
釧　　路 (53)	-	-	-	-	-	-	-	-
十　　勝 (54)	-	-	-	-	-	-	-	-
日　　高 (55)	-	-	-	-	-	-	-	-
胆　　振 (56)	-	-	-	-	-	-	-	-
渡　　島 (57)	-	-	-	-	-	-	-	-
留　　萌 (58)	-	-	-	-	-	-	-	-
石　　狩 (59)	-	-	-	-	-	-	-	-
後　　志 (60)	-	-	-	-	-	-	-	-
檜　　山 (61)	-	-	-	-	-	-	-	-
青　森（太北）(62)	-	-	-	-	-	-	-	-
（日北）(63)	-	-	-	-	-	-	-	-
兵　庫（日西）(64)	-	-	-	-	-	-	-	-
（瀬戸）(65)	-	-	-	-	-	-	-	-
和歌山（太南）(66)	181	-	-	181	x	x	-	-
（瀬戸）(67)	-	-	-	-	-	-	-	-
山　口（東シ）(68)	-	-	-	-	-	-	-	-
（瀬戸）(69)	-	-	-	-	-	-	-	-
徳　島（太南）(70)	379	-	-	379	-	x	x	-
（瀬戸）(71)	-	-	-	-	-	-	-	-
愛　媛（太南）(72)	247	-	-	247	-	-	247	-
（瀬戸）(73)	-	-	-	-	-	-	-	-
福　岡（東シ）(74)	-	-	-	-	-	-	-	-
（瀬戸）(75)	-	-	-	-	-	-	-	-
大　分（太南）(76)	-	-	-	-	-	-	-	-
（瀬戸）(77)	-	-	-	-	-	-	-	-

単位：日

| | 月　　　　　　　　　　別 | | | | | | | | | | | | |
計	1月	2月	3月	4月	5月	6月	7月	8月	9月	10月	11月	12月	
10,812	275	283	857	999	1,217	1,285	1,202	1,004	1,164	930	998	598	(1)
-	-	-	-	-	-	-	-	-	-	-	-	-	(2)
-	-	-	-	-	-	-	-	-	-	-	-	-	(3)
-	-	-	-	-	-	-	-	-	-	-	-	-	(4)
-	-	-	-	-	-	-	-	-	-	-	-	-	(5)
-	-	-	-	-	-	-	-	-	-	-	-	-	(6)
-	-	-	-	-	-	-	-	-	-	-	-	-	(7)
-	-	-	-	-	-	-	-	-	-	-	-	-	(8)
-	-	-	-	-	-	-	-	-	-	-	-	-	(9)
-	-	-	-	-	-	-	-	-	-	-	-	-	(10)
-	-	-	-	-	-	-	-	-	-	-	-	-	(11)
207	-	-	-	-	-	5	51	41	58	27	25	-	(12)
-	-	-	-	-	-	-	-	-	-	-	-	-	(13)
-	-	-	-	-	-	-	-	-	-	-	-	-	(14)
-	-	-	-	-	-	-	-	-	-	-	-	-	(15)
-	-	-	-	-	-	-	-	-	-	-	-	-	(16)
-	-	-	-	-	-	-	-	-	-	-	-	-	(17)
-	-	-	-	-	-	-	-	-	-	-	-	-	(18)
2,822	14	20	189	216	259	280	324	253	370	327	348	222	(19)
-	-	-	-	-	-	-	-	-	-	-	-	-	(20)
-	-	-	-	-	-	-	-	-	-	-	-	-	(21)
-	-	-	-	-	-	-	-	-	-	-	-	-	(22)
181	-	1	13	19	23	36	35	26	21	7	-	-	(23)
-	-	-	-	-	-	-	-	-	-	-	-	-	(24)
-	-	-	-	-	-	-	-	-	-	-	-	-	(25)
-	-	-	-	-	-	-	-	-	-	-	-	-	(26)
-	-	-	-	-	-	-	-	-	-	-	-	-	(27)
-	-	-	-	-	-	-	-	-	-	-	-	-	(28)
379	10	13	32	34	42	47	40	31	41	32	37	20	(29)
-	-	-	-	-	-	-	-	-	-	-	-	-	(30)
247	-	-	29	36	38	26	25	20	22	21	26	4	(31)
4,545	120	132	423	488	584	547	432	382	415	371	423	228	(32)
-	-	-	-	-	-	-	-	-	-	-	-	-	(33)
-	-	-	-	-	-	-	-	-	-	-	-	-	(34)
-	-	-	-	-	-	-	-	-	-	-	-	-	(35)
-	-	-	-	-	-	-	-	-	-	-	-	-	(36)
-	-	-	-	-	-	-	-	-	-	-	-	-	(37)
527	8	13	47	71	100	89	72	37	31	27	13	19	(38)
595	45	38	38	43	71	65	57	47	56	48	43	44	(39)
1,309	78	66	86	92	100	190	166	167	150	70	83	61	(40)
-	-	-	-	-	-	-	-	-	-	-	-	-	(41)
-	-	-	-	-	-	-	-	-	-	-	-	-	(42)
3,029	14	20	189	216	259	285	375	294	428	354	373	222	(43)
5,879	138	159	544	648	787	745	604	496	530	458	499	271	(44)
-	-	-	-	-	-	-	-	-	-	-	-	-	(45)
-	-	-	-	-	-	-	-	-	-	-	-	-	(46)
-	-	-	-	-	-	-	-	-	-	-	-	-	(47)
1,904	123	104	124	135	171	255	223	214	206	118	126	105	(48)
-	-	-	-	-	-	-	-	-	-	-	-	-	(49)
-	-	-	-	-	-	-	-	-	-	-	-	-	(50)
-	-	-	-	-	-	-	-	-	-	-	-	-	(51)
-	-	-	-	-	-	-	-	-	-	-	-	-	(52)
-	-	-	-	-	-	-	-	-	-	-	-	-	(53)
-	-	-	-	-	-	-	-	-	-	-	-	-	(54)
-	-	-	-	-	-	-	-	-	-	-	-	-	(55)
-	-	-	-	-	-	-	-	-	-	-	-	-	(56)
-	-	-	-	-	-	-	-	-	-	-	-	-	(57)
-	-	-	-	-	-	-	-	-	-	-	-	-	(58)
-	-	-	-	-	-	-	-	-	-	-	-	-	(59)
-	-	-	-	-	-	-	-	-	-	-	-	-	(60)
-	-	-	-	-	-	-	-	-	-	-	-	-	(61)
-	-	-	-	-	-	-	-	-	-	-	-	-	(62)
-	-	-	-	-	-	-	-	-	-	-	-	-	(63)
-	-	-	-	-	-	-	-	-	-	-	-	-	(64)
-	-	-	-	-	-	-	-	-	-	-	-	-	(65)
181	-	1	13	19	23	36	35	26	21	7	-	-	(66)
-	-	-	-	-	-	-	-	-	-	-	-	-	(67)
-	-	-	-	-	-	-	-	-	-	-	-	-	(68)
-	-	-	-	-	-	-	-	-	-	-	-	-	(69)
379	10	13	32	34	42	47	40	31	41	32	37	20	(70)
-	-	-	-	-	-	-	-	-	-	-	-	-	(71)
247	-	-	29	36	38	26	25	20	22	21	26	4	(72)
-	-	-	-	-	-	-	-	-	-	-	-	-	(73)
-	-	-	-	-	-	-	-	-	-	-	-	-	(74)
-	-	-	-	-	-	-	-	-	-	-	-	-	(75)
-	-	-	-	-	-	-	-	-	-	-	-	-	(76)
-	-	-	-	-	-	-	-	-	-	-	-	-	(77)

2 大海区都道府県振興局別統計（続き）
（5）　漁業種類・規模別統計（稼働量調査対象漁業種類のみ）（続き）

イ　出漁日数（続き）
（エ）　ひき縄釣

都道府県・大海区・振興局	計	漁船非使用	無動力船	動力船 小計	5T未満	5～10T	10T以上	大型定置網
全　　国　(1)	104,627	–	–	104,627	76,923	24,908	2,796	–
北　海　道　(2)	758	–	–	758	727	8	23	–
青　　森　(3)	8,506	–	–	8,506	7,066	x	x	–
岩　　手　(4)	–	–	–	–	–	–	–	–
宮　　城　(5)	–	–	–	–	–	–	–	–
秋　　田　(6)	x	–	–	x	19	x	–	–
山　　形　(7)	–	–	–	–	–	–	–	–
福　　島　(8)	33	–	–	33	8	25	–	–
茨　　城　(9)	487	–	–	487	487	–	–	–
千　　葉　(10)	9,302	–	–	9,302	6,990	2,301	11	–
東　　京　(11)	3,290	–	–	3,290	989	1,580	721	–
神　奈　川　(12)	x	–	–	x	x	–	–	–
新　　潟　(13)	x	–	–	x	–	x	–	–
富　　山　(14)	90	–	–	90	90	–	–	–
石　　川　(15)	–	–	–	–	–	–	–	–
福　　井　(16)	–	–	–	–	–	–	–	–
静　　岡　(17)	950	–	–	x	x	402	28	–
愛　　知　(18)	–	–	–	–	–	–	–	–
三　　重　(19)	3,712	–	–	3,712	2,813	756	143	–
京　　都　(20)	–	–	–	–	–	–	–	–
大　　阪　(21)	–	–	–	–	–	–	–	–
兵　　庫　(22)	64	–	–	64	30	34	–	–
和　歌　山　(23)	17,040	–	–	17,040	x	8,383	x	–
鳥　　取　(24)	–	–	–	–	–	–	–	–
島　　根　(25)	382	–	–	382	x	x	–	–
岡　　山　(26)	–	–	–	–	–	–	–	–
広　　島　(27)	–	–	–	–	–	–	–	–
山　　口　(28)	228	–	–	228	196	20	12	–
徳　　島　(29)	1,796	–	–	1,796	1,295	501	–	–
香　　川　(30)	–	–	–	–	–	–	–	–
愛　　媛　(31)	721	–	–	721	x	x	–	–
高　　知　(32)	11,654	–	–	11,654	9,952	1,582	120	–
福　　岡　(33)	–	–	–	–	–	–	–	–
佐　　賀　(34)	546	–	–	546	x	x	–	–
長　　崎　(35)	8,490	–	–	8,490	6,314	2,119	57	–
熊　　本　(36)	352	–	–	352	x	x	–	–
大　　分　(37)	–	–	–	–	–	–	–	–
宮　　崎　(38)	8,009	–	–	8,009	5,894	x	x	–
鹿　児　島　(39)	5,865	–	–	5,865	5,158	585	122	–
沖　　縄　(40)	22,293	–	–	22,293	18,227	3,661	405	–
北海道太平洋北区　(41)	475	–	–	475	475	–	–	–
太　平　洋　北　区　(42)	8,595	–	–	8,595	7,130	x	x	–
太　平　洋　中　区　(43)	x	–	–	x	x	5,039	903	–
太　平　洋　南　区　(44)	38,634	–	–	38,634	26,221	x	x	–
北海道日本海北区　(45)	283	–	–	283	252	8	23	–
日　本　海　北　区　(46)	x	–	–	x	540	x	–	–
日　本　海　西　区　(47)	446	–	–	446	x	x	–	–
東　シ　ナ　海　区　(48)	37,774	–	–	37,774	30,464	6,714	596	–
瀬　戸　内　海　区　(49)	586	–	–	586	118	468	–	–
宗　　谷　(50)	–	–	–	–	–	–	–	–
オ　ホ　ー　ツ　ク　(51)	–	–	–	–	–	–	–	–
根　　室　(52)	–	–	–	–	–	–	–	–
釧　　路　(53)	–	–	–	–	–	–	–	–
十　　勝　(54)	–	–	–	–	–	–	–	–
日　　高　(55)	–	–	–	–	–	–	–	–
胆　　振　(56)	–	–	–	–	–	–	–	–
渡　　島　(57)	475	–	–	475	475	–	–	–
留　　萌　(58)	x	–	–	x	x	8	23	–
石　　狩　(59)	–	–	–	–	–	–	–	–
後　　志　(60)	–	–	–	–	–	–	–	–
檜　　山　(61)	x	–	–	x	x	–	–	–
青　森（太北）(62)	8,075	–	–	8,075	6,635	x	x	–
（日北）(63)	431	–	–	431	431	–	–	–
兵　庫（日西）(64)	64	–	–	64	30	34	–	–
（瀬戸）(65)	–	–	–	–	–	–	–	–
和歌山（太南）(66)	16,454	–	–	16,454	x	7,915	x	–
（瀬戸）(67)	586	–	–	586	118	468	–	–
山　口（東シ）(68)	228	–	–	228	196	20	12	–
（瀬戸）(69)	–	–	–	–	–	–	–	–
徳　島（太南）(70)	1,796	–	–	1,796	1,295	501	–	–
（瀬戸）(71)	–	–	–	–	–	–	–	–
愛　媛（太南）(72)	721	–	–	721	x	x	–	–
（瀬戸）(73)	–	–	–	–	–	–	–	–
福　岡（東シ）(74)	–	–	–	–	–	–	–	–
（瀬戸）(75)	–	–	–	–	–	–	–	–
大　分（太南）(76)	–	–	–	–	–	–	–	–
（瀬戸）(77)	–	–	–	–	–	–	–	–

単位：日

計	月 別												
	1月	2月	3月	4月	5月	6月	7月	8月	9月	10月	11月	12月	
104,627	9,614	6,937	7,633	7,796	9,002	7,833	9,995	9,310	7,962	6,346	10,411	11,788	(1)
758	-	-	-	-	-	-	75	132	191	185	22	153	(2)
8,506	995	-	-	-	-	-	999	1,102	1,155	1,148	1,569	1,538	(3)
-	-	-	-	-	-	-	-	-	-	-	-	-	(4)
-	-	-	-	-	-	-	-	-	-	-	-	-	(5)
x	x	x	x	x	x	x	x	x	x	x	x	x	(6)
-	-	-	-	-	-	-	-	-	-	-	-	-	(7)
33	15	2	-	-	-	-	-	-	-	-	1	15	(8)
487	33	24	42	37	55	86	2	8	28	94	68	10	(9)
9,302	1,003	815	1,040	816	1,192	1,340	137	168	119	499	1,126	1,047	(10)
3,290	412	262	263	30	215	373	441	296	262	138	269	329	(11)
x	x	x	x	x	x	x	x	x	x	x	x	x	(12)
x	x	x	x	x	x	x	x	x	x	x	x	x	(13)
90	4	3	2	4	1	1	1	4	10	30	26	4	(14)
-	-	-	-	-	-	-	-	-	-	-	-	-	(15)
-	-	-	-	-	-	-	-	-	-	-	-	-	(16)
950	127	99	97	83	45	53	39	21	76	66	116	128	(17)
-	-	-	-	-	-	-	-	-	-	-	-	-	(18)
3,712	186	133	156	213	324	216	693	740	446	128	259	218	(19)
-	-	-	-	-	-	-	-	-	-	-	-	-	(20)
-	-	-	-	-	-	-	-	-	-	-	-	-	(21)
64	-	-	-	-	-	-	4	2	12	9	18	19	(22)
17,040	1,292	1,392	2,146	2,693	2,823	1,201	645	429	530	866	1,533	1,490	(23)
-	-	-	-	-	-	-	-	-	-	-	-	-	(24)
382	20	19	44	47	31	25	28	21	34	21	35	57	(25)
-	-	-	-	-	-	-	-	-	-	-	-	-	(26)
-	-	-	-	-	-	-	-	-	-	-	-	-	(27)
228	-	-	-	-	-	-	-	-	-	-	-	228	(28)
1,796	2	10	10	23	44	31	695	822	71	40	20	28	(29)
-	-	-	-	-	-	-	-	-	-	-	-	-	(30)
721	22	21	36	30	22	25	292	193	62	6	5	7	(31)
11,654	1,615	584	428	482	641	813	1,961	1,132	992	790	1,019	1,197	(32)
-	-	-	-	-	-	-	-	-	-	-	-	-	(33)
546	98	97	94	67	-	-	-	-	-	7	75	108	(34)
8,490	780	410	192	36	198	381	589	1,333	953	412	1,249	1,957	(35)
352	48	65	78	75	10	-	-	-	-	-	19	57	(36)
-	-	-	-	-	-	-	-	-	-	-	-	-	(37)
8,009	734	1,033	1,017	739	579	651	542	464	417	341	732	760	(38)
5,865	540	506	451	386	442	436	489	476	524	426	593	596	(39)
22,293	1,688	1,462	1,536	2,031	2,377	2,186	2,341	1,961	2,077	1,138	1,654	1,842	(40)
475	-	-	-	-	-	-	75	120	80	28	22	150	(41)
8,595	1,038	26	42	37	55	86	992	1,058	1,073	1,104	1,574	1,510	(42)
x	x	x	x	x	x	x	x	x	x	x	x	x	(43)
38,634	3,637	3,025	3,611	3,932	4,063	2,679	4,049	2,964	1,967	1,964	3,279	3,464	(44)
283	-	-	-	-	-	-	-	12	111	157	-	3	(45)
x	x	x	x	x	x	x	x	x	x	x	x	x	(46)
446	20	19	44	47	31	25	32	23	46	30	53	76	(47)
37,774	3,154	2,540	2,351	2,595	3,027	3,003	3,419	3,770	3,554	1,983	3,590	4,788	(48)
586	28	15	26	35	46	42	86	76	105	79	30	18	(49)
-	-	-	-	-	-	-	-	-	-	-	-	-	(50)
-	-	-	-	-	-	-	-	-	-	-	-	-	(51)
-	-	-	-	-	-	-	-	-	-	-	-	-	(52)
-	-	-	-	-	-	-	-	-	-	-	-	-	(53)
-	-	-	-	-	-	-	-	-	-	-	-	-	(54)
-	-	-	-	-	-	-	-	-	-	-	-	-	(55)
-	-	-	-	-	-	-	-	-	-	-	-	-	(56)
475	-	-	-	-	-	-	75	120	80	28	22	150	(57)
x	x	x	x	x	x	x	x	x	x	x	x	x	(58)
-	-	-	-	-	-	-	-	-	-	-	-	-	(59)
-	-	-	-	-	-	-	-	-	-	-	-	-	(60)
x	x	x	x	x	x	x	x	x	x	x	x	x	(61)
8,075	990	-	-	-	-	-	990	1,050	1,045	1,010	1,505	1,485	(62)
431	5	-	-	-	-	-	9	52	110	138	64	53	(63)
64	-	-	-	-	-	-	4	2	12	9	18	19	(64)
-	-	-	-	-	-	-	-	-	-	-	-	-	(65)
16,454	1,264	1,377	2,120	2,658	2,777	1,159	559	353	425	787	1,503	1,472	(66)
586	28	15	26	35	46	42	86	76	105	79	30	18	(67)
228	-	-	-	-	-	-	-	-	-	-	-	228	(68)
-	-	-	-	-	-	-	-	-	-	-	-	-	(69)
1,796	2	10	10	23	44	31	695	822	71	40	20	28	(70)
-	-	-	-	-	-	-	-	-	-	-	-	-	(71)
721	22	21	36	30	22	25	292	193	62	6	5	7	(72)
-	-	-	-	-	-	-	-	-	-	-	-	-	(73)
-	-	-	-	-	-	-	-	-	-	-	-	-	(74)
-	-	-	-	-	-	-	-	-	-	-	-	-	(75)
-	-	-	-	-	-	-	-	-	-	-	-	-	(76)
-	-	-	-	-	-	-	-	-	-	-	-	-	(77)

2 大海区都道府県振興局別統計（続き）
(6) 稼働量調査対象魚種漁獲量（まぐろ類・かつお）
ア 大型定置網

都道府県・大海区・振興局	計	まぐろ類 小計	くろまぐろ	みなみまぐろ	びんなが	めばち	きはだ	その他のまぐろ類	かつお	計	まぐろ 小計	くろまぐろ	みなみまぐろ
全　国 (1)	2,563	2,272	2,024	-	38	0	126	83	291	993	939	863	-
北海道 (2)	670	670	670	-	-	-	-	1	-	39	39	39	-
青森 (3)	224	224	224	·	-	-	-	-	0	124	124	124	-
岩手 (4)	178	178	177	-	0	-	1	-	0	67	67	67	-
宮城 (5)	96	95	95	-	-	-	0	-	1	75	75	75	-
秋田 (6)	14	14	14	-	-	-	0	-	-	6	6	6	-
山形 (7)	x	x	x	-	x	x	x	x	x	x	x	x	-
福島 (8)	-	-	-	-	-	-	-	-	-	-	-	-	-
茨城 (9)	x	x	x	-	x	x	x	x	x	x	x	x	-
千葉 (10)	64	45	24	-	0	-	22	-	19	17	17	14	-
東京 (11)	-	-	-	-	-	-	-	-	-	-	-	-	-
神奈川 (12)	65	43	16	-	-	-	27	-	22	27	18	8	-
新潟 (13)	145	145	145	-	0	-	0	-	0	73	73	73	-
富山 (14)	94	86	73	-	-	-	0	13	8	76	76	63	-
石川 (15)	102	101	100	-	0	-	0	-	1	99	99	99	-
福井 (16)	39	36	34	-	1	-	0	1	3	31	30	30	-
静岡 (17)	24	10	5	-	-	-	6	-	14	3	1	1	-
愛知 (18)	-	-	-	-	-	-	-	-	-	-	-	-	-
三重 (19)	24	11	9	-	0	-	2	0	14	9	8	7	-
京都 (20)	94	93	93	-	-	-	-	0	1	90	90	90	-
大阪 (21)	-	-	-	-	-	-	-	-	-	-	-	-	-
兵庫 (22)	x	x	x	-	x	x	x	x	x	x	x	x	-
和歌山 (23)	17	7	5	-	-	-	2	-	10	5	3	2	-
鳥取 (24)	-	-	-	-	-	-	-	-	-	-	-	-	-
島根 (25)	x	x	x	-	x	x	x	x	x	x	x	x	-
岡山 (26)	x	x	x	-	x	x	x	x	x	x	x	x	-
広島 (27)	-	-	-	-	-	-	-	-	-	-	-	-	-
山口 (28)	36	36	11	-	0	-	0	24	0	5	5	5	-
徳島 (29)	x	x	x	-	x	x	x	x	x	x	x	x	-
香川 (30)	x	x	x	-	x	x	x	x	x	x	x	x	-
愛媛 (31)	-	-	-	-	-	-	-	-	-	-	-	-	-
高知 (32)	153	112	54	-	0	-	57	0	41	34	34	24	-
福岡 (33)	-	-	-	-	-	-	-	-	-	-	-	-	-
佐賀 (34)	x	x	x	-	x	x	x	x	x	x	x	x	-
長崎 (35)	274	171	112	-	36	-	1	22	103	76	64	39	-
熊本 (36)	x	x	x	-	x	x	x	x	x	x	x	x	-
大分 (37)	x	x	x	-	x	x	x	x	x	x	x	x	-
宮崎 (38)	3	2	2	-	0	-	0	-	1	1	1	1	-
鹿児島 (39)	81	33	24	-	-	-	3	6	47	44	15	10	-
沖縄 (40)	8	4	0	-	-	-	2	1	4	3	2	-	-
北海道太平洋北区 (41)	631	631	630	-	-	-	-	0	-	39	39	39	-
太平洋北区 (42)	389	388	386	-	0	-	1	0	1	207	207	207	-
太平洋中区 (43)	178	109	53	-	0	-	56	0	69	56	45	30	-
太平洋南区 (44)	171	123	62	-	0	-	60	0	48	43	41	29	-
北海道日本海北区 (45)	39	39	39	-	-	-	-	0	-	0	0	0	-
日本海北区 (46)	365	357	344	-	0	-	0	13	8	214	213	201	-
日本海西区 (47)	381	375	358	-	2	-	1	14	6	305	304	302	-
東シナ海区 (48)	402	247	149	-	36	0	8	55	155	130	89	56	-
瀬戸内海区 (49)	7	3	3	-	-	-	-	-	4	0	0	0	-
宗谷 (50)	-	-	-	-	-	-	-	-	-	-	-	-	-
オホーツク (51)	-	-	-	-	-	-	-	-	-	-	-	-	-
根室 (52)	-	-	-	-	-	-	-	-	-	-	-	-	-
釧路 (53)	-	-	-	-	-	-	-	-	-	-	-	-	-
十勝 (54)	-	-	-	-	-	-	-	-	-	-	-	-	-
日高 (55)	-	-	-	-	-	-	-	-	-	-	-	-	-
胆振 (56)	-	-	-	-	-	-	-	-	-	-	-	-	-
渡島 (57)	631	631	630	-	-	-	-	0	-	39	39	39	-
留萌 (58)	-	-	-	-	-	-	-	-	-	-	-	-	-
石狩 (59)	-	-	-	-	-	-	-	-	-	-	-	-	-
後志 (60)	39	39	39	-	-	-	-	0	-	0	0	0	-
檜山 (61)	-	-	-	-	-	-	-	-	-	-	-	-	-
青森（太北）(62)	x	x	x	-	x	x	x	x	x	x	x	x	-
（日北）(63)	x	x	x	-	x	x	x	x	x	x	x	x	-
兵庫（日西）(64)	x	x	x	-	x	x	x	x	x	x	x	x	-
（瀬戸）(65)	x	x	x	-	x	x	x	x	x	x	x	x	-
和歌山（太南）(66)	x	x	x	-	x	x	x	x	x	x	x	x	-
（瀬戸）(67)	x	x	x	-	x	x	x	x	x	x	x	x	-
山口（東シ）(68)	36	36	11	-	0	-	0	24	0	5	5	5	-
（瀬戸）(69)	-	-	-	-	-	-	-	-	-	-	-	-	-
徳島（太南）(70)	x	x	x	-	x	x	x	x	x	x	x	x	-
（瀬戸）(71)	-	-	-	-	-	-	-	-	-	-	-	-	-
愛媛（太南）(72)	-	-	-	-	-	-	-	-	-	-	-	-	-
（瀬戸）(73)	-	-	-	-	-	-	-	-	-	-	-	-	-
福岡（東シ）(74)	-	-	-	-	-	-	-	-	-	-	-	-	-
（瀬戸）(75)	-	-	-	-	-	-	-	-	-	-	-	-	-
大分（太南）(76)	x	x	x	-	x	x	x	x	x	x	x	x	-
（瀬戸）(77)	-	-	-	-	-	-	-	-	-	-	-	-	-

単位:t

網 (1 ～ 6 月) ろ類				かつお	大型定置網 (7 ～ 12 月) 計	まぐろ類 小計	くろまぐろ	みなみまぐろ	びんなが	めばち	きはだ	その他のまぐろ類	かつお	
びんなが	めばち	きはだ	その他のまぐろ類											
23	0	30	23	54	1,570	1,333	1,161	–	15	0	96	60	237	(1)
–	–	–	–	–	631	631	630	–	–	–	–	1	–	(2)
–	–	–	–	0	100	100	100	–	–	–	–	–	0	(3)
–	–	–	–	–	111	111	110	–	0	–	1	–	0	(4)
–	–	–	–	–	21	21	20	–	–	–	0	–	1	(5)
–	–	–	–	–	8	8	8	–	–	–	0	–	–	(6)
x	x	x	x	x	x	x	x	–	x	x	x	x	x	(7)
–	–	–	–	–	–	–	–	–	–	–	–	–	–	(8)
x	x	x	x	x	x	x	x	–	x	x	x	x	x	(9)
0	–	4	–	–	47	28	10	–	–	–	18	–	19	(10)
–	–	–	–	–	–	–	–	–	–	–	–	–	–	(11)
–	–	11	–	9	38	25	9	–	–	–	16	–	13	(12)
0	–	–	–	0	72	72	72	–	0	–	0	–	0	(13)
–	–	–	13	0	18	11	11	–	–	–	0	0	8	(14)
0	–	–	–	–	3	1	1	–	0	–	0	–	1	(15)
0	–	0	1	0	8	6	4	–	1	–	0	–	3	(16)
–	–	0	–	1	22	9	4	–	–	–	5	–	13	(17)
–	–	–	–	–	–	–	–	–	–	–	–	–	–	(18)
–	–	1	0	1	15	3	1	–	0	–	1	0	12	(19)
0	–	–	0	0	4	4	3	–	0	–	–	0	1	(20)
–	–	–	–	–	–	–	–	–	–	–	–	–	–	(21)
x	x	x	x	x	x	x	x	–	x	x	x	x	x	(22)
–	–	1	–	1	13	4	3	–	–	–	2	–	8	(23)
–	–	–	–	–	–	–	–	–	–	–	–	–	–	(24)
x	x	x	x	x	x	x	x	–	x	x	x	x	x	(25)
–	–	–	–	–	–	–	–	–	–	–	–	–	–	(26)
–	–	–	–	–	–	–	–	–	–	–	–	–	–	(27)
0	–	0	1	–	30	30	7	–	–	–	0	23	0	(28)
x	x	x	x	x	x	x	x	–	x	x	x	x	x	(29)
x	x	x	x	x	x	x	x	–	x	x	x	x	x	(30)
–	–	–	–	–	–	–	–	–	–	–	–	–	–	(31)
0	–	10	0	0	120	79	30	–	0	–	48	0	41	(32)
–	–	–	–	–	–	–	–	–	–	–	–	–	–	(33)
x	x	x	x	x	x	x	x	–	x	x	x	x	x	(34)
23	–	0	2	11	198	107	72	–	13	–	1	20	92	(35)
x	x	x	x	x	x	x	x	–	x	x	x	x	x	(36)
x	x	x	x	x	x	x	x	–	x	x	x	x	x	(37)
0	–	0	–	0	1	1	1	–	0	–	0	–	0	(38)
–	–	1	4	28	37	18	14	–	–	–	2	2	19	(39)
–	–	1	0	1	5	2	0	–	–	–	1	1	3	(40)
–	–	–	–	–	591	591	591	–	–	–	–	0	–	(41)
–	–	–	0	0	182	181	180	–	0	–	1	0	1	(42)
0	–	15	0	11	122	64	23	–	0	–	41	0	58	(43)
0	–	11	0	2	128	82	32	–	0	–	49	0	46	(44)
–	–	–	–	–	39	39	39	–	–	–	–	0	–	(45)
0	–	–	13	0	151	144	143	–	0	–	0	0	8	(46)
0	–	0	2	0	77	71	57	–	2	–	1	11	6	(47)
23	0	4	7	41	273	158	93	–	13	0	4	48	115	(48)
–	–	–	–	–	7	2	2	–	–	–	–	–	4	(49)
–	–	–	–	–	–	–	–	–	–	–	–	–	–	(50)
–	–	–	–	–	–	–	–	–	–	–	–	–	–	(51)
–	–	–	–	–	–	–	–	–	–	–	–	–	–	(52)
–	–	–	–	–	–	–	–	–	–	–	–	–	–	(53)
–	–	–	–	–	–	–	–	–	–	–	–	–	–	(54)
–	–	–	–	–	–	–	–	–	–	–	–	–	–	(55)
–	–	–	–	–	–	–	–	–	–	–	–	–	–	(56)
–	–	–	–	–	591	591	591	–	–	–	–	0	–	(57)
–	–	–	–	–	–	–	–	–	–	–	–	–	–	(58)
–	–	–	–	–	–	–	–	–	–	–	–	–	–	(59)
–	–	–	–	–	39	39	39	–	–	–	–	0	–	(60)
–	–	–	–	–	–	–	–	–	–	–	–	–	–	(61)
x	x	x	x	x	x	x	x	–	x	x	x	x	x	(62)
x	x	x	x	x	x	x	x	–	x	x	x	x	x	(63)
x	x	x	x	x	x	x	x	–	x	x	x	x	x	(64)
–	–	–	–	–	–	–	–	–	–	–	–	–	–	(65)
x	x	x	x	x	x	x	x	–	x	x	x	x	x	(66)
x	x	x	x	x	x	x	x	–	x	x	x	x	x	(67)
0	–	0	1	–	30	30	7	–	–	–	0	23	0	(68)
–	–	–	–	–	–	–	–	–	–	–	–	–	–	(69)
x	x	x	x	x	x	x	x	–	x	x	x	x	x	(70)
–	–	–	–	–	–	–	–	–	–	–	–	–	–	(71)
–	–	–	–	–	–	–	–	–	–	–	–	–	–	(72)
–	–	–	–	–	–	–	–	–	–	–	–	–	–	(73)
–	–	–	–	–	–	–	–	–	–	–	–	–	–	(74)
–	–	–	–	–	–	–	–	–	–	–	–	–	–	(75)
x	x	x	x	x	x	x	x	–	x	x	x	x	x	(76)
–	–	–	–	–	–	–	–	–	–	–	–	–	–	(77)

単位:t

2 大海区都道府県振興局別統計（続き）
(6) 稼働量調査対象魚種漁獲量（まぐろ類・かつお）（続き）
イ 沿岸まぐろはえ縄

都道府県・大海区・振興局		沿岸まぐろはえ縄（1～12月）									沿岸まぐろ			
			まぐろ類							かつお		まぐろ		
		計	小計	くろまぐろ	みなみまぐろ	びんなが	めばち	きはだ	その他のまぐろ類		計	小計	くろまぐろ	みなみまぐろ
全　　国	(1)	3,813	3,807	586	-	1,229	291	1,666	34	6	2,085	2,081	142	-
北　海　道	(2)	163	163	163	-	-	-	-	-	-	0	0	0	-
青　　森	(3)	260	260	260	-	-	-	-	-	-	5	5	5	-
岩　　手	(4)	x	x	x	-	x	x	x	x	x	x	x	x	-
宮　　城	(5)	x	x	x	-	x	x	x	x	x	x	x	x	-
秋　　田	(6)	-	-	-	-	-	-	-	-	-	-	-	-	-
山　　形	(7)	-	-	-	-	-	-	-	-	-	-	-	-	-
福　　島	(8)	-	-	-	-	-	-	-	-	-	-	-	-	-
茨　　城	(9)	-	-	-	-	-	-	-	-	-	-	-	-	-
千　　葉	(10)	86	86	19	-	1	23	43	-	0	49	49	16	-
東　　京	(11)	27	27	6	-	2	4	16	-	-	12	12	4	-
神　奈　川	(12)	-	-	-	-	-	-	-	-	-	-	-	-	-
新　　潟	(13)	-	-	-	-	-	-	-	-	-	-	-	-	-
富　　山	(14)	-	-	-	-	-	-	-	-	-	-	-	-	-
石　　川	(15)	-	-	-	-	-	-	-	-	-	-	-	-	-
福　　井	(16)	-	-	-	-	-	-	-	-	-	-	-	-	-
静　　岡	(17)	-	-	-	-	-	-	-	-	-	-	-	-	-
愛　　知	(18)	-	-	-	-	-	-	-	-	-	-	-	-	-
三　　重	(19)	x	x	x	-	x	x	x	x	x	x	x	x	-
京　　都	(20)	-	-	-	-	-	-	-	-	-	-	-	-	-
大　　阪	(21)	-	-	-	-	-	-	-	-	-	-	-	-	-
兵　　庫	(22)	x	x	x	-	x	x	x	-	x	x	x	x	-
和　歌　山	(23)	29	29	1	-	7	1	20	-	0	14	14	1	-
鳥　　取	(24)	-	-	-	-	-	-	-	-	-	-	-	-	-
島　　根	(25)	-	-	-	-	-	-	-	-	-	-	-	-	-
岡　　山	(26)	-	-	-	-	-	-	-	-	-	-	-	-	-
広　　島	(27)	-	-	-	-	-	-	-	-	-	-	-	-	-
山　　口	(28)	-	-	-	-	-	-	-	-	-	-	-	-	-
徳　　島	(29)	x	x	x	-	x	x	x	x	x	x	x	x	-
香　　川	(30)	-	-	-	-	-	-	-	-	-	-	-	-	-
愛　　媛	(31)	-	-	-	-	-	-	-	-	-	-	-	-	-
高　　知	(32)	135	135	3	-	113	8	11	-	1	95	94	3	-
福　　岡	(33)	-	-	-	-	-	-	-	-	-	-	-	-	-
佐　　賀	(34)	-	-	-	-	-	-	-	-	-	-	-	-	-
長　　崎	(35)	x	x	x	-	x	x	x	x	x	x	x	x	-
熊　　本	(36)	-	-	-	-	-	-	-	-	-	-	-	-	-
大　　分	(37)	-	-	-	-	-	-	-	-	-	-	-	-	-
宮　　崎	(38)	1,820	1,816	21	-	490	44	1,261	-	4	1,263	1,261	21	-
鹿　児　島	(39)	x	x	x	-	x	x	x	x	x	x	x	x	-
沖　　縄	(40)	1,111	1,110	93	-	509	193	281	34	1	544	544	87	-
北海道太平洋北区	(41)	108	108	108	-	-	-	-	-	-	0	0	0	-
太平洋北区	(42)	140	140	127	-	8	3	2	-	-	17	17	4	-
太平洋中区	(43)	x	x	x	-	x	x	x	-	x	x	x	x	-
太平洋南区	(44)	2,085	2,080	26	-	694	61	1,299	-	4	1,436	1,433	25	-
北海道日本海北区	(45)	55	55	55	-	-	-	-	-	-	-	-	-	-
日本海北区	(46)	134	134	134	-	-	-	-	-	-	1	1	1	-
日本海西区	(47)	-	-	-	-	-	-	-	-	-	-	-	-	-
東シナ海区	(48)	1,154	1,153	110	-	517	200	291	34	1	565	565	90	-
瀬戸内海区	(49)	x	x	x	-	x	x	x	x	x	x	x	x	-
宗　　谷	(50)	-	-	-	-	-	-	-	-	-	-	-	-	-
オホーツク	(51)	-	-	-	-	-	-	-	-	-	-	-	-	-
根　室	(52)	-	-	-	-	-	-	-	-	-	-	-	-	-
釧　路	(53)	-	-	-	-	-	-	-	-	-	-	-	-	-
十　勝	(54)	-	-	-	-	-	-	-	-	-	-	-	-	-
日　高	(55)	-	-	-	-	-	-	-	-	-	-	-	-	-
胆　振	(56)	-	-	-	-	-	-	-	-	-	-	-	-	-
渡　島	(57)	163	163	163	-	-	-	-	-	-	0	0	0	-
留　萌	(58)	-	-	-	-	-	-	-	-	-	-	-	-	-
石　狩	(59)	-	-	-	-	-	-	-	-	-	-	-	-	-
後　志	(60)	-	-	-	-	-	-	-	-	-	-	-	-	-
檜　山	(61)	-	-	-	-	-	-	-	-	-	-	-	-	-
青　森（太北）	(62)	126	126	126	-	-	-	-	-	-	4	4	4	-
（日北）	(63)	134	134	134	-	-	-	-	-	-	1	1	1	-
兵　庫（日西）	(64)	-	-	-	-	-	-	-	-	-	-	-	-	-
（瀬戸）	(65)	x	x	x	-	x	x	x	x	x	x	x	x	-
和歌山（太南）	(66)	x	x	x	-	x	x	x	x	x	x	x	x	-
（瀬戸）	(67)	x	x	x	-	x	x	x	x	x	x	x	x	-
山　口（東シ）	(68)	-	-	-	-	-	-	-	-	-	-	-	-	-
（瀬戸）	(69)	-	-	-	-	-	-	-	-	-	-	-	-	-
徳　島（太南）	(70)	x	x	x	-	x	x	x	x	x	x	x	x	-
（瀬戸）	(71)	-	-	-	-	-	-	-	-	-	-	-	-	-
愛　媛（太南）	(72)	-	-	-	-	-	-	-	-	-	-	-	-	-
（瀬戸）	(73)	-	-	-	-	-	-	-	-	-	-	-	-	-
福　岡（東シ）	(74)	-	-	-	-	-	-	-	-	-	-	-	-	-
（瀬戸）	(75)	-	-	-	-	-	-	-	-	-	-	-	-	-
大　分（太南）	(76)	-	-	-	-	-	-	-	-	-	-	-	-	-
（瀬戸）	(77)	-	-	-	-	-	-	-	-	-	-	-	-	-

単位:t

びんなが	めばち	きはだ	その他のまぐろ類	かつお	計	小計	くろまぐろ	みなみまぐろ	びんなが	めばち	きはだ	その他のまぐろ類	かつお	
815	87	1,031	7	4	1,728	1,725	444	–	414	205	635	27	2	(1)
–	–	–	–	–	163	163	163	–	–	–	–	–	–	(2)
–	–	–	–	–	255	255	255	–	–	–	–	–	–	(3)
x	x	x	x	x	x	x	x	–	x	x	x	x	x	(4)
x	x	x	x	–	x	x	x	–	x	x	x	x	x	(5)
–	–	–	–	–	–	–	–	–	–	–	–	–	–	(6)
–	–	–	–	–	–	–	–	–	–	–	–	–	–	(7)
–	–	–	–	–	–	–	–	–	–	–	–	–	–	(8)
–	–	–	–	–	–	–	–	–	–	–	–	–	–	(9)
1	19	14	–	0	37	37	3	–	0	4	29	–	0	(10)
1	2	4	–	–	16	16	1	–	1	2	12	–	–	(11)
–	–	–	–	–	–	–	–	–	–	–	–	–	–	(12)
–	–	–	–	–	–	–	–	–	–	–	–	–	–	(13)
–	–	–	–	–	–	–	–	–	–	–	–	–	–	(14)
–	–	–	–	–	–	–	–	–	–	–	–	–	–	(15)
–	–	–	–	–	–	–	–	–	–	–	–	–	–	(16)
–	–	–	–	–	–	–	–	–	–	–	–	–	–	(17)
–	–	–	–	–	–	–	–	–	–	–	–	–	–	(18)
x	x	x	x	x	x	x	x	–	x	x	x	x	x	(19)
–	–	–	–	–	–	–	–	–	–	–	–	–	–	(20)
–	–	–	–	–	–	–	–	–	–	–	–	–	–	(21)
x	x	x	x	x	x	x	x	–	x	x	x	x	x	(22)
4	1	8	–	–	15	15	0	–	2	1	12	–	0	(23)
–	–	–	–	–	–	–	–	–	–	–	–	–	–	(24)
–	–	–	–	–	–	–	–	–	–	–	–	–	–	(25)
–	–	–	–	–	–	–	–	–	–	–	–	–	–	(26)
–	–	–	–	–	–	–	–	–	–	–	–	–	–	(27)
–	–	–	–	–	–	–	–	–	–	–	–	–	–	(28)
x	x	x	x	x	x	x	x	–	x	x	x	x	x	(29)
–	–	–	–	–	–	–	–	–	–	–	–	–	–	(30)
–	–	–	–	–	–	–	–	–	–	–	–	–	–	(31)
80	3	8	–	1	40	40	–	–	33	4	2	–	0	(32)
–	–	–	–	–	–	–	–	–	–	–	–	–	–	(33)
–	–	–	–	–	–	–	–	–	–	–	–	–	–	(34)
x	x	x	x	x	x	x	x	–	x	x	x	x	x	(35)
–	–	–	–	–	–	–	–	–	–	–	–	–	–	(36)
–	–	–	–	–	–	–	–	–	–	–	–	–	–	(37)
432	17	792	–	3	556	555	0	–	58	28	469	–	1	(38)
x	x	x	x	x	x	x	x	–	x	x	x	x	x	(39)
227	35	188	7	0	567	566	6	–	282	159	93	27	1	(40)
–	–	–	–	–	108	108	108	–	–	–	–	–	–	(41)
8	3	2	–	–	123	123	123	–	–	0	0	–	–	(42)
x	x	x	x	x	x	x	x	–	x	x	x	x	x	(43)
569	24	815	–	3	649	647	0	–	125	37	485	–	1	(44)
–	–	–	–	–	55	55	55	–	–	–	–	–	–	(45)
–	–	–	–	–	133	133	133	–	–	–	–	–	–	(46)
–	–	–	–	–	–	–	–	–	–	–	–	–	–	(47)
234	39	194	7	0	589	588	20	–	283	161	97	27	1	(48)
x	x	x	x	x	x	x	x	–	x	x	x	x	x	(49)
–	–	–	–	–	–	–	–	–	–	–	–	–	–	(50)
–	–	–	–	–	–	–	–	–	–	–	–	–	–	(51)
–	–	–	–	–	–	–	–	–	–	–	–	–	–	(52)
–	–	–	–	–	–	–	–	–	–	–	–	–	–	(53)
–	–	–	–	–	–	–	–	–	–	–	–	–	–	(54)
–	–	–	–	–	–	–	–	–	–	–	–	–	–	(55)
–	–	–	–	–	–	–	–	–	–	–	–	–	–	(56)
–	–	–	–	–	163	163	163	–	–	–	–	–	–	(57)
–	–	–	–	–	–	–	–	–	–	–	–	–	–	(58)
–	–	–	–	–	–	–	–	–	–	–	–	–	–	(59)
–	–	–	–	–	–	–	–	–	–	–	–	–	–	(60)
–	–	–	–	–	–	–	–	–	–	–	–	–	–	(61)
–	–	–	–	–	122	122	122	–	–	–	–	–	–	(62)
–	–	–	–	–	133	133	133	–	–	–	–	–	–	(63)
–	–	–	–	–	–	–	–	–	–	–	–	–	–	(64)
x	x	x	x	x	x	x	x	–	x	x	x	x	x	(65)
x	x	x	x	x	x	x	x	–	x	x	x	x	x	(66)
x	x	x	x	x	x	x	x	–	x	x	x	x	x	(67)
–	–	–	–	–	–	–	–	–	–	–	–	–	–	(68)
–	–	–	–	–	–	–	–	–	–	–	–	–	–	(69)
x	x	x	x	x	x	x	x	–	x	x	x	x	x	(70)
–	–	–	–	–	–	–	–	–	–	–	–	–	–	(71)
–	–	–	–	–	–	–	–	–	–	–	–	–	–	(72)
–	–	–	–	–	–	–	–	–	–	–	–	–	–	(73)
–	–	–	–	–	–	–	–	–	–	–	–	–	–	(74)
–	–	–	–	–	–	–	–	–	–	–	–	–	–	(75)
–	–	–	–	–	–	–	–	–	–	–	–	–	–	(76)
–	–	–	–	–	–	–	–	–	–	–	–	–	–	(77)

2 大海区都道府県振興局別統計（続き）
(6) 稼働量調査対象魚種漁獲量（まぐろ類・かつお）（続き）
ウ 沿岸かつお一本釣

都道府県・大海区・振興局		沿岸かつお一本釣（1～12月）計	まぐろ類 小計	くろまぐろ	みなみまぐろ	びんなが	めばち	きはだ	その他のまぐろ類	かつお	沿岸かつお 計	まぐろ 小計	くろまぐろ	みなみまぐろ
全 国	(1)	12,451	2,010	21	-	30	203	1,456	300	10,441	6,663	1,191	13	-
北 海 道	(2)	-	-	-	-	-	-	-	-	-	-	-	-	-
青 森	(3)	-	-	-	-	-	-	-	-	-	-	-	-	-
岩 手	(4)	-	-	-	-	-	-	-	-	-	-	-	-	-
宮 城	(5)	-	-	-	-	-	-	-	-	-	-	-	-	-
秋 田	(6)	-	-	-	-	-	-	-	-	-	-	-	-	-
山 形	(7)	-	-	-	-	-	-	-	-	-	-	-	-	-
福 島	(8)	-	-	-	-	-	-	-	-	-	-	-	-	-
茨 城	(9)	-	-	-	-	-	-	-	-	-	-	-	-	-
千 葉	(10)	-	-	-	-	-	-	-	-	-	-	-	-	-
東 京	(11)	-	-	-	-	-	-	-	-	-	-	-	-	-
神 奈 川	(12)	x	x	x	-	x	x	x	x	x	x	x	x	-
新 潟	(13)	-	-	-	-	-	-	-	-	-	-	-	-	-
富 山	(14)	-	-	-	-	-	-	-	-	-	-	-	-	-
石 川	(15)	-	-	-	-	-	-	-	-	-	-	-	-	-
福 井	(16)	-	-	-	-	-	-	-	-	-	-	-	-	-
静 岡	(17)	x	x	x	-	x	x	x	x	x	x	x	x	-
愛 知	(18)	-	-	-	-	-	-	-	-	-	-	-	-	-
三 重	(19)	1,094	123	0	-	2	5	116	-	972	411	76	-	
京 都	(20)	-	-	-	-	-	-	-	-	-	-	-	-	-
大 阪	(21)	-	-	-	-	-	-	-	-	-	-	-	-	-
兵 庫	(22)	-	-	-	-	-	-	-	-	-	-	-	-	-
和 歌 山	(23)	x	x	x	-	x	x	x	x	x	x	x	x	-
鳥 取	(24)	-	-	-	-	-	-	-	-	-	-	-	-	-
島 根	(25)	-	-	-	-	-	-	-	-	-	-	-	-	-
岡 山	(26)	-	-	-	-	-	-	-	-	-	-	-	-	-
広 島	(27)	-	-	-	-	-	-	-	-	-	-	-	-	-
山 口	(28)	-	-	-	-	-	-	-	-	-	-	-	-	-
徳 島	(29)	x	x	x	-	x	x	x	x	x	x	x	x	-
香 川	(30)	-	-	-	-	-	-	-	-	-	-	-	-	-
愛 媛	(31)	650	73	0	-	-	2	71	-	577	382	38	0	-
高 知	(32)	8,203	994	9	-	16	42	830	97	7,209	4,608	662	3	-
福 岡	(33)	-	-	-	-	-	-	-	-	-	-	-	-	-
佐 賀	(34)	-	-	-	-	-	-	-	-	-	-	-	-	-
長 崎	(35)	-	-	-	-	-	-	-	-	-	-	-	-	-
熊 本	(36)	-	-	-	-	-	-	-	-	-	-	-	-	-
大 分	(37)	-	-	-	-	-	-	-	-	-	-	-	-	-
宮 崎	(38)	530	77	10	-	0	4	63	-	454	367	46	10	-
鹿 児 島	(39)	814	432	1	-	-	139	293	-	382	406	218	0	-
沖 縄	(40)	533	248	-	-	1	8	35	204	284	227	124	-	-
北海道太平洋北区	(41)	-	-	-	-	-	-	-	-	-	-	-	-	-
太 平 洋 北 区	(42)	-	-	-	-	-	-	-	-	-	-	-	-	-
太 平 洋 中 区	(43)	1,220	137	0	-	2	5	130	-	1,083	417	76	-	
太 平 洋 南 区	(44)	9,884	1,192	19	-	28	51	998	97	8,691	5,614	773	13	-
北海道日本海北区	(45)	-	-	-	-	-	-	-	-	-	-	-	-	-
日 本 海 北 区	(46)	-	-	-	-	-	-	-	-	-	-	-	-	-
日 本 海 西 区	(47)	-	-	-	-	-	-	-	-	-	-	-	-	-
東 シ ナ 海 区	(48)	1,346	680	1	-	1	147	328	204	666	633	342	0	-
瀬 戸 内 海 区	(49)	-	-	-	-	-	-	-	-	-	-	-	-	-
宗 谷	(50)	-	-	-	-	-	-	-	-	-	-	-	-	-
オ ホ ー ツ ク	(51)	-	-	-	-	-	-	-	-	-	-	-	-	-
根 室	(52)	-	-	-	-	-	-	-	-	-	-	-	-	-
釧 路	(53)	-	-	-	-	-	-	-	-	-	-	-	-	-
十 勝	(54)	-	-	-	-	-	-	-	-	-	-	-	-	-
日 高	(55)	-	-	-	-	-	-	-	-	-	-	-	-	-
胆 振	(56)	-	-	-	-	-	-	-	-	-	-	-	-	-
渡 島	(57)	-	-	-	-	-	-	-	-	-	-	-	-	-
留 萌	(58)	-	-	-	-	-	-	-	-	-	-	-	-	-
石 狩	(59)	-	-	-	-	-	-	-	-	-	-	-	-	-
後 志	(60)	-	-	-	-	-	-	-	-	-	-	-	-	-
檜 山	(61)	-	-	-	-	-	-	-	-	-	-	-	-	-
青 森 （太北）	(62)	-	-	-	-	-	-	-	-	-	-	-	-	-
（日北）	(63)	-	-	-	-	-	-	-	-	-	-	-	-	-
兵 庫 （日西）	(64)	-	-	-	-	-	-	-	-	-	-	-	-	-
（瀬戸）	(65)	-	-	-	-	-	-	-	-	-	-	-	-	-
和歌山（太南）	(66)	x	x	x	-	x	x	x	x	x	x	x	x	-
（瀬戸）	(67)	-	-	-	-	-	-	-	-	-	-	-	-	-
山 口 （東シ）	(68)	-	-	-	-	-	-	-	-	-	-	-	-	-
（瀬戸）	(69)	-	-	-	-	-	-	-	-	-	-	-	-	-
徳 島 （太南）	(70)	x	x	x	-	x	x	x	x	x	x	x	x	-
（瀬戸）	(71)	-	-	-	-	-	-	-	-	-	-	-	-	-
愛 媛 （太南）	(72)	650	73	0	-	-	2	71	-	577	382	38	0	-
（瀬戸）	(73)	-	-	-	-	-	-	-	-	-	-	-	-	-
福 岡 （東シ）	(74)	-	-	-	-	-	-	-	-	-	-	-	-	-
（瀬戸）	(75)	-	-	-	-	-	-	-	-	-	-	-	-	-
大 分 （太南）	(76)	-	-	-	-	-	-	-	-	-	-	-	-	-
（瀬戸）	(77)	-	-	-	-	-	-	-	-	-	-	-	-	-

単位：t

一 本 釣 （ 1 ～ 6 月 ）					沿 岸 か つ お 一 本 釣 （ 7 ～ 12 月 ）										
ろ 類				かつお	計	ま ぐ ろ 類								かつお	
びんなが	めばち	きはだ	その他のまぐろ類			小 計	くろまぐろ	みなみまぐろ	びんなが	めばち	きはだ	その他のまぐろ類			
22	136	836	184	5,472	5,787	818	8	–	8	67	620	116	4,969	(1)
–	–	–	–	–	–	–	–	–	–	–	–	–	–	(2)
–	–	–	–	–	–	–	–	–	–	–	–	–	–	(3)
–	–	–	–	–	–	–	–	–	–	–	–	–	–	(4)
–	–	–	–	–	–	–	–	–	–	–	–	–	–	(5)
–	–	–	–	–	–	–	–	–	–	–	–	–	–	(6)
–	–	–	–	–	–	–	–	–	–	–	–	–	–	(7)
–	–	–	–	–	–	–	–	–	–	–	–	–	–	(8)
–	–	–	–	–	–	–	–	–	–	–	–	–	–	(9)
–	–	–	–	–	–	–	–	–	–	–	–	–	–	(10)
–	–	–	–	–	–	–	–	–	–	–	–	–	–	(11)
x	x	x	x	x	x	x	x	–	x	x	x	x	x	(12)
–	–	–	–	–	–	–	–	–	–	–	–	–	–	(13)
–	–	–	–	–	–	–	–	–	–	–	–	–	–	(14)
–	–	–	–	–	–	–	–	–	–	–	–	–	–	(15)
–	–	–	–	–	–	–	–	–	–	–	–	–	–	(16)
x	x	x	x	x	x	x	x	–	x	x	x	x	x	(17)
–	–	–	–	–	–	–	–	–	–	–	–	–	–	(18)
2	3	71	–	335	684	47	0	–	0	2	45	–	636	(19)
–	–	–	–	–	–	–	–	–	–	–	–	–	–	(20)
–	–	–	–	–	–	–	–	–	–	–	–	–	–	(21)
–	–	–	–	–	–	–	–	–	–	–	–	–	–	(22)
x	x	x	x	x	x	x	x	–	x	x	x	x	x	(23)
–	–	–	–	–	–	–	–	–	–	–	–	–	–	(24)
–	–	–	–	–	–	–	–	–	–	–	–	–	–	(25)
–	–	–	–	–	–	–	–	–	–	–	–	–	–	(26)
–	–	–	–	–	–	–	–	–	–	–	–	–	–	(27)
–	–	–	–	–	–	–	–	–	–	–	–	–	–	(28)
x	x	x	x	x	x	x	x	–	x	x	x	x	x	(29)
–	–	–	–	–	–	–	–	–	–	–	–	–	–	(30)
–	1	37	–	343	268	34	0	–	–	1	33	–	234	(31)
12	34	529	84	3,946	3,596	332	6	–	4	8	300	13	3,264	(32)
–	–	–	–	–	–	–	–	–	–	–	–	–	–	(33)
–	–	–	–	–	–	–	–	–	–	–	–	–	–	(34)
–	–	–	–	–	–	–	–	–	–	–	–	–	–	(35)
–	–	–	–	–	–	–	–	–	–	–	–	–	–	(36)
–	–	–	–	–	–	–	–	–	–	–	–	–	–	(37)
0	4	32	–	320	164	31	0	–	0	0	30	–	133	(38)
–	87	132	–	187	408	214	1	–	–	52	161	–	195	(39)
1	6	17	100	103	306	125	–	–	0	2	18	104	181	(40)
–	–	–	–	–	–	–	–	–	–	–	–	–	–	(41)
–	–	–	–	–	–	–	–	–	–	–	–	–	–	(42)
2	3	72	–	340	804	61	0	–	0	2	59	–	743	(43)
20	40	616	84	4,842	4,269	419	7	–	7	11	382	13	3,850	(44)
–	–	–	–	–	–	–	–	–	–	–	–	–	–	(45)
–	–	–	–	–	–	–	–	–	–	–	–	–	–	(46)
–	–	–	–	–	–	–	–	–	–	–	–	–	–	(47)
1	93	149	100	290	714	338	1	–	0	54	179	104	376	(48)
–	–	–	–	–	–	–	–	–	–	–	–	–	–	(49)
–	–	–	–	–	–	–	–	–	–	–	–	–	–	(50)
–	–	–	–	–	–	–	–	–	–	–	–	–	–	(51)
–	–	–	–	–	–	–	–	–	–	–	–	–	–	(52)
–	–	–	–	–	–	–	–	–	–	–	–	–	–	(53)
–	–	–	–	–	–	–	–	–	–	–	–	–	–	(54)
–	–	–	–	–	–	–	–	–	–	–	–	–	–	(55)
–	–	–	–	–	–	–	–	–	–	–	–	–	–	(56)
–	–	–	–	–	–	–	–	–	–	–	–	–	–	(57)
–	–	–	–	–	–	–	–	–	–	–	–	–	–	(58)
–	–	–	–	–	–	–	–	–	–	–	–	–	–	(59)
–	–	–	–	–	–	–	–	–	–	–	–	–	–	(60)
–	–	–	–	–	–	–	–	–	–	–	–	–	–	(61)
–	–	–	–	–	–	–	–	–	–	–	–	–	–	(62)
–	–	–	–	–	–	–	–	–	–	–	–	–	–	(63)
–	–	–	–	–	–	–	–	–	–	–	–	–	–	(64)
–	–	–	–	–	–	–	–	–	–	–	–	–	–	(65)
x	x	x	x	x	x	x	x	–	x	x	x	x	x	(66)
–	–	–	–	–	–	–	–	–	–	–	–	–	–	(67)
–	–	–	–	–	–	–	–	–	–	–	–	–	–	(68)
–	–	–	–	–	–	–	–	–	–	–	–	–	–	(69)
x	x	x	x	x	x	x	x	–	x	x	x	x	x	(70)
–	–	–	–	–	–	–	–	–	–	–	–	–	–	(71)
–	1	37	–	343	268	34	0	–	–	1	33	–	234	(72)
–	–	–	–	–	–	–	–	–	–	–	–	–	–	(73)
–	–	–	–	–	–	–	–	–	–	–	–	–	–	(74)
–	–	–	–	–	–	–	–	–	–	–	–	–	–	(75)
–	–	–	–	–	–	–	–	–	–	–	–	–	–	(76)
–	–	–	–	–	–	–	–	–	–	–	–	–	–	(77)

2　大海区都道府県振興局別統計（続き）
（6）　稼働量調査対象魚種漁獲量（まぐろ類・かつお）（続き）
エ　ひき縄釣

都道府県・大海区・振興局			計	まぐろ類 小計	くろまぐろ	みなみまぐろ	びんなが	めばち	きはだ	その他のまぐろ類	かつお	計	まぐ 小計	くろまぐろ	みなみまぐろ
全	国	(1)	4,859	3,244	741	-	107	119	1,877	400	1,615	2,420	1,524	248	-
北海	道	(2)	18	18	18	-	-	-	-	-	-	-	-	-	-
青　森		(3)	221	221	221	-	-	-	-	-	-	1	1	1	-
岩　手		(4)	-	-	-	-	-	-	-	-	-	-	-	-	-
宮　城		(5)	-	-	-	-	-	-	-	-	-	-	-	-	-
秋　田		(6)	0	0	0	-	-	-	-	-	-	-	-	-	-
山　形		(7)	-	-	-	-	-	-	-	-	-	-	-	-	-
福　島		(8)	5	5	5	-	-	-	-	-	0	1	1	1	-
茨　城		(9)	20	9	1	-	-	-	0	8	11	7	3	0	-
千　葉		(10)	268	40	33	-	3	0	5	-	228	203	22	19	-
東　京		(11)	133	83	11	-	0	0	71	-	50	102	63	10	-
神奈川		(12)	x	x	x	-	x	x	x	x	x	x	x	x	-
新　潟		(13)	1	1	1	-	-	-	-	-	-	0	0	0	-
富　山		(14)	0	0	0	-	-	-	-	-	-	-	-	-	-
石　川		(15)	-	-	-	-	-	-	-	-	-	-	-	-	-
福　井		(16)	-	-	-	-	-	-	-	-	-	-	-	-	-
静　岡		(17)	225	14	0	-	1	-	13	0	211	163	9	0	-
愛　知		(18)	x	x	x	-	x	x	x	x	x	x	x	x	-
三　重		(19)	310	19	4	-	6	2	7	-	291	79	9	1	-
京　都		(20)	-	-	-	-	-	-	-	-	-	-	-	-	-
大　阪		(21)	-	-	-	-	-	-	-	-	-	-	-	-	-
兵　庫		(22)	1	1	1	-	-	-	-	-	0	-	-	-	-
和歌山		(23)	436	84	15	-	31	4	34	-	352	251	54	3	-
鳥　取		(24)	-	-	-	-	-	-	-	-	-	-	-	-	-
島　根		(25)	3	3	3	-	-	-	0	0	0	0	0	0	-
岡　山		(26)	-	-	-	-	-	-	-	-	-	-	-	-	-
広　島		(27)	-	-	-	-	-	-	-	-	-	-	-	-	-
山　口		(28)	x	x	x	-	x	x	x	x	x	x	x	x	-
徳　島		(29)	7	2	1	-	-	-	1	-	5	2	0	0	-
香　川		(30)	-	-	-	-	-	-	-	-	-	-	-	-	-
愛　媛		(31)	29	18	1	-	0	0	17	-	11	16	10	0	-
高　知		(32)	545	348	77	-	2	15	254	0	198	306	187	35	-
福　岡		(33)	0	0	0	-	-	-	-	-	0	0	0	0	-
佐　賀		(34)	1	1	1	-	-	0	-	1	0	1	1	0	-
長　崎		(35)	319	275	269	-	2	-	1	2	45	142	134	132	-
熊　本		(36)	x	x	x	-	x	x	x	x	x	x	x	x	-
大　分		(37)	-	-	-	-	-	-	-	-	-	-	-	-	-
宮　崎		(38)	589	510	26	-	14	2	467	1	79	352	303	23	-
鹿児島		(39)	258	238	37	-	4	8	188	1	19	100	90	18	-
沖　縄		(40)	1,453	1,340	3	-	44	88	818	388	113	693	636	3	-
北海道太平洋北区		(41)	12	12	12	-	-	-	-	-	-	-	-	-	-
太平洋北区		(42)	238	228	219	-	-	-	0	8	11	9	5	2	-
太平洋中区		(43)	937	156	48	-	10	2	96	0	781	547	102	30	-
太平洋南区		(44)	1,594	951	110	-	47	21	773	1	643	927	554	62	-
北海道日本海北区		(45)	6	6	6	-	-	-	-	-	-	-	-	-	-
日本海北区		(46)	9	9	9	-	-	-	-	-	-	0	0	0	-
日本海西区		(47)	4	3	3	-	-	-	0	0	0	0	0	0	-
東シナ海区		(48)	2,047	1,868	323	-	51	96	1,007	392	178	936	862	153	-
瀬戸内海区		(49)	12	11	10	-	0	-	0	-	2	0	0	0	-
宗　谷		(50)	-	-	-	-	-	-	-	-	-	-	-	-	-
オホーツク		(51)	-	-	-	-	-	-	-	-	-	-	-	-	-
根　室		(52)	-	-	-	-	-	-	-	-	-	-	-	-	-
釧　路		(53)	-	-	-	-	-	-	-	-	-	-	-	-	-
十　勝		(54)	-	-	-	-	-	-	-	-	-	-	-	-	-
日　高		(55)	-	-	-	-	-	-	-	-	-	-	-	-	-
胆　振		(56)	-	-	-	-	-	-	-	-	-	-	-	-	-
渡　島		(57)	12	12	12	-	-	-	-	-	-	-	-	-	-
留　萌		(58)	6	6	6	-	-	-	-	-	-	-	-	-	-
石　狩		(59)	x	x	x	-	x	x	x	x	x	x	x	x	-
後　志		(60)	x	x	x	-	x	x	x	x	x	x	x	x	-
檜　山		(61)	0	0	0	-	-	-	-	-	-	-	-	-	-
青　森（太北）		(62)	214	214	214	-	-	-	-	-	-	1	1	1	-
（日北）		(63)	7	7	7	-	-	-	-	-	-	-	-	-	-
兵　庫（日西）		(64)	1	1	1	-	-	-	-	-	0	-	-	-	-
（瀬戸）		(65)	0	0	0	-	-	-	-	-	-	-	-	-	-
和歌山（太南）		(66)	424	74	5	-	31	4	34	-	351	251	54	3	-
（瀬戸）		(67)	12	10	10	-	0	-	0	-	2	0	0	0	-
山　口（東シ）		(68)	x	x	x	-	x	x	x	x	x	x	x	x	-
（瀬戸）		(69)	-	-	-	-	-	-	-	-	-	-	-	-	-
徳　島（太南）		(70)	7	2	1	-	-	-	1	-	5	2	0	0	-
（瀬戸）		(71)	-	-	-	-	-	-	-	-	-	-	-	-	-
愛　媛（太南）		(72)	29	18	1	-	0	0	17	-	11	16	10	0	-
（瀬戸）		(73)	-	-	-	-	-	-	-	-	-	-	-	-	-
福　岡（東シ）		(74)	0	0	0	-	-	-	-	-	0	0	0	0	-
（瀬戸）		(75)	-	-	-	-	-	-	-	-	-	-	-	-	-
大　分（太南）		(76)	-	-	-	-	-	-	-	-	-	-	-	-	-
（瀬戸）		(77)	-	-	-	-	-	-	-	-	-	-	-	-	-

単位:t

| 釣 （1 ～ 6 月） | | | | | ひき縄釣 （7 ～ 12 月） | | | | | | | | | |
| ろ　類 | | | | かつお | 計 | ま　ぐ　ろ　類 | | | | | | | かつお | |
びんなが	めばち	きはだ	その他のまぐろ類			小　計	くろまぐろ	みなみまぐろ	びんなが	めばち	きはだ	その他のまぐろ類		
76	71	930	199	896	2,439	1,720	493	−	31	48	946	201	719	(1)
−	−	−	−	−	18	18	18	−	−	−	−	−	−	(2)
−	−	−	−	−	220	220	220	−	−	−	−	−	−	(3)
−	−	−	−	−	−	−	−	−	−	−	−	−	−	(4)
−	−	−	−	−	0	0	0	−	−	−	−	−	−	(5)
−	−	−	−	−	−	−	−	−	−	−	−	−	−	(6)
−	−	−	−	−	−	−	−	−	−	−	−	−	−	(7)
−	−	−	−	−	4	4	4	−	−	−	−	−	0	(8)
−	−	0	3	4	13	6	1	−	−	−	0	5	7	(9)
0	0	3	−	181	65	19	14	−	3	0	2	−	47	(10)
0	0	53	−	39	31	20	1	−	0	−	19	−	12	(11)
x	x	x	x	x	1	1	1	−	x	x	x	x	x	(12)
−	−	−	−	−	0	0	0	−	−	−	−	−	−	(13)
−	−	−	−	−	−	−	−	−	−	−	−	−	−	(14)
−	−	−	−	−	−	−	−	−	−	−	−	−	−	(15)
−	−	−	−	−	−	−	−	−	−	−	−	−	−	(16)
0	−	8	0	154	63	5	0	−	0	−	5	0	57	(17)
x	x	x	x	x	x	x	x	−	x	x	x	x	x	(18)
3	0	5	−	70	231	10	3	−	2	2	3	−	221	(19)
−	−	−	−	−	−	−	−	−	−	−	−	−	−	(20)
−	−	−	−	−	−	−	−	−	−	−	−	−	−	(21)
−	−	−	−	−	1	1	1	−	−	−	−	−	0	(22)
26	4	21	−	198	185	30	12	−	5	−	13	−	155	(23)
−	−	−	−	−	−	−	−	−	−	−	−	−	−	(24)
−	−	−	0	−	3	3	3	−	−	−	0	−	0	(25)
−	−	−	−	−	−	−	−	−	−	−	−	−	−	(26)
−	−	−	−	−	−	−	−	−	−	−	−	−	−	(27)
x	x	x	x	x	x	x	x	−	x	x	x	x	x	(28)
−	−	0	−	2	5	2	1	−	−	−	1	−	3	(29)
−	−	−	−	−	−	−	−	−	−	−	−	−	−	(30)
0	0	10	−	6	12	8	1	−	0	0	7	−	4	(31)
2	13	136	0	119	239	161	41	−	0	2	118	0	78	(32)
−	0	−	0	−	0	0	−	−	−	0	−	0	0	(33)
−	0	−	0	−	1	0	0	−	−	0	−	0	0	(34)
1	−	0	1	7	178	141	137	−	1	−	1	1	37	(35)
x	x	x	x	x	x	x	x	−	x	x	x	x	x	(36)
−	−	−	−	−	−	−	−	−	−	−	−	−	−	(37)
13	1	265	1	48	237	206	3	−	0	1	202	0	31	(38)
1	3	68	0	10	157	148	19	−	3	5	120	1	9	(39)
28	49	362	194	57	760	704	−	−	16	39	456	194	56	(40)
−	−	0	−	4	12	12	12	−	−	−	−	−	−	(41)
−	−	0	3	4	229	222	217	−	−	−	0	5	7	(42)
4	0	67	0	445	390	53	18	−	5	2	29	0	337	(43)
41	18	432	1	373	667	397	48	−	5	3	341	0	269	(44)
−	−	−	−	−	6	6	6	−	−	−	−	−	−	(45)
−	−	−	−	−	8	8	8	−	−	−	−	−	−	(46)
−	−	−	0	−	4	3	3	−	−	−	0	−	0	(47)
30	53	430	195	74	1,111	1,007	170	−	20	43	577	196	104	(48)
0	−	−	−	0	12	10	10	−	0	−	0	−	1	(49)
−	−	−	−	−	−	−	−	−	−	−	−	−	−	(50)
−	−	−	−	−	−	−	−	−	−	−	−	−	−	(51)
−	−	−	−	−	−	−	−	−	−	−	−	−	−	(52)
−	−	−	−	−	−	−	−	−	−	−	−	−	−	(53)
−	−	−	−	−	−	−	−	−	−	−	−	−	−	(54)
−	−	−	−	−	−	−	−	−	−	−	−	−	−	(55)
−	−	−	−	−	−	−	−	−	−	−	−	−	−	(56)
−	−	−	−	−	12	12	12	−	−	−	−	−	−	(57)
−	−	−	−	−	6	6	6	−	−	−	−	−	−	(58)
x	x	x	x	x	x	x	x	−	x	x	x	x	x	(59)
x	x	x	x	x	x	x	x	−	x	x	x	x	x	(60)
−	−	−	−	−	0	0	0	−	−	−	−	−	−	(61)
−	−	−	−	−	213	213	213	−	−	−	−	−	−	(62)
−	−	−	−	−	7	7	7	−	−	−	−	−	−	(63)
−	−	−	−	−	1	1	1	−	−	−	−	−	0	(64)
−	−	−	−	−	0	0	0	−	−	−	−	−	−	(65)
26	4	21	−	197	173	20	2	−	5	−	13	−	153	(66)
0	−	−	−	0	12	10	10	−	0	−	0	−	1	(67)
x	x	x	x	x	x	x	x	−	x	x	x	x	x	(68)
−	−	−	−	−	−	−	−	−	−	−	−	−	−	(69)
−	−	0	−	2	5	2	1	−	−	−	1	−	3	(70)
−	−	−	−	−	−	−	−	−	−	−	−	−	−	(71)
0	0	10	−	6	12	8	1	−	0	0	7	−	4	(72)
−	−	−	−	−	−	−	−	−	−	−	−	−	−	(73)
−	−	−	0	−	0	0	0	−	−	−	−	0	−	(74)
−	−	−	−	−	−	−	−	−	−	−	−	−	−	(75)
−	−	−	−	−	−	−	−	−	−	−	−	−	−	(76)
−	−	−	−	−	−	−	−	−	−	−	−	−	−	(77)

〔海面養殖業の部〕

1　全国年次別統計（平成19年〜29年）
養殖魚種別収獲量（種苗養殖を除く。）

年次		計	魚類										貝	
			小計	ぎんざけ	ぶり類	まあじ	しまあじ	まだい	ひらめ	ふぐ類	くろまぐろ	1)その他の魚類	小計	ほたてがい
平成 19年	(1)	1,242,112	262,073	13,567	159,749	1,773	3,211	66,663	4,592	4,230	…	8,289	454,013	247,516
20	(2)	1,146,350	260,132	12,809	155,108	1,695	2,638	71,588	4,164	4,138	…	7,991	417,290	225,607
21	(3)	1,202,072	264,766	15,770	154,943	1,682	2,522	70,959	4,654	4,680	…	9,557	468,100	256,695
22	(4)	1,111,338	245,712	14,766	138,936	1,471	2,795	67,607	3,977	4,410	…	11,751	420,732	219,649
23	(5)	868,720	231,606	116	146,240	1,094	3,082	61,186	3,475	3,724	…	12,689	284,929	118,425
24	(6)	1,039,504	250,472	9,728	160,215	1,093	3,131	56,653	3,125	4,179	9,639	2,709	345,913	184,287
25	(7)	997,097	243,670	12,215	150,387	957	3,155	56,861	2,501	4,965	10,396	2,234	332,440	167,844
26	(8)	987,639	237,964	12,802	134,608	836	3,186	61,702	2,607	4,902	14,713	2,607	368,714	184,588
27	(9)	1,069,017	246,089	13,937	140,292	811	3,352	63,605	2,545	4,012	14,825	2,709	413,028	248,209
28	(10)	1,032,537	247,593	13,208	140,868	740	3,941	66,965	2,309	3,491	13,413	2,659	373,956	214,571
29	(11)	986,056	247,633	15,648	138,999	810	4,435	62,850	2,250	3,924	15,858	2,859	309,437	135,090

注：　平成23年は、東日本大震災の影響により、岩手県、宮城県及び福島県においてデータを消失した調査対象者があり、消失したデータは含まない数値である。

　　　1)は、平成19年から平成23年までくろまぐろを含む。

単位：t

類		くるまえび	ほや類	その他の水産動物類	海　藻　類						真珠（浜揚量）	
かき類	その他の貝類				小　計	こんぶ類	わかめ類	のり類（生重量）	もずく類	その他の海藻類		
204,474	2,023	1,675	10,169	190	513,965	41,356	54,249	395,777	22,332	250	27	(1)
190,344	1,339	1,586	10,779	203	456,337	46,937	54,909	338,523	15,678	290	24	(2)
210,188	1,216	1,657	10,937	164	456,426	40,397	61,215	342,620	11,908	286	22	(3)
200,298	784	1,634	10,272	171	432,796	43,251	52,393	328,700	8,100	352	21	(4)
165,910	594	1,598	693	137	349,738	25,095	18,751	292,345	13,151	395	20	(5)
161,116	511	1,596	610	138	440,754	34,147	48,343	341,580	16,263	421	20	(6)
164,139	457	1,596	889	114	418,366	35,410	50,614	316,228	15,469	644	20	(7)
183,685	440	1,582	5,344	108	373,909	32,897	44,716	276,129	19,448	718	20	(8)
164,380	439	1,314	8,288	98	400,181	38,671	48,951	297,370	14,574	614	20	(9)
158,925	460	1,381	18,271	106	391,210	27,068	47,672	300,683	15,225	560	20	(10)
173,900	447	1,354	19,639	137	407,835	32,463	51,114	304,308	19,392	557	20	(11)

2　大海区都道府県振興局別統計
（1）　養殖魚種別収獲量（種苗養殖を除く。）

都道府県・大海区・振興局	合計	計	ぎんざけ	ぶり類 小計	ぶり	かんぱち	その他のぶり類	まあじ	しまあじ
	t	t	t	t	t	t	t	t	t
全　国 (1)	986,056	247,633	15,648	138,999	98,266	35,646	5,086	810	4,435
北海道 (2)	82,418	x	-	-	-	-	-	-	-
青森 (3)	79,531	x	-	-	-	-	-	-	-
岩手 (4)	37,439	-	-	-	-	-	-	-	-
宮城 (5)	91,418	13,796	13,506	-	-	-	-	-	-
秋田 (6)	206	x	-	-	-	-	-	-	-
山形 (7)	-	-	-	-	-	-	-	-	-
福島 (8)	-	-	-	-	-	-	-	-	-
茨城 (9)	x	-	-	-	-	-	-	-	-
千葉 (10)	8,527	x	x	-	-	-	-	-	x
東京 (11)	x	x	-	-	-	-	-	x	x
神奈川 (12)	1,171	-	-	-	-	-	-	-	-
新潟 (13)	1,201	351	351	-	-	-	-	-	-
富山 (14)	16	x	-	-	-	-	-	-	-
石川 (15)	1,923	x	-	-	-	-	-	-	-
福井 (16)	263	x	-	-	-	-	-	-	-
静岡 (17)	2,723	1,666	-	174	174	-	-	539	53
愛知 (18)	13,746	x	-	-	-	-	-	-	-
三重 (19)	25,943	7,537	-	x	2,343	x	-	x	152
京都 (20)	678	287	-	34	22	12	-	-	-
大阪 (21)	493	x	-	x	x	-	-	-	-
兵庫 (22)	71,077	701	x	x	x	-	-	-	-
和歌山 (23)	2,661	2,590	-	41	x	x	x	x	69
鳥取 (24)	1,702	x	x	-	-	-	-	-	-
島根 (25)	503	x	-	-	-	-	-	-	-
岡山 (26)	21,579	14	-	-	-	-	-	-	-
広島 (27)	107,243	349	-	100	100	-	-	x	-
山口 (28)	2,515	398	-	88	x	-	-	x	-
徳島 (29)	11,074	4,113	-	3,953	3,565	387	-	-	-
香川 (30)	25,456	x	-	x	6,083	2,296	x	-	x
愛媛 (31)	62,762	58,377	84	18,596	13,413	4,733	450	77	2,318
高知 (32)	18,225	18,117	-	11,243	7,500	x	x	-	415
福岡 (33)	49,739	x	-	-	-	-	-	x	-
佐賀 (34)	68,579	x	-	731	721	x	x	16	x
長崎 (35)	23,104	20,018	-	8,354	6,580	279	1,496	14	108
熊本 (36)	62,133	18,274	x	6,459	5,420	x	x	66	582
大分 (37)	22,867	22,291	-	19,489	15,759	2,451	1,279	-	560
宮崎 (38)	13,325	x	-	x	9,464	2,453	-	87	134
鹿児島 (39)	52,971	51,631	-	46,593	26,557	18,644	1,393	x	x
沖縄 (40)	20,842	645	-	-	-	-	-	-	-
北海道太平洋北区 (41)	66,469	x	-	-	-	-	-	-	-
太平洋北区 (42)	x	x	13,506	-	-	-	-	-	-
太平洋中区 (43)	x	x	x	x	2,518	x	-	545	224
太平洋南区 (44)	113,732	x	84	61,320	x	13,199	x	x	x
北海道日本海北区 (45)	15,948	x	-	-	-	-	-	-	-
日本海北区 (46)	80,836	x	351	-	-	-	-	-	-
日本海西区 (47)	5,069	2,176	x	34	22	12	-	-	-
東シナ海区 (48)	276,589	92,191	x	62,226	x	x	3,088	100	690
瀬戸内海区 (49)	246,324	16,209	x	x	10,236	x	x	x	x
宗谷 (50)	x	-	-	-	-	-	-	-	-
オホーツク (51)	x	-	-	-	-	-	-	-	-
根室 (52)	528	-	-	-	-	-	-	-	-
釧路 (53)	2,030	-	-	-	-	-	-	-	-
十勝 (54)	-	-	-	-	-	-	-	-	-
日高 (55)	-	-	-	-	-	-	-	-	-
胆振 (56)	9,751	x	-	-	-	-	-	-	-
渡島 (57)	54,315	x	-	-	-	-	-	-	-
留萌 (58)	5,072	-	-	-	-	-	-	-	-
石狩 (59)	258	-	-	-	-	-	-	-	-
後志 (60)	x	-	-	-	-	-	-	-	-
檜山 (61)	53	x	-	-	-	-	-	-	-
青森（太北） (62)	118	x	-	-	-	-	-	-	-
（日北） (63)	79,413	x	-	-	-	-	-	-	-
兵庫（日西） (64)	1	-	-	-	-	-	-	-	-
（瀬戸） (65)	71,076	701	x	x	x	-	-	-	-
和歌山（太南） (66)	2,573	2,560	-	x	x	x	x	x	x
（瀬戸） (67)	88	30	-	x	x	-	-	-	x
山口（東シ） (68)	622	x	-	88	x	-	-	x	-
（瀬戸） (69)	1,892	x	-	-	-	-	-	-	-
徳島（太南） (70)	66	65	-	x	-	x	-	-	-
（瀬戸） (71)	11,008	4,048	-	-	3,565	x	-	-	-
愛媛（太南） (72)	57,194	56,870	84	18,596	13,413	4,733	450	77	2,318
（瀬戸） (73)	5,568	1,507	-	-	-	-	-	-	-
福岡（東シ） (74)	48,337	x	-	-	-	-	-	x	-
（瀬戸） (75)	1,402	-	-	-	-	-	-	-	-
大分（太南） (76)	22,348	22,284	-	19,489	15,759	2,451	1,279	-	560
（瀬戸） (77)	520	7	-	-	-	-	-	-	-

類					貝　類				
まだい	ひらめ	ふぐ類	くろまぐろ	その他の魚類	計	ほたてがい	かき類	その他の貝類	
t	t	t	t	t	t	t	t	t	
62,850	2,250	3,924	15,858	2,859	309,437	135,090	173,900	447	(1)
−	−	−	−	x	52,566	48,445	4,117	4	(2)
−	−	−	−	x	78,851	78,851	−	1	(3)
−	−	−	−	−	9,585	x	6,420	x	(4)
−	−	−	−	289	29,112	4,695	24,417	−	(5)
−	x	−	−	x	x		−	x	(6)
−	−	−	−	−			−	−	(7)
−	−	−	−	−				−	(8)
−	−	−	−	−	x		−	x	(9)
x	x	−	−	−	x		−	x	(10)
x	−	−	−	−	−			−	(11)
−	−	−	−	−	x	x	x	x	(12)
−	−	−	−	−	771	−	771	−	(13)
−	x	x	−	x	x		x	−	(14)
−	−	−	−	x	1,909		1,908	1	(15)
44	−	77	−	x	54		54	−	(16)
855	23	−	−	22	x		324	x	(17)
−	x	−	−	−	x		x	−	(18)
3,621	x	−	988	113	3,957		3,903	54	(19)
7	x	x	x	x	342		313	29	(20)
x	−	−	−	x					(21)
x	−	200	−	x	8,883		8,881	1	(22)
1,492	x	x	945	36	7		4	3	(23)
−	x	x	−	x	x		x	x	(24)
−	x	−	−	−	285		276	8	(25)
−	x	x	−	x	13,545		13,545	−	(26)
96	x	−	−	142	103,455	−	103,454	1	(27)
x	39	104	x	x	21	−	21	−	(28)
x	−	x	−	−	57	−	x	x	(29)
558	x	200	−	252	1,040	−	1,031	9	(30)
34,767	300	130	887	1,218	650	−	623	27	(31)
5,196	−	−	1,256	6	x	−	−	x	(32)
x	−	−	−	x	1,935	−	1,935	−	(33)
295	−	208	−	7	285	−	279	6	(34)
2,566	147	2,111	6,558	161	1,405	−	1,324	81	(35)
10,186	x	482	x	44	127	−	69	58	(36)
371	542	254	871	203	203	−	145	58	(37)
955	70	x	−	69	22	−	22	0	(38)
1,371	598	x	2,997	15	17	−	x	x	(39)
x	−	−	x	65	x	−	−	x	(40)
−	−	−	−	x	x	x	2,539	1	(41)
−	−	−	−	x	x	x	30,837	67	(42)
4,688	451	−	988	x	x	x	4,231	x	(43)
41,366	873	438	3,958	x	383	−	293	90	(44)
−	−	−	−	x	x	x	1,578	3	(45)
−	3	x	−	12	79,629	78,851	x	x	(46)
51	9	120	x	93	2,591	−	x	165	(47)
14,442	811	x	x	294	2,417	−	2,252	165	(48)
2,303	103	421	−	454	128,866	−	128,846	20	(49)
−	−	−	−	−	x	x	−	−	(50)
−	−	−	−	−	7,329	5,760	1,568	−	(51)
−	−	−	−	−	x		1,889	−	(52)
−	−	−	−	−	x	x		−	(53)
−	−	−	−	−	−			−	(54)
−	−	−	−	−				−	(55)
−	−	−	−	x	x	9,749	x	−	(56)
−	−	−	−	x	26,711	26,077	632	2	(57)
−	−	−	−	−	5,072	5,072	−	−	(58)
−	−	−	−	−	258	258	−	−	(59)
−	−	−	−	−	x	1,453	x	−	(60)
−	−	−	−	x	x	44	x	2	(61)
−	−	−	−	x	x			−	(62)
−	−	−	−	x	78,851	78,851	−	1	(63)
−	−	−	−	−	x			x	(64)
x	−	200	−	x	x	−	8,881	x	(65)
x	x	x	945	x	7	−	4	3	(66)
x	−	x	−	x	x		−	−	(67)
x	x	90	x	x	x			x	(68)
−	x	14	−	x	x			x	(69)
x	−	−	−	−	x			x	(70)
140	−	x	−	−	x			−	(71)
33,341	264	130	887	1,173	281	−	255	26	(72)
1,425	36	−	−	46	370	−	368	2	(73)
x	−	−	−	x	565	−	565	−	(74)
−	−	−	−	−	1,370	−	1,370	−	(75)
371	x	x	871	203	x	−	12	x	(76)
−	x	x	−	−	x	−	133	x	(77)

2 大海区都道府県振興局別統計（続き）
（1） 養殖魚種別収獲量（種苗養殖を除く。）（続き）

都道府県・大海区・振興局	くるまえび	ほや類	その他の水産動物類	計	こんぶ類	わかめ類	小計	板のり くろのり	まぜのり	あおのり
	t	t	t	t	t	t	t	t	t	t
全 国 (1)	1,354	19,639	137	407,835	32,463	51,114	304,308	292,755	460	469
北 海 道 (2)	-	5,287	52	x	23,865	643	x	x	-	-
青 森 (3)	-	540	x	67	7	60	-	-	-	-
岩 手 (4)	-	1,486	-	26,367	7,460	18,908	-	-	-	-
宮 城 (5)	-	12,326	-	36,184	993	19,113	16,079	15,717	-	-
秋 田 (6)	.	-	-	199	10	189	-	-	-	-
山 形 (7)	-	-	-	-	-	-	-	-	-	-
福 島 (8)	-	-	-	-	-	-	-	-	-	-
茨 城 (9)	-	-	-	-	-	-	-	-	-	-
千 葉 (10)	-	-	-	8,200	-	18	8,182	7,876	x	x
東 京 (11)	-	-	-	-	-	-	-	-	-	-
神 奈 川 (12)	-	-	-	x	71	613	x	x	-	-
新 潟 (13)	-	-	-	79	7	71	-	-	-	-
富 山 (14)	-	-	-	x	x	1	-	-	-	-
石 川 (15)	x	-	-	6	-	6	-	-	-	-
福 井 (16)	-	-	-	19	-	19	-	-	-	-
静 岡 (17)	-	-	-	x	x	63	668	-	-	202
愛 知 (18)	-	-	-	13,633	-	405	13,228	12,527	x	x
三 重 (19)	-	-	-	14,444	-	x	13,681	8,266	-	-
京 都 (20)	x	-	-	x	-	42	-	-	-	-
大 阪 (21)	-	-	-	x	x	352	77	69	-	-
兵 庫 (22)	x	-	-	x	-	x	59,383	59,383	-	-
和 歌 山 (23)	x	-	-	x	-	x	-	-	-	-
鳥 取 (24)	-	-	-	7	-	x	x	-	-	-
島 根 (25)	-	-	-	x	x	218	-	-	-	-
岡 山 (26)	-	-	-	8,020	-	53	7,966	7,820	-	-
広 島 (27)	x	-	-	3,435	-	115	3,320	x	-	-
山 口 (28)	61	-	-	2,035	-	204	1,771	1,598	-	-
徳 島 (29)	x	-	-	x	x	4,992	1,889	1,800	-	-
香 川 (30)	x	-	-	14,947	0	159	14,788	14,325	-	-
愛 媛 (31)	x	-	x	3,710	-	x	x	2,100	-	-
高 知 (32)	-	-	46	52	-	-	52	-	-	-
福 岡 (33)	-	-	-	47,796	-	x	47,533	47,461	-	-
佐 賀 (34)	x	-	4	67,009	1	43	66,964	66,931	-	-
長 崎 (35)	76	-	-	1,597	22	953	542	509	-	-
熊 本 (36)	241	-	0	43,491	3	621	42,867	42,113	-	-
大 分 (37)	x	-	-	x	-	26	x	274	-	-
宮 崎 (38)	x	-	-	-	-	-	-	-	-	-
鹿 児 島 (39)	306	-	x	987	-	x	792	192	-	-
沖 縄 (40)	523	-	x	19,669	-	-	78	-	-	-
北海道太平洋区 (41)	-	5,287	x	x	x	643	-	-	-	-
太 平 洋 北 区 (42)	-	13,812	-	x	x	38,065	16,079	15,717	-	-
太 平 洋 中 区 (43)	-	-	-	38,179	x	x	x	x	460	469
太 平 洋 南 区 (44)	20	-	x	92	-	x	x	-	-	-
北海道日本海区 (45)	-	-	x	x	x	x	x	x	-	-
日 本 海 北 区 (46)	-	540	x	297	18	278	-	-	-	-
日 本 海 西 区 (47)	-	-	x	298	x	292	-	-	-	-
東 シ ナ 海 区 (48)	1,177	-	36	180,761	26	2,080	158,746	157,174	-	-
瀬 戸 内 海 区 (49)	x	-	x	101,095	x	7,895	x	x	-	-
宗 谷 (50)	-	-	-	x	x	-	-	-	-	-
オ ホ ー ツ ク (51)	-	-	-	x	-	-	x	x	-	-
根 室 (52)	-	-	x	511	511	-	-	-	-	-
釧 路 (53)	-	-	44	x	x	56	-	-	-	-
十 勝 (54)	-	-	-	-	-	-	-	-	-	-
日 高 (55)	-	-	-	-	-	-	-	-	-	-
胆 振 (56)	-	-	-	-	-	-	-	-	-	-
渡 島 (57)	-	5,287	x	22,314	21,728	587	-	-	-	-
留 萌 (58)	-	-	-	-	-	-	-	-	-	-
石 狩 (59)	-	-	-	-	-	-	-	-	-	-
後 志 (60)	-	-	-	-	-	-	-	-	-	-
檜 山 (61)	-	-	x	-	-	-	-	-	-	-
青 森（太北）(62)	-	-	-	x	x	45	-	-	-	-
（日北）(63)	-	540	x	x	x	16	-	-	-	-
兵 庫（日西）(64)	-	-	-	x	-	x	-	-	-	-
（瀬戸）(65)	x	-	-	61,493	-	2,110	59,383	59,383	-	-
和歌山（太南）(66)	x	-	-	x	-	x	-	-	-	-
（瀬戸）(67)	-	-	-	58	-	58	-	-	-	-
山 口（東シ）(68)	x	-	-	244	-	183	1	-	-	-
（瀬戸）(69)	x	-	-	1,791	-	21	1,770	1,598	-	-
徳 島（太南）(70)	-	-	-	x	-	x	-	-	-	-
（瀬戸）(71)	x	-	-	6,900	x	x	1,889	1,800	-	-
愛 媛（太南）(72)	-	-	x	x	-	-	x	-	-	-
（瀬戸）(73)	x	-	x	x	-	x	3,665	2,100	-	-
福 岡（東シ）(74)	-	-	-	47,764	-	x	47,502	47,429	-	-
（瀬戸）(75)	-	-	-	32	-	-	32	32	-	-
大 分（太南）(76)	-	-	-	x	-	-	x	-	-	-
（瀬戸）(77)	x	-	-	x	-	26	x	274	-	-

類				真　珠						
ばらのり	生のり類	もずく類	その他の海藻類	計	真円　大玉	中玉	真珠　小玉	厘玉	半円真珠	
t	t	t	t	kg	kg	kg	kg	kg	kg	
9,107	1,517	19,392	557	20,124	9,904	9,182	655	x	x	(1)
-	-	-	-	-	-	-	-	-	-	(2)
-	-	-	-	-	-	-	-	-	-	(3)
-	-	-	-	-	-	-	-	-	-	(4)
-	362	-	-	-	-	-	-	-	-	(5)
-	-	-	-	-	-	-	-	-	-	(6)
-	-	-	-	-	-	-	-	-	-	(7)
-	-	-	-	-	-	-	-	-	-	(8)
-	-	-	-	-	-	-	-	-	-	(9)
-	x	-	-	-	-	-	-	-	-	(10)
-	-	-	-	-	-	-	-	-	-	(11)
-	-	-	-	-	-	-	-	-	-	(12)
-	-	-	1	-	-	-	-	-	-	(13)
-	-	-	-	-	-	-	-	-	-	(14)
-	-	-	-	-	-	-	-	-	-	(15)
-	-	-	-	x	x	x	x	-	-	(16)
-	466	-	-	-	-	-	-	-	-	(17)
252	27	-	-	-	-	-	-	-	-	(18)
5,415	-	-	x	4,138	1,388	1,953	471	326	-	(19)
-	-	-	x	-	-	-	-	-	-	(20)
-	7	-	-	-	-	-	-	-	-	(21)
-	-	-	-	-	-	-	-	-	-	(22)
-	-	-	x	-	-	-	-	-	-	(23)
-	x	-	-	-	-	-	-	-	-	(24)
-	-	-	-	-	-	-	-	-	-	(25)
147	-	-	-	-	-	-	-	-	-	(26)
x	-	-	-	x	x	x	-	-	-	(27)
x	x	-	60	-	-	-	-	-	-	(28)
89	-	-	-	x	x	-	-	-	-	(29)
352	111	-	-	-	-	-	-	-	-	(30)
x	-	-	31	7,664	5,420	2,240	3	-	-	(31)
-	52	-	-	x	-	x	-	-	-	(32)
-	73	x	-	x	x	x	x	-	-	(33)
29	4	-	-	180	99	81	-	-	-	(34)
23	9	-	81	6,894	2,565	4,221	x	x	-	(35)
460	294	-	-	645	229	350	65	-	-	(36)
-	x	-	-	268	15	244	9	-	-	(37)
-	-	-	-	-	-	-	-	-	-	(38)
592	9	x	24	x	82	-	-	-	x	(39)
-	78	19,238	352	x	x	-	-	-	x	(40)
-	-	-	-	-	-	-	-	-	-	(41)
-	362	-	-	-	-	-	-	-	-	(42)
5,667	x	-	x	4,138	1,388	1,953	471	326	-	(43)
x	x	-	x	x	5,434	x	13	-	-	(44)
-	-	-	1	-	-	-	-	-	-	(45)
-	x	-	x	x	x	x	-	-	-	(46)
1,105	466	19,392	516	7,963	x	x	x	x	x	(47)
x	140	-	-	x	4	x	-	-	-	(48)
-	-	-	-	-	-	-	-	-	-	(49)
-	-	-	-	-	-	-	-	-	-	(50)
-	-	-	-	-	-	-	-	-	-	(51)
-	-	-	-	-	-	-	-	-	-	(52)
-	-	-	-	-	-	-	-	-	-	(53)
-	-	-	-	-	-	-	-	-	-	(54)
-	-	-	-	-	-	-	-	-	-	(55)
-	-	-	-	-	-	-	-	-	-	(56)
-	-	-	-	-	-	-	-	-	-	(57)
-	-	-	-	-	-	-	-	-	-	(58)
-	-	-	-	-	-	-	-	-	-	(59)
-	-	-	-	-	-	-	-	-	-	(60)
-	-	-	-	-	-	-	-	-	-	(61)
-	-	-	-	-	-	-	-	-	-	(62)
-	-	-	-	-	-	-	-	-	-	(63)
-	-	-	-	-	-	-	-	-	-	(64)
-	-	-	-	-	-	-	-	-	-	(65)
-	-	-	x	-	-	-	-	-	-	(66)
-	-	-	-	-	-	-	-	-	-	(67)
1	-	-	60	-	-	-	-	-	-	(68)
x	x	-	-	-	-	-	-	-	-	(69)
-	-	-	-	-	-	-	-	-	-	(70)
89	-	-	-	x	x	-	-	-	-	(71)
x	-	-	31	7,664	5,420	2,240	3	-	-	(72)
1,565	-	-	-	-	-	-	-	-	-	(73)
-	73	x	-	x	x	x	x	-	-	(74)
-	-	-	-	-	-	-	-	-	-	(75)
-	x	-	-	268	15	244	9	-	-	(76)
-	x	-	-	-	-	-	-	-	-	(77)

2 大海区都道府県振興局別統計（続き）
(2) かき類、のり類収獲量（種苗養殖を除く。）
ア かき類

都道府県・大海区・振興局	収　獲　量		半　期　別　収　獲　量		
	暦年（1～12月）	1)養殖年（7～翌年6月）	1～6月	7～12月	1)翌年1～6月
	t	t	t	t	t
全　　　国　(1)	173,900	174,649	128,820	45,080	129,569
北　海　道　(2)	4,117	3,994	1,558	2,559	1,435
青　　森　(3)	-	-	-	-	-
岩　　手　(4)	6,420	5,446	3,335	3,085	2,360
宮　　城　(5)	24,417	24,148	11,800	12,617	11,531
秋　　田　(6)	-	-	-	-	-
山　　形　(7)	-	-	-	-	-
福　　島　(8)	-	-	-	-	-
茨　　城　(9)	-	-	-	-	-
千　　葉　(10)	-	-	-	-	-
東　　京　(11)	-	-	-	-	-
神　奈　川　(12)	x	x	x	x	x
新　　潟　(13)	771	691	509	262	429
富　　山　(14)	x	x	-	x	-
石　　川　(15)	1,908	1,970	1,065	843	1,127
福　　井　(16)	54	31	45	10	22
静　　岡　(17)	324	385	195	129	256
愛　　知　(18)	x	x	x	x	x
三　　重　(19)	3,903	3,718	2,553	1,350	2,368
京　　都　(20)	313	231	207	105	126
大　　阪　(21)	-	x	-	-	x
兵　　庫　(22)	8,881	8,524	6,883	1,999	6,525
和　歌　山　(23)	4	6	2	2	5
鳥　　取　(24)	x	x	x	x	x
島　　根　(25)	276	242	217	60	183
岡　　山　(26)	13,545	16,148	9,913	3,632	12,515
広　　島　(27)	103,454	103,902	87,172	16,282	87,619
山　　口　(28)	21	19	12	9	11
徳　　島　(29)	x	56	x	19	37
香　　川　(30)	1,031	937	704	327	610
愛　　媛　(31)	623	645	482	141	504
高　　知　(32)	-	-	-	-	-
福　　岡　(33)	1,935	1,692	1,158	777	916
佐　　賀　(34)	279	293	148	131	161
長　　崎　(35)	1,324	1,393	666	659	735
熊　　本　(36)	69	62	47	21	41
大　　分　(37)	145	85	100	45	40
宮　　崎　(38)	22	23	9	13	9
鹿　児　島　(39)	x	x	x	x	x
沖　　縄　(40)	-	-	-	-	-
北海道太平洋北区　(41)	2,539	2,758	932	1,606	1,151
太　平　洋　北　区　(42)	30,837	29,594	15,135	15,702	13,892
太　平　洋　中　区　(43)	4,231	4,106	2,751	1,480	2,626
太　平　洋　南　区　(44)	293	294	165	128	166
北海道日本海北区　(45)	1,578	1,237	625	953	284
日　本　海　北　区　(46)	x	x	509	x	429
日　本　海　西　区　(47)	x	x	x	x	x
東　シ　ナ　海　区　(48)	2,252	2,154	1,211	1,040	1,114
瀬　戸　内　海　区　(49)	128,846	131,338	x	x	x
宗　　谷　(50)	-	-	-	-	-
オ　ホ　ー　ツ　ク　(51)	1,568	1,219	618	951	268
根　　室　(52)	x	x	x	x	x
釧　　路　(53)	1,889	2,044	404	1,484	560
十　　勝　(54)	-	-	-	-	-
日　高　(55)	-	-	-	-	-
胆　　振　(56)	x	x	x	x	x
渡　　島　(57)	632	695	521	111	583
留　萌　(58)	-	-	-	-	-
石　狩　(59)	-	-	-	-	-
後　　志　(60)	x	x	8	x	15
檜　　山　(61)	x	x	x	x	x
青　森（太北）(62)	-	-	-	-	-
（日北）(63)	-	-	-	-	-
兵　庫（日西）(64)	-	-	-	-	-
（瀬戸）(65)	8,881	8,524	6,883	1,999	6,525
和歌山（太南）(66)	4	6	2	2	5
（瀬戸）(67)	-	-	-	-	-
山　口（東シ）(68)	x	x	x	x	x
（瀬戸）(69)	x	x	x	x	x
徳　島（太南）(70)	-	-	-	-	-
（瀬戸）(71)	x	56	x	19	37
愛　媛（太南）(72)	255	254	154	102	152
（瀬戸）(73)	368	391	329	39	352
福　岡（東シ）(74)	565	394	341	224	171
（瀬戸）(75)	1,370	1,298	817	553	745
大　分（太南）(76)	12	12	0	12	0
（瀬戸）(77)	133	73	100	33	40

注：1)の翌年（平成30年）1～6月は概数である。

イ　のり類

生換算重量 （1〜12月） t	のり類養殖（1〜12月）製品形態別収獲量						
	板のり 計 千枚	くろのり 千枚	まぜのり 千枚	あおのり 千枚	ばらのり t	その他の のり t	
304,308	7,845,680	7,821,993	11,748	11,938	870	1,517	(1)
x	x	x	–	–	–	–	(2)
–						–	(3)
–						–	(4)
16,079	424,353	424,353	–	–	–	362	(5)
–						–	(6)
–						–	(7)
–						–	(8)
–						–	(9)
8,182	x	196,896	x	x	–	x	(10)
–						–	(11)
x	x	x	–	–	–	–	(12)
–						–	(13)
–						–	(14)
–						–	(15)
–						–	(16)
668	4,802	–	–	4,802	–	466	(17)
13,228	345,317	334,044	x	x	26	27	(18)
13,681	214,903	214,903	–	–	542	–	(19)
–						–	(20)
77	1,825	1,825	–	–	–	7	(21)
59,383	1,484,568	1,484,568	–	–	–	–	(22)
–						–	(23)
x	–	–	–	–	–	x	(24)
–						–	(25)
7,966	208,530	208,530	–	–	10	–	(26)
3,320	x	x	–	–	x	–	(27)
1,771	36,894	36,894	–	–	x	x	(28)
1,889	49,828	49,828	–	–	7	–	(29)
14,788	358,125	358,125	–	–	21	111	(30)
x	55,994	55,994	–	–	x	–	(31)
52	–	–	–	–	–	52	(32)
47,533	1,423,840	1,423,840	–	–	–	73	(33)
66,964	1,784,825	1,784,825	–	–	3	4	(34)
542	14,263	14,263	–	–	3	9	(35)
42,867	1,123,015	1,123,015	–	–	58	294	(36)
x	7,296	7,296	–	–	–	x	(37)
–						–	(38)
792	6,389	6,389	–	–	99	9	(39)
78	–	–	–	–	–	78	(40)
–						–	(41)
16,079	424,353	424,353	–	–	–	362	(42)
x	x	x	11,748	11,938	567	x	(43)
x	x	x	–	–	x	–	(44)
x	x	x	–	–	–	–	(45)
–						–	(46)
x	–	–	–	–	–	x	(47)
158,746	4,351,380	4,351,380	–	–	162	466	(48)
x	x	x	–	–	x	140	(49)
–						–	(50)
x	x	x	–	–	–	–	(51)
–						–	(52)
–						–	(53)
–						–	(54)
–						–	(55)
–						–	(56)
–						–	(57)
–						–	(58)
–						–	(59)
–						–	(60)
–						–	(61)
–						–	(62)
–						–	(63)
–						–	(64)
59,383	1,484,568	1,484,568	–	–	–	–	(65)
–						–	(66)
–						–	(67)
1	–	–	–	–	0	–	(68)
1,770	36,894	36,894	–	–	x	x	(69)
–						–	(70)
1,889	49,828	49,828	–	–	7	–	(71)
x	–	–	–	–	–	x	(72)
3,665	55,994	55,994	–	–	94	–	(73)
47,502	1,422,887	1,422,887	–	–	–	73	(74)
32	952	952	–	–	–	–	(75)
x	–	–	–	–	–	x	(76)
x	7,296	7,296	–	–	–	x	(77)

2 大海区都道府県振興局別統計（続き）
(2) かき類、のり類収獲量（種苗養殖を除く。）（続き）
イ のり類（続き）

都道府県・大海区・振興局	生換算重量（7月～翌年6月）	1) のり類養殖（7月～翌年6月） 製品形態別収獲量 板のり 計	くろのり	まぜのり	あおのり	ばらのり	その他ののり
	t	千枚	千枚	千枚	千枚	t	t
全国 (1)	296,710	7,652,558	7,629,655	12,039	10,864	771	1,476
北海道 (2)	x	x	x	-	-	-	-
青森 (3)	-	-	-	-	-	-	-
岩手 (4)	-	-	-	-	-	-	-
宮城 (5)	13,871	366,407	366,407	-	-	-	301
秋田 (6)	-	-	-	-	-	-	-
山形 (7)	-	-	-	-	-	-	-
福島 (8)	40	-	-	-	-	x	x
茨城 (9)	-	-	-	-	-	-	-
千葉 (10)	6,910	x	166,197	x	x	-	x
東京 (11)	-	-	-	-	-	-	-
神奈川 (12)	x	x	x	-	-	-	-
新潟 (13)	-	-	-	-	-	-	-
富山 (14)	-	-	-	-	-	-	-
石川 (15)	-	-	-	-	-	-	-
福井 (16)	-	-	-	-	-	-	-
静岡 (17)	429	2,247	-	-	2,247	-	334
愛知 (18)	11,227	291,745	277,595	x	x	27	20
三重 (19)	11,571	192,741	192,741	-	-	416	-
京都 (20)	-	-	-	-	-	-	-
大阪 (21)	133	3,150	3,150	-	-	-	13
兵庫 (22)	69,203	1,730,069	1,730,069	-	-	-	-
和歌山 (23)	-	-	-	-	-	-	-
鳥取 (24)	x	-	-	-	-	-	x
島根 (25)	-	-	-	-	-	-	-
岡山 (26)	7,489	197,589	197,589	-	-	6	-
広島 (27)	2,921	x	x	-	-	x	1
山口 (28)	1,095	20,411	20,411	-	-	9	4
徳島 (29)	2,071	53,930	53,930	-	-	10	-
香川 (30)	15,078	368,245	368,245	-	-	13	135
愛媛 (31)	x	41,154	41,154	-	-	x	-
高知 (32)	60	-	-	-	-	-	60
福岡 (33)	43,731	1,310,938	1,310,938	-	-	-	34
佐賀 (34)	69,179	1,844,070	1,844,070	-	-	2	3
長崎 (35)	452	11,794	11,794	-	-	3	10
熊本 (36)	36,562	950,637	950,637	-	-	69	362
大分 (37)	x	4,628	4,628	-	-	-	x
宮崎 (38)	-	-	-	-	-	-	-
鹿児島 (39)	956	6,198	6,198	-	-	128	5
沖縄 (40)	147	-	-	-	-	-	147
北海道太平洋北区 (41)	-	-	-	-	-	-	-
太平洋北区 (42)	13,911	366,407	366,407	-	-	x	x
太平洋中区 (43)	x	x	x	12,039	10,864	443	x
太平洋南区 (44)	x	x	x	-	-	x	x
北海道日本海北区 (45)	x	x	x	-	-	-	-
日本海北区 (46)	-	-	-	-	-	-	-
日本海西区 (47)	x	-	-	-	-	-	x
東シナ海区 (48)	150,964	4,121,720	4,121,720	-	-	202	560
瀬戸内海区 (49)	x	x	x	-	-	x	x
宗谷 (50)	-	-	-	-	-	-	-
オホーツク (51)	x	x	x	-	-	-	-
室蘭 (52)	-	-	-	-	-	-	-
釧路 (53)	-	-	-	-	-	-	-
十勝 (54)	-	-	-	-	-	-	-
日高 (55)	-	-	-	-	-	-	-
胆振 (56)	-	-	-	-	-	-	-
渡島 (57)	-	-	-	-	-	-	-
留萌 (58)	-	-	-	-	-	-	-
石狩 (59)	-	-	-	-	-	-	-
後志 (60)	-	-	-	-	-	-	-
檜山 (61)	-	-	-	-	-	-	-
青森（太北） (62)	-	-	-	-	-	-	-
（日北） (63)	-	-	-	-	-	-	-
兵庫（日西） (64)	-	-	-	-	-	-	-
（瀬戸） (65)	69,203	1,730,069	1,730,069	-	-	-	-
和歌山（太南） (66)	-	-	-	-	-	-	-
（瀬戸） (67)	-	-	-	-	-	-	-
山口（東シ） (68)	3	-	-	-	-	0	-
（瀬戸） (69)	1,092	20,411	20,411	-	-	9	4
徳島（太南） (70)	-	-	-	-	-	-	-
（瀬戸） (71)	2,071	53,930	53,930	-	-	10	-
愛媛（太南） (72)	x	-	-	-	-	x	-
（瀬戸） (73)	2,992	41,154	41,154	-	-	87	1
福岡（東シ） (74)	43,667	1,309,022	1,309,022	-	-	-	34
（瀬戸） (75)	64	1,916	1,916	-	-	-	-
大分（太南） (76)	x	-	-	-	-	-	x
（瀬戸） (77)	x	4,628	4,628	-	-	-	x

注:1)の翌年（平成30年）1月～6月は概数である。

の　り　類　養　殖　（　1　～　6　月　）						
製　品　形　態　別　収　獲　量						
板	の		り		ばらのり	その他の
計	くろのり	まぜのり	あおのり			の　り
千枚	千枚	千枚	千枚	千枚	t	t
6,364,654	6,343,143	x	x		867	1,479	(1)
–	–	–	–		–	–	(2)
							(3)
						x	(4)
342,098	342,098	–	–		–	x	(5)
–						–	(6)
–	–	–	–		–	–	(7)
–	–	–	–		–	–	(8)
						–	(9)
x	183,001	x	x		–	x	(10)
–	–	–	–		–	–	(11)
x	x	–	–		–	–	(12)
–	–	–	–		–	–	(13)
–	–	–	–		–	–	(14)
–	–	–	–		–	–	(15)
–	–	–	–		–	–	(16)
4,802	–	–	4,802		–	466	(17)
282,438	273,075	x	x		25	27	(18)
207,211	207,211	–	–		541	–	(19)
–	–	–	–		–	–	(20)
1,568	1,568	–	–		–	6	(21)
1,325,717	1,325,717	–	–		–	–	(22)
–	–	–	–		–	–	(23)
–	–	–	–		–	x	(24)
–	–	–	–		–	–	(25)
187,105	187,105	–	–		10	–	(26)
x	x	–	–		x	–	(27)
34,163	34,163	–	–		x	x	(28)
49,234	49,234	–	–		7	–	(29)
x	x	–	–		21	x	(30)
55,994	55,994	–	–		x	–	(31)
–	–	–	–		–	23	(32)
1,072,032	1,072,032	–	–		–	73	(33)
1,293,774	1,293,774	–	–		3	4	(34)
12,597	12,597	–	–		3	9	(35)
871,314	871,314	–	–		58	294	(36)
6,379	6,379	–	–		–	x	(37)
–	–	–	–		–	–	(38)
6,389	6,389	–	–		99	9	(39)
–	–	–	–		–	78	(40)
–	–	–	–		–	–	(41)
342,098	342,098	–	–		–	x	(42)
x	x	x	x		567	x	(43)
–	–	–	–		x	x	(44)
–	–	–	–		–	–	(45)
–	–	–	–		–	–	(46)
–	–	–	–		–	x	(47)
3,255,154	3,255,154	–	–		162	466	(48)
x	x	–	–		x	x	(49)
–	–	–	–		–	–	(50)
–	–	–	–		–	–	(51)
–	–	–	–		–	–	(52)
–	–	–	–		–	–	(53)
–	–	–	–		–	–	(54)
–	–	–	–		–	–	(55)
–	–	–	–		–	–	(56)
–	–	–	–		–	–	(57)
–	–	–	–		–	–	(58)
–	–	–	–		–	–	(59)
–	–	–	–		–	–	(60)
–	–	–	–		–	–	(61)
–	–	–	–		–	–	(62)
–	–	–	–		–	–	(63)
–	–	–	–		–	–	(64)
1,325,717	1,325,717	–	–		–	–	(65)
–	–	–	–		–	–	(66)
–	–	–	–		–	–	(67)
–	–	–	–		0	–	(68)
34,163	34,163	–	–		x	x	(69)
–	–	–	–		–	–	(70)
49,234	49,234	–	–		7	–	(71)
–	–	–	–		–	–	(72)
55,994	55,994	–	–		x	–	(73)
–	–	–	–		94	–	(73)
1,071,080	1,071,080	–	–		–	73	(74)
952	952	–	–		–	–	(75)
–	–	–	–		–	x	(76)
6,379	6,379	–	–		–	x	(77)

2 大海区都道府県振興局別統計（続き）
（2） かき類、のり類収獲量（種苗養殖を除く。）（続き）
イ のり類（続き）

都道府県・大海区・振興局	のり類養殖（7〜12月）製品形態別収獲量					
	板のり 計	くろのり	まぜのり	あおのり	ばらのり	その他ののり
	千枚	千枚	千枚	千枚	t	t
全 国 (1)	1,481,026	1,478,850	x	x	3	38
北 海 道 (2)	x	x	-	-	-	-
青 森 (3)	-	-	-	-	-	-
岩 手 (4)	-	-	-	-	-	-
宮 城 (5)	82,255	82,255	-	-	-	x
秋 田 (6)	-	-	-	-	-	-
山 形 (7)	-	-	-	-	-	-
福 島 (8)	-	-	-	-	-	-
茨 城 (9)	-	-	-	-	-	-
千 葉 (10)	x	13,895	x	x	-	x
東 京 (11)	-	-	-	-	-	-
神 奈 川 (12)	x	x	-	-	-	-
新 潟 (13)	-	-	-	-	-	-
富 山 (14)	-	-	-	-	-	-
石 川 (15)	-	-	-	-	-	-
福 井 (16)	-	-	-	-	-	-
静 岡 (17)	-	-	-	-	-	-
愛 知 (18)	62,879	60,970	1,909	-	0	-
三 重 (19)	7,692	7,692	-	-	0	-
京 都 (20)	-	-	-	-	-	-
大 阪 (21)	257	257	-	-	-	1
兵 庫 (22)	158,851	158,851	-	-	-	-
和 歌 山 (23)	-	-	-	-	-	-
鳥 取 (24)	-	-	-	-	-	x
島 根 (25)	-	-	-	-	-	-
岡 山 (26)	21,424	21,424	-	-	0	-
広 島 (27)	5,363	5,363	-	-	-	-
山 口 (28)	2,732	2,732	-	-	x	x
徳 島 (29)	594	594	-	-	-	x
香 川 (30)	x	x	-	-	-	x
愛 媛 (31)	-	-	-	-	x	-
高 知 (32)	-	-	-	-	-	29
福 岡 (33)	351,808	351,808	-	-	-	-
佐 賀 (34)	491,052	491,052	-	-	-	1
長 崎 (35)	1,666	1,666	-	-	-	-
熊 本 (36)	251,701	251,701	-	-	-	-
大 分 (37)	917	917	-	-	-	-
宮 崎 (38)	-	-	-	-	-	-
鹿 児 島 (39)	-	-	-	-	-	-
沖 縄 (40)	-	-	-	-	-	-
北海道太平洋北区 (41)	-	-	-	-	-	-
太 平 洋 北 区 (42)	82,255	82,255	-	-	-	x
太 平 洋 中 区 (43)	86,730	x	x	x	0	x
太 平 洋 南 区 (44)	-	-	x	x	x	29
北海道日本海北区 (45)	x	x	-	-	-	-
日 本 海 北 区 (46)	-	-	-	-	-	-
日 本 海 西 区 (47)	-	-	-	-	-	x
東 シ ナ 海 区 (48)	1,096,226	1,096,226	-	-	0	1
瀬 戸 内 海 区 (49)	x	x	-	-	x	x
宗 谷 (50)	-	-	-	-	-	-
オ ホ ー ツ ク (51)	x	x	-	-	-	-
根 室 (52)	-	-	-	-	-	-
釧 路 (53)	-	-	-	-	-	-
十 勝 (54)	-	-	-	-	-	-
日 高 (55)	-	-	-	-	-	-
胆 振 (56)	-	-	-	-	-	-
渡 島 (57)	-	-	-	-	-	-
留 萌 (58)	-	-	-	-	-	-
石 狩 (59)	-	-	-	-	-	-
後 志 (60)	-	-	-	-	-	-
檜 山 (61)	-	-	-	-	-	-
青 森（太北）(62)	-	-	-	-	-	-
（日北）(63)	-	-	-	-	-	-
兵 庫（日西）(64)	-	-	-	-	-	-
（瀬戸）(65)	158,851	158,851	-	-	-	-
和歌山（太南）(66)	-	-	-	-	-	-
（瀬戸）(67)	-	-	-	-	-	-
山 口（東シ）(68)	-	-	-	-	0	-
（瀬戸）(69)	2,732	2,732	-	-	x	x
徳 島（太南）(70)	-	-	-	-	-	-
（瀬戸）(71)	594	594	-	-	-	-
愛 媛（太南）(72)	-	-	-	-	-	-
（瀬戸）(73)	-	-	-	-	x	-
福 岡（東シ）(74)	351,808	351,808	-	-	-	-
（瀬戸）(75)	-	-	-	-	-	-
大 分（太南）(76)	-	-	-	-	-	-
（瀬戸）(77)	917	917	-	-	-	-

注：1)の翌年（平成30年）1月〜6月は概数である。

1)　の　り　類　養　殖　（　翌　年　1　～　6　月　）						
製　品　形　態　別　収　獲　量						
板　　　　　の　　　　　り				ばらのり	その他の　のり	
計	くろのり	まぜのり	あおのり			
千枚	千枚	千枚	千枚	t	t	
6,171,532	6,150,805	x	x	768	1,438	(1)
-	-	-	-	-	-	(2)
					-	(3)
					-	(4)
284,152	284,152	-	-	-	x	(5)
-	-	-	-	-	-	(6)
					-	(7)
				x	x	(8)
					-	(9)
x	152,302	x	x	-	x	(10)
						(11)
x	x	-	-	-	-	(12)
						(13)
						(14)
						(15)
						(16)
2,247	-	-	2,247	-	334	(17)
228,866	216,626	x	x	27	20	(18)
185,050	185,050	-	-	416	-	(19)
-	-	-	-	-	-	(20)
2,893	2,893	-	-	-	12	(21)
1,571,217	1,571,217	-	-	-	-	(22)
						(23)
					x	(24)
						(25)
176,164	176,164	-	-	5	-	(26)
x	x	-	-	x	1	(27)
17,679	17,679	-	-	x	x	(28)
53,336	53,336	-	-	10	-	(29)
x	x	-	-	13	x	(30)
41,154	41,154	-	-	x	-	(31)
-	-	-	-	-	31	(32)
959,130	959,130	-	-	-	34	(33)
1,353,019	1,353,019	-	-	2	2	(34)
10,128	10,128	-	-	3	10	(35)
698,936	698,936	-	-	69	362	(36)
3,711	3,711	-	-	-	x	(37)
-	-	-	-	-	-	(38)
6,198	6,198	-	-	128	5	(39)
-	-	-	-	-	147	(40)
-	-	-	-	-	-	(41)
284,152	284,152	-	-	x	327	(42)
x	x	x	x	443	x	(43)
-	-	-	-	x	x	(44)
						(45)
						(46)
					x	(47)
3,025,495	3,025,495	-	-	202	560	(48)
x	x	-	-	122	x	(49)
					-	(50)
						(51)
						(52)
						(53)
						(54)
						(55)
						(56)
						(57)
						(58)
						(59)
						(60)
						(61)
-	-					(62)
	-					(63)
-					-	(64)
1,571,217	1,571,217					(65)
					-	(66)
						(67)
-	-			0	-	(68)
17,679	17,679			x	x	(69)
						(70)
53,336	53,336			10		(71)
-				x		(72)
41,154	41,154			87		(73)
957,215	957,215				34	(74)
1,916	1,916					(75)
-	-				x	(76)
3,711	3,711				x	(77)

2 大海区都道府県振興局別統計（続き）
(3) 種苗養殖販売量

都道府県・ 大海区・振興局	ぶり類種苗	まだい種苗		ひらめ種苗	真珠母貝
		稚 魚	1・2年魚		
	千尾	千尾	千尾	千尾	t
全 国 (1)	3,285	46,291	4,472	11,111	1,411
北 海 道 (2)	-	-	-	-	-
青 森 (3)	-	-	-	-	-
岩 手 (4)	-	-	-	x	-
宮 城 (5)	-	-	-	-	-
秋 田 (6)	-	x	-	x	-
山 形 (7)	-	-	-	x	-
福 島 (8)	-	-	-	-	-
茨 城 (9)	-	-	-	-	-
千 葉 (10)	-	-	-	x	-
東 京 (11)	-	-	-	-	-
神 奈 川 (12)	-	x	-	-	-
新 潟 (13)	-	-	-	x	-
富 山 (14)	-	-	-	x	-
石 川 (15)	-	-	-	x	-
福 井 (16)	-	x	-	x	-
静 岡 (17)	-	x	-	x	-
愛 知 (18)	-	x	-	x	-
三 重 (19)	-	x	-	x	x
京 都 (20)	-	-	-	-	-
大 阪 (21)	-	-	-	-	-
兵 庫 (22)	-	-	-	-	-
和 歌 山 (23)	x	x	x	x	-
鳥 取 (24)	-	-	-	x	-
島 根 (25)	-	x	-	x	-
岡 山 (26)	-	-	-	-	-
広 島 (27)	-	-	-	x	-
山 口 (28)	-	x	-	1,280	-
徳 島 (29)	1,593	-	-	-	-
香 川 (30)	-	x	-	589	-
愛 媛 (31)	397	3,972	-	1,529	1,242
高 知 (32)	x	14,515	x	-	14
福 岡 (33)	-	-	-	-	-
佐 賀 (34)	-	-	-	-	-
長 崎 (35)	108	739	x	1,756	139
熊 本 (36)	-	2,193	-	x	-
大 分 (37)	x	x	-	x	-
宮 崎 (38)	-	x	-	x	-
鹿 児 島 (39)	x	3,329	-	x	x
沖 縄 (40)	-	x	-	-	-
北海道太平洋北区 (41)	-	-	-	-	-
太 平 洋 北 区 (42)	-	-	-	-	-
太 平 洋 中 区 (43)	-	2,510	-	1,775	x
太 平 洋 南 区 (44)	x	30,426	x	499	1,255
北海道日本海北区 (45)	-	-	-	-	-
日 本 海 北 区 (46)	-	x	-	-	-
日 本 海 西 区 (47)	-	x	-	1,014	-
東 シ ナ 海 区 (48)	x	7,123	x	2,926	x
瀬 戸 内 海 区 (49)	1,593	5,482	-	3,164	-
宗 谷 (50)	-	-	-	-	-
オ ホ ー ツ ク (51)	-	-	-	-	-
根 室 (52)	-	-	-	-	-
釧 路 (53)	-	-	-	-	-
十 勝 (54)	-	-	-	-	-
日 高 (55)	-	-	-	-	-
胆 振 (56)	-	-	-	-	-
渡 島 (57)	-	-	-	-	-
留 萌 (58)	-	-	-	-	-
石 狩 (59)	-	-	-	-	-
後 志 (60)	-	-	-	-	-
檜 山 (61)	-	-	-	-	-
青 森（太北）(62)	-	-	-	-	-
（日北）(63)	-	-	-	-	-
兵 庫（日西）(64)	-	-	-	-	-
（瀬戸）(65)	-	-	-	-	-
和歌山（太南）(66)	x	x	x	x	-
（瀬戸）(67)	-	-	-	-	-
山 口（東シ）(68)	-	x	-	x	-
（瀬戸）(69)	-	x	-	x	-
徳 島（太南）(70)	-	-	-	-	-
（瀬戸）(71)	1,593	-	-	-	-
愛 媛（太南）(72)	397	x	-	x	1,242
（瀬戸）(73)	-	x	-	x	-
福 岡（東シ）(74)	-	-	-	-	-
（瀬戸）(75)	-	-	-	-	-
大 分（太南）(76)	x	x	-	-	-
（瀬戸）(77)	-	-	-	x	

ほたてがい種苗	かき類種苗	くるまえび種苗	わかめ類種苗	のり類種苗		
				網ひび	貝殻	
千粒 2,352,980	千連 646	千尾 221,781	千m 375	千枚 121	千個 11,915	(1)
2,321,065	1	–				(2)
28,364	–	–	x	–	–	(3)
3,551	–	–	x	–	–	(4)
–	548	–	x			(5)
	x	x	x	–	–	(6)
–	–	–	–	–	–	(7)
–	–	–	–	–	–	(8)
–	–	–	–			(9)
–	–	–	–		x	(10)
–	–	–	–	–	–	(11)
–	–	–	48	–	–	(12)
–	–	–	x	–	–	(13)
	–	–				(14)
	–	–		–	–	(15)
	–	–	x			(16)
–	–	x	–	–	–	(17)
–	–	x	x		–	(18)
	16	x	x	x	x	(19)
–	–	x	x	–	–	(20)
	–	–		–	–	(21)
–	–	–	–	55	x	(22)
–	–	–	–	–	–	(23)
	x	–	x	–	–	(24)
	x	–	x	–	–	(25)
	–	–	–	x	x	(26)
–	60	–	x	–	–	(27)
–	–	4,334	–	–	–	(28)
	x	x	8	–	–	(29)
–	–	x	–	x	–	(30)
	x	x	–	–	–	(31)
–	–	–	–	–	–	(32)
–	–	–	–	–	–	(33)
–	–	x	–	–	3,828	(34)
–	9	–	90	–	–	(35)
–	–	3,300	–	–	7,091	(36)
–	–	x	–	–	–	(37)
–	–	x	–	–	–	(38)
–	–	x	–	–	–	(39)
–	–	x	–	–	–	(40)
287,013	1	–	–	–	–	(41)
3,551	548	–	59	–	–	(42)
–	16	6,100	117	x	341	(43)
–	8	30,673	–	–	–	(44)
2,034,052	–	–	–	–	–	(45)
28,364	x	x	43	–	–	(46)
–	3	x	x	–	–	(47)
–	9	169,440	90	–	10,918	(48)
–	x	12,327	x	x	656	(49)
191,610	–	–	–	–	–	(50)
563,549	–	–	–	–	–	(51)
226,050	–	–	–	–	–	(52)
–	–	–	–	–	–	(53)
–	–	–	–	–	–	(54)
–	–	–	–	–	–	(55)
60,964	–	–	–	–	–	(56)
–	1	–	–	–	–	(57)
1,093,094	–	–	–	–	–	(58)
54,614	–	–	–	–	–	(59)
131,184	–	–	–	–	–	(60)
–	–	–	–	–	–	(61)
–	–	–	–	–	–	(62)
28,364	–	–	x	–	–	(63)
	–	–	–	–	–	(64)
	–	–	–	55	x	(65)
	–	–	–	–	–	(66)
	–	–	–	–	–	(67)
	–	x	–	–	–	(68)
	–	x	–	–	–	(69)
	x	x	–	–	–	(70)
	–	–	8	–	–	(71)
	x	x	–	–	–	(72)
	x	–	–	–	–	(73)
	–	–	–	–	–	(74)
	–	–	–	–	–	(75)
–	–	–	–	–	–	(76)
–	–	x	–	–	–	(77)

2 大海区都道府県振興局別統計（続き）
(4) 投餌量

単位：t

都道府県・ 大海区・振興局	養殖合計 投餌量 配合餌料	生餌	ぶり類 投餌量 配合餌料	生餌	まだい 投餌量 配合餌料	生餌
全　　国	396,543	327,042	193,017	189,822	152,858	15,129
北　海　道	55	857	-	-	-	-
青　　森	x	x	-	-	-	-
岩　　手	19,276	-	-	-	-	-
宮　　城						
秋　　田	-	-	-	-	-	-
山　　形	-	-	-	-	-	-
福　　島	-	-	-	-	-	-
茨　　城	x	x	-	-	x	x
千　　葉	x	x	-	-	x	x
東　　京	-	-	-	-	-	-
神　奈　川	11	106	-	-	-	-
新　　潟	x	-	-	-	-	-
富　　山	-	-	-	-	-	-
石　　川	392	18	-	-	88	-
福　　井						
静　　岡	2,274	1,085	41	963	2,222	-
愛　　知						
三　　重	28,411	17,108	9,139	1,641	11,635	3,836
京　　都	49	1,429	25	196	21	36
大　　阪	x	x	x	x	x	x
兵　　庫	x	x	x	-	x	x
和　歌　山	6,304	14,165	x	x	5,116	373
鳥　　取	2,165	x	-	-	-	-
島　　根	-	-	-	-	-	-
岡　　山	16	32	-	-	-	-
広　　島	1,476	38	800	-	617	0
山　　口	495	4,255	85	426	x	x
徳　　島	12,442	1,922	12,080	1,759	312	163
香　　川	18,275	12,899	16,569	11,803	823	296
愛　　媛	194,124	26,716	63,601	3,268	122,303	1,645
高　　知	x	-	-	-	x	-
福　　岡	x	-	-	-	x	-
佐　　賀	2,752	1,588	1,633	112	615	x
長　　崎	6,294	44,655	991	8,435	1,561	587
熊　　本	x	x	-	-	-	-
大　　分	33,560	75,957	29,802	53,775	713	764
宮　　崎	12,657	29,533	8,921	20,816	2,866	6,687
鹿　児　島	49,246	86,361	47,186	86,361	2,060	-
沖　　縄	1,775	x	-	-	62	-
北海道太平洋北区	48	833	-	-	-	-
太　平　洋　北　区	19,276	-	-	-	-	-
太　平　洋　中　区	31,026	18,934	9,180	2,604	14,056	4,365
太　平　洋　南　区	x	145,259	102,452	78,248	127,112	8,425
北海道日本海北区	7	24	-	-	-	-
日　本　海　北　区	x	x	-	-	-	-
日　本　海　西　区	2,607	x	25	196	108	36
東　シ　ナ　海　区	60,450	144,175	49,896	95,334	4,313	735
瀬　戸　内　海　区	40,714	16,108	31,463	13,441	7,267	1,568
宗　　谷	-	-	-	-	-	-
オホーツク	-	-	-	-	-	-
根　　室	x	-	-	-	-	-
釧　　路	-	725	-	-	-	-
十　　勝	-	-	-	-	-	-
日　　高	-	-	-	-	-	-
胆　　振	x	-	-	-	-	-
渡　　島	3	108	-	-	-	-
留　　萌	-	-	-	-	-	-
石　　狩	-	-	-	-	-	-
後　　志	-	-	-	-	-	-
檜　　山	3	23	-	-	-	-
青　森（太北）	-	-	-	-	-	-
（日北）	x	x	-	-	-	-
兵　庫（日西）	-	-	-	-	-	-
（瀬戸）	x	x	x	-	x	x
和歌山（太南）	6,248	x	x	x	x	373
（瀬戸）	57	x	x	x	x	-
山　口（東シ）	276	4,246	85	426	x	x
（瀬戸）	219	9	-	-	-	-
徳　島（太南）	46	x	x	x	x	-
（瀬戸）	12,395	x	x	x	x	163
愛　媛（太南）	188,522	25,503	63,601	3,268	116,890	602
（瀬戸）	5,601	1,213	-	-	5,413	1,043
福　岡（東シ）	x	x	-	-	x	-
（瀬戸）	-	-	-	-	-	-
大　分（太南）	33,391	x	29,802	53,775	713	764
（瀬戸）	169	x	-	-	-	-

〔内水面漁業・養殖業の部〕

1 全国年次別・魚種別生産量（平成19年〜29年）

年次	合計	漁 計	魚 小計	さけ類	からふとます	さくらます	その他のさけ・ます類	わかさぎ	あゆ	しらうお
	(1)	(2)	(3)	(4)	(5)	(6)	(7)	(8)	(9)	(10)
平成19年 (1)	80,990	39,038	25,007	13,524	1,062	10	295	1,194	3,284	379
20 (2)	72,639	32,627	20,334	9,525	731	15	215	1,096	3,438	352
	(73,867)	(33,855)	(21,503)	(10,242)	(1,012)	(34)	(216)	(1,142)	(3,435)	(352)
21 (3)	82,565	41,638	25,495	12,727	1,299	17	332	2,009	3,625	745
22 (4)	79,247	39,844	24,444	12,580	973	14	307	1,967	3,422	675
23 (5)	73,153	34,260	20,647	10,584	600	36	292	1,444	3,068	698
24 (6)	66,826	32,869	21,225	13,105	277	18	250	1,333	2,520	777
25 (7)	61,131	30,635	19,278	11,834	473	11	265	1,156	2,332	632
	(61,356)	(30,861)	(19,504)	(12,056)	(473)	(12)	(266)	(1,156)	(2,334)	(632)
26 (8)	64,474	30,603	17,599	10,212	294	11	252	1,242	2,395	706
27 (9)	69,253	32,917	19,704	12,330	237	13	237	1,417	2,407	774
28 (10)	63,135	27,937	15,014	7,471	687	12	311	1,181	2,390	585
29 (11)	62,054	25,215	12,073	5,802	142	8	269	943	2,168	561

年次	漁業(続き) 貝類 小計	しじみ	その他	その他の水産動植物類 小計	えび類	その他	養殖 計	魚 ます類 にじます	その他のます類	あゆ
	(17)	(18)	(19)	(20)	(21)	(22)	(23)	(24)	(25)	(26)
平成19年 (1)	12,429	10,942	1,488	1,601	976	625	41,953	7,319	3,545	5,807
20 (2)	11,167	9,831	1,336	1,127	761	365	40,012	6,825	3,126	5,940
	(11,214)	(9,888)	(1,326)	(1,138)	(763)	(375)				
21 (3)	15,131	10,432	4,698	1,012	555	456	40,927	6,310	3,330	5,837
22 (4)	14,455	11,189	3,266	945	676	268	39,403	6,102	3,261	5,676
23 (5)	12,712	9,241	3,471	901	655	246	38,893	5,406	2,815	5,420
24 (6)	11,022	7,839	3,183	622	448	174	33,957	5,147	2,999	5,195
25 (7)	10,726	8,454	2,272	631	464	166	30,496	4,962	2,934	5,279
	(10,726)	(8,454)	(2,272)	(631)	(464)	(166)				
26 (8)	12,436	9,804	2,632	568	409	159	33,871	4,786	2,847	5,163
27 (9)	12,697	9,819	2,879	516	372	145	36,336	4,836	2,873	5,084
28 (10)	12,400	9,580	2,820	523	360	163	35,198	4,954	2,852	5,183
29 (11)	12,616	9,868	2,748	525	364	161	36,839	4,731	2,908	5,053

注： 1 内水面漁業漁獲量は、平成19年及び平成20年は主要106河川24湖沼、平成21年から平成25年までは主要108河川24湖沼、平成26年以降は主要112河川24湖沼の値である。

2 平成20年の（ ）書きの数値は、平成20年に調査をした漁業権の設定等が行われている全ての河川・湖沼の漁獲量を、平成21年の調査対象河川・湖沼に合わせて集計した値である。

また、平成25年の（ ）書きの数値は、平成25年に調査をした漁業権の設定等が行われている全ての河川・湖沼の漁獲量を、平成26年の調査対象河川・湖沼に合わせて集計した値である。

3 内水面養殖業は、平成13年調査から調査対象魚種を変更し、ます類、あゆ、こい及びうなぎの4種類に限定した。

なお、琵琶湖、霞ヶ浦及び北浦については、これら以外のその他の魚類養殖及び淡水真珠養殖についても調査を行っており、平成19年からその他の魚類養殖は計に含めた。

単位：t

こい	ふな	うぐい・おいかわ	うなぎ	はぜ類	その他	
(11)	(12)	(13)	(14)	(15)	(16)	
528	1,006	688	289	383	2,366	(1)
468	917	649	270	265	2,392	(2)
(470)	(961)	(648)	(270)	(267)	(2,452)	
434	847	640	263	202	2,354	(3)
401	778	655	245	162	2,266	(4)
357	700	655	229	158	1,827	(5)
334	644	626	165	147	1,028	(6)
303	591	467	135	132	946	(7)
(303)	(591)	(467)	(135)	(132)	(946)	
258	596	468	112	173	879	(8)
227	555	486	70	170	782	(9)
220	534	466	71	160	926	(10)
213	512	347	71	143	895	(11)

業			
類			淡水真珠
こい	うなぎ	その他の魚類	
(27)	(28)	(29)	(30)
2,893	22,241	148	0.2	(1)
2,981	20,952	188	0.1	(2)
2,910	22,406	133	0.1	(3)
3,692	20,543	129	0.1	(4)
3,133	22,006	112	0.1	(5)
2,964	17,377	275	0.1	(6)
3,019	14,204	98	0.1	(7)
3,273	17,627	175	0.1	(8)
3,256	20,119	168	0.1	(9)
3,131	18,907	171	0.1	(10)
3,015	20,979	152	0.1	(11)

2 内水面漁業漁獲量
(1) 都道府県別・魚種別漁獲量

| 都道府県 | 計 | 魚 | | | | | | | | | |
		小計	さけ類	からふとます	さくらます	その他のさけ・ます類	わかさぎ	あゆ	しらうお	こい	ふな
全　国 (1)	25,215	12,073	5,802	142	8	269	943	2,168	561	213	512
北 海 道 (2)	7,635	4,025	3,579	142	3	3	214	-	-	3	0
青　森 (3)	4,835	1,670	381	-	-	16	419	1	325	102	44
岩　手 (4)	717	717	688	-	1	8	-	20	-	-	-
宮　城 (5)	406	397	396	-	-	-	-	1	-	-	-
秋　田 (6)	212	211	18	-	0	6	155	4	18	2	2
山　形 (7)	251	247	208	-	1	4	-	29	-	0	0
福　島 (8)	30	30	19	-	0	7	1	2	-	1	0
茨　城 (9)	2,551	1,143	52	-	0	0	92	400	211	13	12
栃　木 (10)	277	276	-	-	0	6	-	264	-	3	-
群　馬 (11)	3	3	-	-	-	-	-	-	-	-	2
埼　玉 (12)	1	1	-	-	0	0	-	1	-	-	-
千　葉 (13)	49	37	-	-	-	-	0	0	-	-	21
東　京 (14)	323	28	-	-	-	16	-	7	-	0	4
神 奈 川 (15)	408	408	-	-	-	1	0	381	-	0	4
新　潟 (16)	581	553	375	-	2	13	1	25	-	44	53
富　山 (17)	147	147	73	-	1	1	-	71	-	0	0
石　川 (18)	13	13	13	-	-	0	-	0	-	-	-
福　井 (19)	x	x	x	x	x	x	x	x	x	x	x
山　梨 (20)	x	x	x	x	x	x	x	x	x	x	x
長　野 (21)	158	158	-	-	-	128	9	11	-	5	0
岐　阜 (22)	264	253	-	-	-	24	-	210	-	1	1
静　岡 (23)	2	2	-	-	-	-	-	2	-	-	-
愛　知 (24)	35	3	-	-	-	0	-	3	-	-	-
三　重 (25)	180	3	-	-	-	-	-	2	-	0	0
滋　賀 (26)	x	x	x	x	x	x	x	x	x	x	x
京　都 (27)	11	10	0	-	-	2	-	8	-	0	0
大　阪 (28)	-	-	-	-	-	-	-	-	-	-	-
兵　庫 (29)	17	14	-	-	0	1	-	12	-	0	0
奈　良 (30)	0	0	-	-	-	-	-	0	-	-	-
和 歌 山 (31)	7	7	-	-	-	0	-	6	-	-	-
鳥　取 (32)	125	0	-	-	-	-	-	-	-	-	0
島　根 (33)	4,077	68	-	-	-	0	-	18	7	0	13
岡　山 (34)	306	302	-	-	-	1	0	13	-	8	241
広　島 (35)	21	20	-	-	-	1	0	16	-	1	0
山　口 (36)	12	12	-	-	-	0	-	11	-	0	0
徳　島 (37)	110	99	-	-	0	2	0	62	0	1	3
香　川 (38)	-	-	-	-	-	-	-	-	-	-	-
愛　媛 (39)	168	135	-	-	-	2	-	113	-	4	3
高　知 (40)	126	116	-	-	0	1	-	105	-	1	0
福　岡 (41)	92	50	-	-	-	0	4	2	0	5	10
佐　賀 (42)	6	5	-	-	-	-	-	-	-	1	1
長　崎 (43)	-	-	-	-	-	-	-	-	-	-	-
熊　本 (44)	57	52	-	-	-	1	0	35	-	-	-
大　分 (45)	73	63	-	-	-	2	7	28	-	4	4
宮　崎 (46)	42	38	-	-	-	1	-	14	-	3	1
鹿 児 島 (47)	x	x	x	x	x	x	x	x	x	x	x
沖　縄 (48)	-	-	-	-	-	-	-	-	-	-	-

注：1)は、漁獲量の内数である。なお、海産種苗採捕量については94ページ参照。

単位：t

うぐい・おいかわ	うなぎ	はぜ類	その他	小計	しじみ	その他	小計	えび類	その他	あゆ	うなぎ	
				貝　類			その他の水産動植物類			1)　天然産種苗採捕量		
347	71	143	895	12,616	9,868	2,748	525	364	161	76	3	(1)
-	-	-	81	3,564	821	2,743	47	22	25	-	-	(2)
260	1	25	96	3,141	3,141	-	24	22	2	-	-	(3)
0	-	-	-	-	-	-	0	-	0	-	-	(4)
-	-	-	-	8	8	-	-	-	-	1	-	(5)
1	1	0	2	0	0	0	1	0	1	-	-	(6)
3	0	-	1	-	-	-	4	0	4	0	-	(7)
1	0	-	-	-	-	-	-	-	-	-	-	(8)
3	18	23	320	1,161	1,161	0	247	222	24	-	1	(9)
2	0	-	0	-	-	-	0	-	0	-	-	(10)
-	0	-	1	-	-	-	-	-	-	-	-	(11)
0	0	-	-	-	-	-	0	0	-	0	0	(12)
-	1	-	15	-	-	-	12	12	-	0	1	(13)
1	1	-	-	285	285	-	10	0	10	-	-	(14)
21	0	0	1	0	0	0	-	-	-	-	0	(15)
9	1	1	31	11	11	-	18	0	17	-	-	(16)
1	0	-	-	-	-	-	-	-	-	-	-	(17)
-	-	-	-	-	-	-	-	-	-	0	-	(18)
x	x	x	x	x	x	x	x	x	x	x	x	(19)
x	x	x	x	x	x	x	x	x	x	x	x	(20)
5	0	-	0	-	-	-	0	0	-	-	-	(21)
3	1	8	3	8	8	-	3	0	3	-	0	(22)
-	-	-	-	-	-	-	-	-	-	2	-	(23)
-	0	-	-	32	32	-	-	-	-	0	-	(24)
0	0	0	0	176	176	-	0	0	-	-	-	(25)
x	x	x	x	x	x	x	x	x	x	x	x	(26)
0	0	0	0	-	-	-	0	0	0	-	-	(27)
-	-	-	-	-	-	-	-	-	-	-	-	(28)
0	0	0	0	0	0	0	3	0	2	-	-	(29)
-	-	-	-	-	-	-	-	-	-	0	-	(30)
0	0	-	0	-	-	-	1	-	1	-	-	(31)
-	0	-	0	125	125	-	0	0	0	-	-	(32)
0	6	3	21	4,001	4,001	-	8	1	7	-	-	(33)
3	9	0	27	-	-	-	4	3	0	0	1	(34)
1	1	0	1	0	0	-	0	-	0	1	-	(35)
0	0	-	0	-	-	-	0	-	0	-	-	(36)
1	1	0	28	10	9	1	1	1	0	-	0	(37)
-	-	-	-	-	-	-	-	-	-	-	-	(38)
-	9	-	4	-	-	-	34	-	34	-	0	(39)
2	3	0	5	-	-	-	10	1	10	-	0	(40)
6	4	1	17	35	34	0	8	5	4	-	0	(41)
0	0	-	3	1	1	-	0	0	0	-	0	(42)
-	-	-	-	-	-	-	-	-	-	-	-	(43)
14	2	-	-	1	1	-	4	0	4	2	-	(44)
4	5	1	6	0	0	-	9	0	9	-	0	(45)
2	3	1	13	0	0	-	3	0	3	-	0	(46)
x	x	x	x	x	x	x	x	x	x	x	x	(47)
-	-	-	-	-	-	-	-	-	-	-	-	(48)

2 内水面漁業漁獲量（続き）
(2) 都道府県別・河川湖沼別漁獲量

単位：t

都道府県	計	河 川	湖 沼
全　　　　国	25,215	9,812	15,403
北　海　道	7,635	3,697	3,939
青　　　森	4,835	419	4,416
岩　　　手	717	717	-
宮　　　城	406	406	-
秋　　　田	212	x	x
山　　　形	251	251	-
福　　　島	30	x	x
茨　　　城	2,551	x	x
栃　　　木	277	x	x
群　　　馬	3	3	-
埼　　　玉	1	1	-
千　　　葉	49	x	x
東　　　京	323	323	-
神　奈　川	408	x	x
新　　　潟	581	581	-
富　　　山	147	147	-
石　　　川	13	13	-
福　　　井	x	x	
山　　　梨	x	x	x
長　　　野	158	x	x
岐　　　阜	264	264	-
静　　　岡	2	2	-
愛　　　知	35	35	-
三　　　重	180	180	-
滋　　　賀	x	x	873
京　　　都	11	11	-
大　　　阪	-	-	-
兵　　　庫	17	17	-
奈　　　良	0	0	-
和　歌　山	7	7	-
鳥　　　取	125	x	x
島　　　根	4,077	x	x
岡　　　山	306	x	x
広　　　島	21	21	-
山　　　口	12	12	-
徳　　　島	110	110	-
香　　　川	-	-	-
愛　　　媛	168	168	-
高　　　知	126	126	-
福　　　岡	92	92	-
佐　　　賀	6	6	-
長　　　崎	-	-	-
熊　　　本	57	57	-
大　　　分	73	73	-
宮　　　崎	42	42	-
鹿　児　島	x	x	-
沖　　　縄	-	-	-

2 内水面漁業漁獲量（続き）
(3) 魚種別・河川別漁獲量

魚　種	河川計	知来別川（北海道）	頓別川（北海道）	北見幌別川（北海道）	徳志別川（北海道）	幌内川（北海道）	渚滑川（北海道）	網走川（北海道）	止別川（北海道）	斜里川（北海道）	奥蘂別川（北海道）	常呂川（北海道）
合　　　　　計 (1)	9,812	x	x	x	x	x	x	554	x	x	x	x
魚　類　　計 (2)	8,407	x	x	x	x	x	x	513	x	x	x	x
さ　け　類 (3)	5,583	x	x	x	x	x	x	511	x	x	x	x
からふとます (4)	140	x	x	x	x	x	x	2	x	x	x	x
さくらます (5)	8	x	x	x	x	x	x	-	x	x	x	x
その他のさけ・ます類 (6)	226	x	x	x	x	x	x	-	x	x	x	x
わ　か　さ　ぎ (7)	95	x	x	x	x	x	x	-	x	x	x	x
あ　　　ゆ (8)	1,889	x	x	x	x	x	x	-	x	x	x	x
し　ら　う　お (9)	0	x	x	x	x	x	x	-	x	x	x	x
こ　　　い (10)	81	x	x	x	x	x	x	-	x	x	x	x
ふ　　　な (11)	102	x	x	x	x	x	x	-	x	x	x	x
うぐい・おいかわ (12)	82	x	x	x	x	x	x	-	x	x	x	x
う　　な　　ぎ (13)	47	x	x	x	x	x	x	-	x	x	x	x
は　ぜ　類 (14)	19	x	x	x	x	x	x	-	x	x	x	x
その他の魚類 (15)	135	x	x	x	x	x	x	-	x	x	x	x
貝　類　　計 (16)	1,270	x	x	x	x	x	x	40	x	x	x	x
し　じ　み (17)	1,268	x	x	x	x	x	x	40	x	x	x	x
その他の貝類 (18)	1	x	x	x	x	x	x	-	x	x	x	x
その他の水産動植物類計 (19)	135	x	x	x	x	x	x	-	x	x	x	x
え　び　類 (20)	9	x	x	x	x	x	x	-	x	x	x	x
その他の水産動植物類 (21)	126	x	x	x	x	x	x	-	x	x	x	x
1) 天然産種苗採捕量												
あ　　　ゆ (22)	7	x	x	x	x	x	x	-	x	x	x	x
う　　な　　ぎ (23)	2	x	x	x	x	x	x	-	x	x	x	x

注：1)は、漁獲量の内数である。なお、海産種苗採捕量については94ページ参照。

単位：t

伊茶仁川（北海道）	標津川（北海道）	西別川（北海道）	風蓮川（北海道）	別当賀川（北海道）	釧路川（北海道）	十勝川（北海道）	静内川（北海道）	沙流川（北海道）	白老川（北海道）	敷生川（北海道）	遊楽部川（北海道）	天塩川（北海道）	石狩川（北海道）	
x	x	x	45	x	x	x	x	x	x	x	x	x	450	(1)
x	x	x	45	x	x	x	x	x	x	x	x	x	437	(2)
x	x	x	24	x	x	x	x	x	x	x	x	x	374	(3)
x	x	x	–	x	x	x	x	x	x	x	x	x	–	(4)
x	x	x	–	x	x	x	x	x	x	x	x	x	0	(5)
x	x	x	–	x	x	x	x	x	x	x	x	x	–	(6)
x	x	x	10	x	x	x	x	x	x	x	x	x	58	(7)
x	x	x		x	x	x	x	x	x	x	x	x		(8)
x	x	x	–	x	x	x	x	x	x	x	x	x	–	(9)
x	x	x		x	x	x	x	x	x	x	x	x	0	(10)
x	x	x		x	x	x	x	x	x	x	x	x	0	(11)
x	x	x		x	x	x	x	x	x	x	x	x	–	(12)
x	x	x	–	x	x	x	x	x	x	x	x	x	–	(13)
x	x	x		x	x	x	x	x	x	x	x	x	–	(14)
x	x	x	11	x	x	x	x	x	x	x	x	x	4	(15)
x	x	x	–	x	x	x	x	x	x	x	x	x	–	(16)
x	x	x	–	x	x	x	x	x	x	x	x	x	–	(17)
x	x	x	–	x	x	x	x	x	x	x	x	x	–	(18)
x	x	x		x	x	x	x	x	x	x	x	x	14	(19)
x	x	x	–	x	x	x	x	x	x	x	x	x	1	(20)
x	x	x		x	x	x	x	x	x	x	x	x	13	(21)
x	x	x	–	x	x	x	x	x	x	x	x	x	–	(22)
x	x	x	–	x	x	x	x	x	x	x	x	x	–	(23)

2 内水面漁業漁獲量（続き）
(3) 魚種別・河川別漁獲量（続き）

魚　種	後志利別川（北海道）	高瀬川（青森）	奥入瀬川（青森）	馬　淵　川			新　井　田　川			野辺地川（青森）	岩木川（青森）	有家川（岩手）
				計	青森	岩手	計	青森	岩手			
合　　　　　計　(1)	x	28	x	128	x	x	46	x	x	x	11	x
魚　類　　計　(2)	x	8	x	128	x	x	46	x	x	x	9	x
さ　け　類　(3)	x	-	x	128	x	x	46	x	x	x	-	x
からふとます　(4)	x	-	x	-	x	x	-	x	x	x	-	x
さくらます　(5)	x	-	x	-	x	x	-	x	x	x	-	x
その他のさけ・ます類　(6)	x	-	x	-	x	x	-	x	x	x	5	x
わ　か　さ　ぎ　(7)	x	8	x	-	x	x	-	x	x	x	-	x
あ　　　　ゆ　(8)	x	-	x	-	x	x	0	x	x	x	1	x
し　ら　う　お　(9)	x	-	x	-	x	x	-	x	x	x	-	x
こ　　　　い　(10)	x	0	x	-	x	x	0	x	x	x	1	x
ふ　　　　な　(11)	x	0	x	-	x	x	-	x	x	x	0	x
うぐい・おいかわ　(12)	x	0	x	-	x	x	0	x	x	x	1	x
う　な　ぎ　(13)	x	-	x	-	x	x	-	x	x	x	-	x
は　ぜ　類　(14)	x	0	x	-	x	x	0	x	x	x	-	x
その他の魚類　(15)	x	0	x	-	x	x	0	x	x	x	1	x
貝　類　　計　(16)	x	19	x	-	x	x	-	x	x	x	-	x
し　じ　み　(17)	x	19	x	-	x	x	-	x	x	x	-	x
その他の貝類　(18)	x	-	x	-	x	x	-	x	x	x	-	x
その他の水産動植物類計　(19)	x	-	x	-	x	x	-	x	x	x	2	x
え　び　類　(20)	x	-	x	-	x	x	-	x	x	x	-	x
その他の水産動植物類　(21)	x	-	x	-	x	x	-	x	x	x	2	x
1) 天然産種苗採捕量												
あ　　　　ゆ　(22)	x	-	x	-	x	x	-	x	x	x	-	x
う　な　ぎ　(23)	x	-	x	-	x	x	-	x	x	x	-	x

注：1)は、漁獲量の内数である。なお、海産種苗採捕量については94ページ参照。

単位：t

（久慈） 岩手 川	（安家） 岩手 川	（小本） 岩手 川	（摂待） 岩手 川	（田老） 岩手 川	（閉伊） 岩手 川	（津軽石） 岩手 川	（織笠） 岩手 川	（大槌） 岩手 川	（片岸） 岩手 川	（吉浜） 岩手 川	（盛） 岩手 川	（気仙） 岩手 川	北上川 計	
x	x	56	x	x	x	x	x	x	x	x	x	x	271	(1)
x	x	56	x	x	x	x	x	x	x	x	x	x	263	(2)
x	x	56	x	x	x	x	x	x	x	x	x	x	261	(3)
x	x	−	x	x	x	x	x	x	x	x	x	x	−	(4)
x	x	0	x	x	x	x	x	x	x	x	x	x	−	(5)
x	x	−	x	x	x	x	x	x	x	x	x	x	−	(6)
x	x	−	x	x	x	x	x	x	x	x	x	x	−	(7)
x	x	−	x	x	x	x	x	x	x	x	x	x	2	(8)
x	x	−	x	x	x	x	x	x	x	x	x	x	−	(9)
x	x	−	x	x	x	x	x	x	x	x	x	x	−	(10)
x	x	−	x	x	x	x	x	x	x	x	x	x	−	(11)
x	x	−	x	x	x	x	x	x	x	x	x	x	−	(12)
x	x	−	x	x	x	x	x	x	x	x	x	x	−	(13)
x	x	−	x	x	x	x	x	x	x	x	x	x	−	(14)
x	x	−	x	x	x	x	x	x	x	x	x	x	−	(15)
x	x	−	x	x	x	x	x	x	x	x	x	x	8	(16)
x	x	−	x	x	x	x	x	x	x	x	x	x	8	(17)
x	x	−	x	x	x	x	x	x	x	x	x	x	−	(18)
x	x	−	x	x	x	x	x	x	x	x	x	x	−	(19)
x	x	−	x	x	x	x	x	x	x	x	x	x	−	(20)
x	x	−	x	x	x	x	x	x	x	x	x	x	−	(21)
x	x	−	x	x	x	x	x	x	x	x	x	x	1	(22)
x	x	−	x	x	x	x	x	x	x	x	x	x	−	(23)

2 内水面漁業漁獲量（続き）
(3) 魚種別・河川別漁獲量（続き）

| 魚　種 | 北上川（続き） | | 〜大宮城〜川 | 〜小宮泉城〜川 | 〜鳴宮城瀬〜川 | 阿　武　隈　川 | | | 〜雄秋物田〜川 | 〜月山光形〜川 | 〜最山上形〜川 | 〜赤山形〜川 |
	岩手	宮城				計	宮城	福島				
合　　　　　　　計 (1)	0	271	x	x	22	34	34	−	x	x	76	x
魚　　　類　　　計 (2)	0	263	x	x	22	34	34	−	x	x	72	x
さ　　け　　類 (3)	−	261	x	x	22	34	34	−	x	x	33	x
か ら ふ と ま す (4)	−	−	x	x	−	−	−	−	x	x	−	x
さ く ら ま す (5)	−	−	x	x	−	−	−	−	x	x	1	x
その他のさけ・ます類 (6)	−	−	x	x	−	−	−	−	x	x	4	x
わ　か　さ　ぎ (7)	−	−	x	x	−	−	−	−	x	x	−	x
あ　　　　　　ゆ (8)	0	1	x	x	−	−	−	−	x	x	29	x
し　ら　う　お (9)	−	−	x	x	−	−	−	−	x	x	−	x
こ　　　　　　い (10)	−	−	x	x	−	−	−	−	x	x	0	x
ふ　　　　　　な (11)	−	−	x	x	−	−	−	−	x	x	0	x
うぐい・おいかわ (12)	−	−	x	x	−	−	−	−	x	x	3	x
う　　な　　ぎ (13)	−	−	x	x	−	−	−	−	x	x	0	x
は　　ぜ　　類 (14)	−	−	x	x	−	−	−	−	x	x	−	x
そ の 他 の 魚 類 (15)	−	−	x	x	−	−	−	−	x	x	1	x
貝　　　類　　　計 (16)	−	8	x	x	−	−	−	−	x	x	−	x
し　じ　み (17)	−	8	x	x	−	−	−	−	x	x	−	x
そ の 他 の 貝 類 (18)	−	−	x	x	−	−	−	−	x	x	−	x
その他の水産動植物類計 (19)	−	−	x	x	−	−	−	−	x	x	4	x
え　　び　　類 (20)	−	−	x	x	−	−	−	−	x	x	0	x
その他の水産動植物類 (21)	−	−	x	x	−	−	−	−	x	x	4	x
1) 天 然 産 種 苗 採 捕 量												
あ　　　　　　ゆ (22)	−	1	x	x	−	−	−	−	x	x	0	x
う　　な　　ぎ (23)	−	−	x	x	−	−	−	−	x	x	x	x

注：1) は、漁獲量の内数である。なお、海産種苗採捕量については94ページ参照。

単位：t

阿賀野川			久慈川			～請戸川（福島）	～熊川（福島）	～木戸川（福島）	～夏井川（福島）	那珂川			利根川	
計	福島	新潟	計	福島	茨城					計	茨城	栃木	計	
165	x	x	x	x	x	－	x	x	6	1,018	747	271	17	(1)
152	x	x	x	x	x	－	x	x	6	424	154	270	15	(2)
120	x	x	x	x	x	－	x	x	6	47	47	－	3	(3)
－	x	x	x	x	x	－	x	x	－	－	－	－	－	(4)
1	x	x	x	x	x	－	x	x	－	0	0	0	0	(5)
11	x	x	x	x	x	－	x	x	－	0	0	0	－	(6)
1	x	x	x	x	x	－	x	x	－	0	0	－	0	(7)
4	x	x	x	x	x	－	x	x	－	364	100	264	0	(8)
－	x	x	x	x	x	－	x	x	－	0	0	－	－	(9)
5	x	x	x	x	x	－	x	x	－	4	1	3	3	(10)
1	x	x	x	x	x	－	x	x	－	1	1	－	6	(11)
1	x	x	x	x	x	－	x	x	－	3	1	2	0	(12)
1	x	x	x	x	x	－	x	x	－	2	1	0	2	(13)
1	x	x	x	x	x	－	x	x	－	1	1	－	0	(14)
7	x	x	x	x	x	－	x	x	－	2	2	0	1	(15)
11	x	x	x	x	x	－	x	x	－	591	591	－	1	(16)
11	x	x	x	x	x	－	x	x	－	591	591	－	1	(17)
－	x	x	x	x	x	－	x	x	－	0	0	－	－	(18)
2	x	x	x	x	x	－	x	x	－	3	2	0	1	(19)
－	x	x	x	x	x	－	x	x	－	0	0	－	1	(20)
2	x	x	x	x	x	－	x	x	－	2	2	0	1	(21)
－	x	x	x	x	x	－	x	x	－	－	－	－	－	(22)
－	x	x	x	x	x	－	x	x	－	－	－	－	2	(23)

2 内水面漁業漁獲量（続き）
(3) 魚種別・河川別漁獲量（続き）

魚　　種	利　根　川（　続　き　）					荒　　川			江　戸　川			
	茨城	栃木	群馬	埼玉	千葉	計	埼玉	東京	計	埼玉	千葉	東京
合　　　　　計　(1)	13	x	3	x	1	205	1	205	52	x	x	52
魚　　類　　計　(2)	12	x	3	x	1	2	1	1	4	x	x	4
さ　　け　　類　(3)	3	x	-	x	-	-	-	-	-	x	x	-
か　ら　ふ　と　ま　す　(4)	-	x	-	x	-	-	-	-	-	x	x	-
さ　く　ら　ま　す　(5)	-	x	-	x	-	-	-	-	-	x	x	-
そ　の　他　の　さ　け・ま　す　類　(6)	-	x	-	x	-	0	0	-	-	x	x	-
わ　か　さ　ぎ　(7)	0	x	-	x	-	-	-	-	-	x	x	-
あ　　　　　ゆ　(8)	-	x	-	x	-	0	0	-	0	x	x	-
し　　ら　　う　　お　(9)	-	x	-	x	-	-	-	-	-	x	x	-
こ　　　　　い　(10)	3	x	-	x	-	-	-	-	-	x	x	-
ふ　　　　　な　(11)	4	x	2	x	-	1	-	1	3	x	x	3
う　ぐ　い・お　い　か　わ　(12)	0	x	-	x	-	0	0	0	0	x	x	0
う　　な　　ぎ　(13)	1	x	0	x	1	0	-	0	0	x	x	0
は　　ぜ　　類　(14)	0	x	-	x	-	-	-	-	-	x	x	-
そ　の　他　の　魚　類　(15)	0	x	1	x	-	-	-	-	-	x	x	-
貝　　類　　計　(16)	1	x	-	x	-	202	-	202	42	x	x	42
し　　じ　　み　(17)	1	x	-	x	-	202	-	202	42	x	x	42
そ　の　他　の　貝　類　(18)	-	x	-	x	-	-	-	-	-	x	x	-
そ　の　他　の　水　産　動　植　物　類　計　(19)	1	x	-	x	-	2	-	2	6	x	x	6
え　　び　　類　(20)	1	x	-	x	-	0	-	0	0	x	x	-
そ　の　他　の　水　産　動　植　物　類　(21)	1	x	-	x	-	2	-	2	6	x	x	6
1) 天　然　産　種　苗　採　捕　量												
あ　　　　　ゆ　(22)	-	x	-	x	-	0	0	-	0	x	x	-
う　　な　　ぎ　(23)	1	x	-	x	1	-	-	-	0	x	x	-

注：1)は、漁獲量の内数である。なお、海産種苗採捕量については94ページ参照。

単位：t

多　　摩　　川				相　模　川			三面川（新潟）	信　濃　川			黒部川（富山）	神　通　川		
計	東京	神奈川	山梨	計	神奈川	山梨		計	新潟	長野		計	富山	
75	66	x	x	399	399	–	x	269	255	14	x	108	91	(1)
31	23	x	x	399	399	–	x	253	239	14	x	108	91	(2)
–	–	x	x	–	–	–	x	95	95	–	x	21	21	(3)
–	–	x	x	–	–	–	x	–	–	–	x	–	–	(4)
–	–	x	x	–	–	–	x	1	1	–	x	1	1	(5)
16	16	x	x	1	1	–	x	16	9	7	x	7	1	(6)
–	–	x	x	–	–	–	x	0	0	0	x	–	–	(7)
15	7	x	x	373	373	–	x	17	14	3	x	79	67	(8)
–	–	x	x	–	–	–	x	–	–	–	x	–	–	(9)
0	0	x	x	–	–	–	x	39	38	1	x	0	0	(10)
0	0	x	x	4	4	–	x	52	52	0	x	0	0	(11)
0	0	x	x	21	21	–	x	10	7	3	x	0	0	(12)
0	0	x	x	0	0	–	x	0	0	0	x	0	–	(13)
–	–	x	x	0	0	–	x	0	0	–	x	–	–	(14)
–	–	x	x	1	1	–	x	23	23	0	x	0	–	(15)
41	41	x	x	–	–	–	x	–	–	–	x	–	–	(16)
41	41	x	x	–	–	–	x	–	–	–	x	–	–	(17)
0	–	x	x	–	–	–	x	–	–	–	x	–	–	(18)
3	3	x	x	–	–	–	x	16	16	–	x	–	–	(19)
–	–	x	x	–	–	–	x	0	0	–	x	–	–	(20)
3	3	x	x	–	–	–	x	16	16	–	x	–	–	(21)
–	–	x	x	–	–	–	x	–	–	–	x	–	–	(22)
–	–	x	x	0	0	–	x	–	–	–	x	–	–	(23)

2 内水面漁業漁獲量（続き）
(3) 魚種別・河川別漁獲量（続き）

魚　　　種	神通川（続き）岐阜	庄　　川 計	富山	岐阜	手取川（石川）川	九頭竜川 計	福井	岐阜	天竜川 計	長野	静岡	愛知
合　　　　　　計　(1)	18	23	x	x	13	12	x	x	131	130	x	x
魚　　類　　計　(2)	18	23	x	x	13	12	x	x	131	130	x	x
さ　け　類　(3)	-	20	x	x	13	-	x	x	-	-	x	x
か ら ふ と ま す　(4)	-	-	x	x	-	-	x	x	-	-	x	x
さ く ら ま す　(5)	-	0	x	x	-	0	x	x	-	-	x	x
その他のさけ・ます類　(6)	6	1	x	x	0	1	x	x	118	118	x	x
わ　か　さ　ぎ　(7)	-	-	x	x	-	-	x	x	-	-	x	x
あ　　　　ゆ　(8)	12	2	x	x	0	11	x	x	9	7	x	x
し　ら　う　お　(9)	-	-	x	x	-	-	x	x	-	-	x	x
こ　　　　い　(10)	0	-	x	x	-	-	x	x	3	3	x	x
ふ　　　　な　(11)	-	-	x	x	-	-	0	x	x	-	-	x	x
う ぐ い・お い か わ　(12)	0	0	x	x	-	-	x	x	2	2	x	x
う　　な　　ぎ　(13)	0	0	x	x	-	-	x	x	-	-	x	x
は　ぜ　類　(14)	-	-	x	x	-	-	x	x	-	-	x	x
そ の 他 の 魚 類　(15)	0	-	x	x	-	-	x	x	-	-	x	x
貝　類　　計　(16)	-	-	x	x	-	-	x	x	-	-	x	x
し　じ　み　(17)	-	-	x	x	-	-	x	x	-	-	x	x
そ の 他 の 貝 類　(18)	-	-	x	x	-	-	x	x	-	-	x	x
その他の水産動植物類計　(19)	-	-	x	x	-	-	x	x	-	-	x	x
え　び　類　(20)	-	-	x	x	-	-	x	x	-	-	x	x
その他の水産動植物類　(21)	-	-	x	x	-	-	x	x	-	-	x	x
1) 天 然 産 種 苗 採 捕 量												
あ　　　　ゆ　(22)	-	-	x	x	0	-	x	x	2	-	x	x
う　　な　　ぎ　(23)	-	-	x	x	-	-	x	x	-	-	x	x

注：1)は、漁獲量の内数である。なお、海産種苗採捕量については94ページ参照。

単位：t

木曽川					長良川			揖斐川			矢作川			
計	長野	岐阜	愛知	三重	計	岐阜	三重	計	岐阜	三重	計	長野	岐阜	
119	x	30	x	55	203	203	0	135	13	122	5	x	x	(1)
32	x	30	x	0	200	200	0	5	4	1	5	x	x	(2)
-	x	-	x	-	-	-	-	-	-	-	-	x	x	(3)
-	x	-	x	-	-	-	-	-	-	-	-	x	x	(4)
-	x	-	x	-	-	-	-	-	-	-	-	x	x	(5)
2	x	2	x	-	15	15	-	1	1	-	3	x	x	(6)
-	x	-	x	-	-	-	-	-	-	-	-	x	x	(7)
29	x	26	x	-	170	170	-	2	2	0	2	x	x	(8)
-	x	-	x	-	-	-	-	-	-	-	-	x	x	(9)
0	x	0	x	-	1	1	0	0	0	0	-	x	x	(10)
0	x	0	x	0	0	0	0	1	1	0	-	x	x	(11)
0	x	0	x	-	3	3	-	0	0	0	0	x	x	(12)
0	x	0	x	0	1	1	0	1	0	0	0	x	x	(13)
1	x	1	x	0	8	8	-	0	-	0	0	x	x	(14)
1	x	1	x	-	3	3	0	0	0	0	0	x	x	(15)
87	x	-	x	55	0	-	0	130	8	121	-	x	x	(16)
87	x	-	x	55	0	-	0	130	8	121	-	x	x	(17)
-	x	-	x	-	-	-	-	-	-	-	-	x	x	(18)
0	x	0	x	-	3	3	0	0	0	0	-	x	x	(19)
0	x	0	x	-	0	0	0	0	0	0	-	x	x	(20)
0	x	0	x	-	2	2	-	0	0	-	-	x	x	(21)
0	x	-	x	-	-	-	-	-	-	-	-	x	x	(22)
-	x	-	x	-	-	-	-	0	0	-	-	x	x	(23)

2 内水面漁業漁獲量（続き）
(3) 魚種別・河川別漁獲量（続き）

魚 種	矢作川(続き) 愛知	安倍川・藁科川・静岡川	豊川 愛知	宮川 三重	淀 川 計	三重	滋賀	京都	大阪	奈良	熊 野 計	三重
合　　　　計 (1)	1	x	-	2	5	-	x	5	-	x	1	0
魚　　類　　計 (2)	1	x	-	2	5	-	x	5	-	x	1	0
さ　け　類 (3)	-	x	-	-	-	-	x	-	-	x	-	-
か ら ふ と ま す (4)	-	x	-	-	-	-	x	-	-	x	-	-
さ く ら ま す (5)	-	x	-	-	-	-	x	-	-	x	-	-
その他のさけ・ます類 (6)	-	x	-	-	1	-	x	1	-	x	-	-
わ か さ ぎ (7)	-	x	-	-	-	-	x	-	-	x	-	-
あ　　　　ゆ (8)	1	x	-	2	4	-	x	4	-	x	1	0
し ら う お (9)	-	x	-	-	-	-	x	-	-	x	-	-
こ　　　　い (10)	-	x	-	-	0	-	x	0	-	x	-	-
ふ　　　　な (11)	-	x	-	-	0	-	x	0	-	x	-	-
うぐい・おいかわ (12)	-	x	-	-	0	-	x	0	-	x	-	-
う　な　ぎ (13)	-	x	-	0	0	-	x	0	-	x	0	-
は　ぜ　類 (14)	-	x	-	-	0	-	x	0	-	x	-	-
そ の 他 の 魚 類 (15)	-	x	-	-	-	-	x	-	-	x	-	-
貝　　類　　計 (16)	-	x	-	-	-	-	x	-	-	x	-	-
し　じ　み (17)	-	x	-	-	-	-	x	-	-	x	-	-
そ の 他 の 貝 類 (18)	-	x	-	-	-	-	x	-	-	x	-	-
その他の水産動植物類計 (19)	-	x	-	-	-	-	x	-	-	x	-	-
え　び　類 (20)	-	x	-	-	-	-	x	-	-	x	-	-
その他の水産動植物類 (21)	-	x	-	-	-	-	x	-	-	x	-	-
1) 天 然 産 種 苗 採 捕 量												
あ　　　　ゆ (22)	-	x	-	-	-	-	x	-	-	x	0	-
う　な　ぎ (23)	-	x	-	-	-	-	x	-	-	x	-	-

注：1)は、漁獲量の内数である。なお、海産種苗採捕量については94ページ参照。

単位：t

川		由良川(京都)	円山川(兵庫)	揖保川(兵庫・)	紀 の 川			有田川(和歌山)	日高川(和歌山)	千代川(鳥取)	日野川(鳥取)	江 の 川		
奈良	和歌山				計	奈良	和歌山					計	島根	
x	x	6	x	x	3	0	3	x	x	x	x	34	x	(1)
x	x	6	x	x	3	0	3	x	x	x	x	32	x	(2)
x	x	0	x	x	-	-	-	x	x	x	x	-	x	(3)
x	x	-	x	x				x	x	x	x	-	x	(4)
x	x	-	x	x				x	x	x	x	-	x	(5)
x	x	1	x	x	0	-	0	x	x	x	x	1	x	(6)
x	x	-	x	x	-	-	-	x	x	x	x	-	x	(7)
x	x	4	x	x	3	0	2	x	x	x	x	25	x	(8)
x	x	-	x	x	-	-	-	x	x	x	x	-	x	(9)
x	x	0	x	x	-	-	-	x	x	x	x	1	x	(10)
x	x	0	x	x	-	-	-	x	x	x	x	0	x	(11)
x	x	0	x	x	0	-	0	x	x	x	x	1	x	(12)
x	x	0	x	x	0	-	0	x	x	x	x	1	x	(13)
x	x	0	x	x	-	-	-	x	x	x	x	-	x	(14)
x	x	0	x	x	0	-	0	x	x	x	x	1	x	(15)
x	x	-	x	x	-	-	-	x	x	x	x	-	x	(16)
x	x	-	x	x	-	-	-	x	x	x	x	-	x	(17)
x	x	-	x	x				x	x	x	x	-	x	(18)
x	x	0	x	x	-	-	-	x	x	x	x	3	x	(19)
x	x	0	x	x	-	-	-	x	x	x	x	-	x	(20)
x	x	0	x	x	-	-	-	x	x	x	x	3	x	(21)
x	x	-	x	x	0	0	-	x	x	x	x	1	x	(22)
x	x	-	x	x	-	-	-	x	x	x	x	-	x	(23)

2　内水面漁業漁獲量（続き）
(3)　魚種別・河川別漁獲量（続き）

魚　種	江の川(続き) 広島	高島津根川	吉岡井山川	高梁川 計	高梁川 岡山	高梁川 広島	番岡山川	太広田島川	錦山口川	吉野 計	吉野 徳島	吉野 愛媛
合　計 (1)	x	x	x	12	x	x	x	3	12	97	97	x
魚類　計 (2)	x	x	x	12	x	x	x	3	12	86	86	x
さけ類 (3)	x	x	x	-	x	x	x	-	-	-	-	x
からふとます (4)	x	x	x	-	x	x	x	-	-	-	-	x
さくらます (5)	x	x	x	-	x	x	x	-	-	0	0	x
その他のさけ・ます類 (6)	x	x	x	1	x	x	x	0	0	2	2	x
わかさぎ (7)	x	x	x	0	x	x	x	-	-	0	0	x
あゆ (8)	x	x	x	9	x	x	x	2	11	50	49	x
しらうお (9)	x	x	x	-	x	x	x	-	-	0	0	x
こい (10)	x	x	x	-	x	x	x	-	0	1	1	x
ふな (11)	x	x	x	0	x	x	x	-	0	3	3	x
うぐい・おいかわ (12)	x	x	x	1	x	x	x	0	0	1	1	x
うなぎ (13)	x	x	x	0	x	x	x	0	0	1	1	x
はぜ類 (14)	x	x	x	-	x	x	x	0	-	0	0	x
その他の魚類 (15)	x	x	x		x	x	x	-	0	28	28	x
貝類　計 (16)	x	x	x	-	x	x	x	0	-	10	10	x
しじみ (17)	x	x	x	-	x	x	x	0	-	9	9	x
その他の貝類 (18)	x	x	x	-	x	x	x	-	-	1	1	x
その他の水産動植物類計 (19)	x	x	x	-	x	x	x	0	0	1	1	x
えび類 (20)	x	x	x	-	x	x	x	-	-	1	1	x
その他の水産動植物類 (21)	x	x	x	-	x	x	x	0	0	0	0	x
1) 天然産種苗採捕量												
あゆ (22)	x	x	x	-	x	x	x	-	-	-	-	x
うなぎ (23)	x	x	x	-	x	x	x	-	-	0	0	x

注：1)は、漁獲量の内数である。なお、海産種苗採捕量については94ページ参照。

単位：t

川	勝浦川（徳島）	仁淀川			肱川（愛媛）	四万十川			筑後川					
高知		計	愛媛	高知		計	愛媛	高知	計	福岡	佐賀	熊本	大分	
x	13	x	x	x	x	41	x	x	109	92	6	x	x	(1)
x	13	x	x	x	x	32	x	x	66	50	5	x	x	(2)
x	-	x	x	x	x	-	x	x	-	-	-	x	x	(3)
x	-	x	x	x	x	-	x	x	-	-	-	x	x	(4)
x		x	x	x	x		x	x				x	x	(5)
x	0	x	x	x	x	0	x	x	1	0	-	x	x	(6)
x	-	x	x	x	x	-	x	x	4	4	-	x	x	(7)
x	13	x	x	x	x	27	x	x	7	2	-	x	x	(8)
x	-	x	x	x	x	-	x	x	0	0	-	x	x	(9)
x	0	x	x	x	x	1	x	x	8	5	1	x	x	(10)
x	-	x	x	x	x	0	x	x	11	10	1	x	x	(11)
x	-	x	x	x	x	1	x	x	7	6	0	x	x	(12)
x	0	x	x	x	x	3	x	x	5	4	0	x	x	(13)
x	-	x	x	x	x	0	x	x	1	1	-	x	x	(14)
x	0	x	x	x	x	0	x	x	21	17	3	x	x	(15)
x	-	x	x	x	x	-	x	x	35	35	1	x	x	(16)
x	-	x	x	x	x	-	x	x	35	34	1	x	x	(17)
x	-	x	x	x	x	-	x	x	0	0	-	x	x	(18)
x	-	x	x	x	x	9	x	x	8	8	0	x	x	(19)
x	-	x	x	x	x	0	x	x	5	5	0	x	x	(20)
x	-	x	x	x	x	9	x	x	4	4	0	x	x	(21)
x	-	x	x	x	x	-	x	x	-	-	-	x	x	(22)
x	0	x	x	x	x	0	x	x	0	0	0	x	x	(23)

2　内水面漁業漁獲量（続き）
(3)　魚種別・河川別漁獲量（続き）

単位：t

魚　　種	菊池川（熊本）	緑川（熊本）	球磨川（熊本）	大分川（大分）	大野川（大分）	一ツ瀬川（宮崎）	大　　淀　　川 計	熊本	宮崎	鹿児島
合　　　　　　計	x	x	x	x	x	2	41	x	40	x
魚　類　　計	x	x	x	x	x	2	37	x	36	x
さ　け　類	x	x	x	x	x	-	-	x	-	x
か　ら　ふ　と　ま　す	x	x	x	x	x	x	-	x	-	x
さ　く　ら　ま　す	x	x	x	x	x	x	-	x	-	x
その他のさけ・ます類	x	x	x	x	x	0	1	x	1	x
わ　か　さ　ぎ	x	x	x	x	x	-	-	x	-	x
あ　　　　ゆ	x	x	x	x	x	0	14	x	14	x
し　ら　う　お	x	x	x	x	x	x	-	x	-	x
こ　　　い	x	x	x	x	x	0	4	x	3	x
ふ　　な	x	x	x	x	x	0	1	x	1	x
うぐい・おいかわ	x	x	x	x	x	-	2	x	2	x
う　な　ぎ	x	x	x	x	x	0	3	x	3	x
は　ぜ　類	x	x	x	x	x	0	0	x	0	x
その他の魚類	x	x	x	x	x	1	12	x	12	x
貝　類　　計	x	x	x	x	x	0	0	x	0	x
し　じ　み	x	x	x	x	x	0	0	x	0	x
その他の貝類	x	x	x	x	x	-	-	x	-	x
その他の水産動植物類計	x	x	x	x	x	0	3	x	3	x
え　び　類	x	x	x	x	x	-	0	x	0	x
その他の水産動植物類	x	x	x	x	x	0	3	x	3	x
1) 天然産種苗採捕量										
あ　　ゆ	x	x	x	x	x	-	-	x	-	x
う　な　ぎ	x	x	x	x	x	0	0	x	0	x

注：1)は、漁獲量の内数である。なお、海産種苗採捕量については94ページ参照。

(4)　魚種別・湖沼別漁獲量

単位：t

魚　　種	湖沼計	能取湖（北海道）	網走湖（北海道）	阿寒湖（北海道）	十三湖（青森）	小川原湖（青森）	十和田湖 計	十和田湖 青森	十和田湖 秋田	八郎潟（秋田）	猪苗代湖（福島）
合　　　　　　計	15,403	x	x	x	x	x	x	x	x	x	x
魚　　類　　計	3,666	x	x	x	x	x	x	x	x	x	x
さ　け　類	219	x	x	x	x	x	x	x	x	x	x
からふとます	1	x	x	x	x	x	x	x	x	x	x
さくらます	-	x	x	x	x	x	x	x	x	x	x
その他のさけ・ます類	42	x	x	x	x	x	x	x	x	x	x
わ　か　さ　ぎ	848	x	x	x	x	x	x	x	x	x	x
あ　　　ゆ	279	x	x	x	x	x	x	x	x	x	x
し　ら　う　お	561	x	x	x	x	x	x	x	x	x	x
こ　　　い	132	x	x	x	x	x	x	x	x	x	x
ふ　　　な	410	x	x	x	x	x	x	x	x	x	x
うぐい・おいかわ	265	x	x	x	x	x	x	x	x	x	x
う　な　ぎ	25	x	x	x	x	x	x	x	x	x	x
は　ぜ　類	124	x	x	x	x	x	x	x	x	x	x
その他の魚類	760	x	x	x	x	x	x	x	x	x	x
貝　　類　　計	11,347	x	x	x	x	x	x	x	x	x	x
し　じ　み	8,600	x	x	x	x	x	x	x	x	x	x
その他の貝類	2,747	x	x	x	x	x	x	x	x	x	x
その他の水産動植物類計	390	x	x	x	x	x	x	x	x	x	x
え　び　類	355	x	x	x	x	x	x	x	x	x	x
その他の水産動植物類	35	x	x	x	x	x	x	x	x	x	x
1) 天然産種苗採捕量											
あ　　　ゆ	68	x	x	x	x	x	x	x	x	x	x
う　な　ぎ	1	x	x	x	x	x	x	x	x	x	x

注：1)は、漁獲量の内数である。なお、海産種苗採捕量については94ページ参照。

2　内水面漁業漁獲量（続き）
(4)　魚種別・湖沼別漁獲量（続き）

魚　　種	涸沼（茨城）	霞ヶ浦（茨城）	北浦（茨城）	中禅寺湖（栃木）	印旛沼（千葉）	手賀沼（千葉）	芦ノ湖（神奈川）	山中湖（山梨）	河口湖（山梨）	西湖（山梨）	諏訪湖（長野）
合　　　　　計　(1)	x	788	98	x	x	x	x	x	x	x	x
魚　　類　　計　(2)	x	553	90	x	x	x	x	x	x	x	x
さ　　け　　類　(3)	x	-	-	x	x	x	x	x	x	x	x
か ら ふ と ま す　(4)	x			x	x	x	x	x	x	x	x
さ く ら ま す　(5)	x			x	x	x	x	x	x	x	x
その他のさけ・ます類　(6)	x		-	x	x	x	x	x	x	x	x
わ　か　さ　ぎ　(7)	x	83	9	x	x	x	x	x	x	x	x
あ　　　　ゆ　(8)	x			x	x	x	x	x	x	x	x
し　ら　う　お　(9)	x	187	24	x	x	x	x	x	x	x	x
こ　　　　い　(10)	x	-	3	x	x	x	x	x	x	x	x
ふ　　　　な　(11)	x	0	2	x	x	x	x	x	x	x	x
うぐい・おいかわ　(12)	x	-		x	x	x	x	x	x	x	x
う　　な　　ぎ　(13)	x	5	0	x	x	x	x	x	x	x	x
は　　ぜ　　類　(14)	x	11	4	x	x	x	x	x	x	x	x
そ の 他 の 魚 類　(15)	x	266	49	x	x	x	x	x	x	x	x
貝　　類　　計　(16)	x	-		x	x	x	x	x	x	x	x
し　じ　み　(17)	x	-	-	x	x	x	x	x	x	x	x
そ の 他 の 貝 類　(18)	x		-	x	x	x	x	x	x	x	x
その他の水産動植物類計　(19)	x	235	7	x	x	x	x	x	x	x	x
え　　び　　類　(20)	x	214	7	x	x	x	x	x	x	x	x
その他の水産動植物類　(21)	x	22	-	x	x	x	x	x	x	x	x
1) 天 然 産 種 苗 採 捕 量											
あ　　　　ゆ　(22)	x	-		x	x	x	x	x	x	x	x
う　　な　　ぎ　(23)	x	-	-	x	x	x	x	x	x	x	x

注：1)は、漁獲量の内数である。なお、海産種苗採捕量については94ページ参照。

単位：t

琵琶湖（滋賀）	東郷池（鳥取）	宍道湖（島根）	神西湖（島根）	児島湖（岡山）	
873	x	x	x	x	(1)
742	x	x	x	x	(2)
–	x	x	x	x	(3)
–	x	x	x	x	(4)
–	x	x	x	x	(5)
17	x	x	x	x	(6)
40	x	x	x	x	(7)
279	x	x	x	x	(8)
–	x	x	x	x	(9)
11	x	x	x	x	(10)
90	x	x	x	x	(11)
6	x	x	x	x	(12)
2	x	x	x	x	(13)
80	x	x	x	x	(14)
218	x	x	x	x	(15)
57	x	x	x	x	(16)
53	x	x	x	x	(17)
4	x	x	x	x	(18)
74	x	x	x	x	(19)
73	x	x	x	x	(20)
1	x	x	x	x	(21)
68	x	x	x	x	(22)
–	x	x	x	x	(23)

3　内水面養殖業収獲量
（1）　都道府県別・魚種別収獲量

都道府県	計	魚類					1) その他	1) 2) 淡水真珠
		ます類 にじます	その他	あ ゆ	こ い	う な ぎ		
	t	t	t	t	t	t	t	kg
全　　　国	36,839	4,731	2,908	5,053	3,015	20,979	152	101
北　海　道	178	135	39	x	x	-	…	…
青　　　森	54	41	11	x	x	-	…	…
岩　　　手	378	170	203	x	x	-	…	…
宮　　　城	217	112	93	x	x	-	…	…
秋　　　田	63	13	19	16	15	-	…	…
山　　　形	229	73	43	8	105		…	…
福　　　島	1,311	272	154	x	871	x	…	…
茨　　　城	1,195	x	x	-	1,040	-	152	77
栃　　　木	763	287	132	325	x	x	…	…
群　　　馬	376	148	55	9	164	-	…	…
埼　　　玉	2	1	1	-	-	-	…	…
千　　　葉	109	x	-	43	-	x	…	…
東　　　京	43	20	x	x	-	-	…	…
神　奈　川	60	26	24	10	-	-	…	…
新　　　潟	206	148	27	x	8	x	…	…
富　　　山	68	x	19	x	x	-	…	…
石　　　川	18	x	16	-	1	x	…	…
福　　　井	9	x	6	x	-	-	…	…
山　　　梨	994	731	248	6	x	x	…	…
長　　　野	1,607	737	716	31	123	-	…	…
岐　　　阜	1,413	210	236	967	x	x	…	…
静　　　岡	3,139	1,080	215	138	-	1,705	…	…
愛　　　知	7,146	176	35	1,156	-	5,780	…	…
三　　　重	333	x	6	14	x	312	…	…
滋　　　賀	598	36	71	491	x	x	-	24
京　　　都	2	-	1	x	x	-	…	…
大　　　阪	x	-	-	-	-	-	…	…
兵　　　庫	42	17	21	x	-	x	…	…
奈　　　良	21	x	19	x	-	x	…	…
和　歌　山	1,045	-	x	1,034	-	x	…	…
鳥　　　取	128	27	98	x	x	-	…	…
島　　　根	20	x	9	x	x	-	…	…
岡　　　山	58	12	37	x	x	4	…	…
広　　　島	69	34	32	x	-	x	…	…
山　　　口	52	x	x	27	-	-	…	…
徳　　　島	612	1	31	210	-	369	…	…
香　　　川	23	-	x	-	x	16	…	…
愛　　　媛	65	8	x	x	-	43	…	…
高　　　知	653	-	x	x	-	603	…	…
福　　　岡	305	-	3	x	x	41	…	…
佐　　　賀	6	x	x	-	-	x	…	…
長　　　崎	5	-	x	-	-	x	…	…
熊　　　本	406	x	82	123	x	147	…	…
大　　　分	231	x	60	122	x	32	…	…
宮　　　崎	3,914	28	58	206	360	3,262	…	…
鹿　児　島	8,653	80	x	x	x	8,562	…	…
沖　　　縄	x	-	-	-	-	x	…	…

注：1)は、3湖沼（琵琶湖、霞ヶ浦及び北浦）のみの調査である。
　　2)は、計に含めない。

(2)　都道府県別・魚種別種苗販売量

都道府県	卵 ます類	稚魚 ます類	あゆ	こい	その他の種苗[1]
	千粒	千尾	千尾	千尾	kg
全　　国	90,923	37,565	119,098	1,617	-
北　海　道	12,725	1,157	-	-	...
青　　森	x	474	x	x	...
岩　　手	4,546	3,512	x	-	...
宮　　城	722	3,811	x	x	...
秋　　田	x	555	2,436	x	...
山　　形	x	1,923	4,618	x	...
福　　島	1,555	1,784	-	x	...
茨　　城	x	315	-	-	-
栃　　木	x	x	12,269	-	...
群　　馬	1,936	1,617	1,944	100	...
埼　　玉	x	x	-	-	...
千　　葉	-	x	x	-	...
東　　京	x	597	-	-	...
神　奈　川	x	x	1,228	-	...
新　　潟	x	843	x	5	...
富　　山	-	287	x	x	...
石　　川	x	x	-	x	...
福　　井	x	x	x	-	...
山　　梨	8,147	3,653	x	x	...
長　　野	32,972	5,519	1,080	x	...
岐　　阜	6,505	4,632	x	-	...
静　　岡	7,271	1,097	4,108	-	...
愛　　知	x	x	x	-	...
三　　重	826	189	1,298	-	...
滋　　賀	1,312	x	21,437	x	-
京　　都	-	x	-	-	...
大　　阪	-	-	-	-	...
兵　　庫	-	81	x	-	...
奈　　良	605	x	x	-	...
和　歌　山	x	x	4,694	-	...
鳥　　取	-	x	-	-	...
島　　根	-	-	x	-	...
岡　　山	x	102	x	x	...
広　　島	x	162	734	-	...
山　　口	-	x	x	-	...
徳　　島	114	229	5,184	-	...
香　　川	-	-	-	x	...
愛　　媛	x	705	x	-	...
高　　知	x	694	x	-	...
福　　岡	-	-	1,302	-	...
佐　　賀	-	x	-	-	...
長　　崎	-	-	-	-	...
熊　　本	180	331	4,145	x	...
大　　分	308	290	1,028	-	...
宮　　崎	x	748	11,283	-	...
鹿　児　島	-	x	-	-	...
沖　　縄	-	-	-	-	...

注：1)は、3湖沼（琵琶湖、霞ヶ浦及び北浦）のみの調査である。

4　3湖沼生産量
（1）　漁業種類別・魚種別漁獲量
ア　琵琶湖

漁業種類	計	魚 小計	わかさぎ	ます	こあゆ	こい	ふな にごろぶな	な その他	うぐい・おいかわ	うなぎ
合　計 (1)	873	742	40	17	279	11	56	34	6	2
底びき網 (2)	272	177	37	0	0	0	19	1	0	0
敷網 (3)	1	1	—	—	1	—	—	—	—	—
刺網 (4)	206	206	0	13	47	9	36	27	1	—
定置網 (5)	334	326	3	1	206	1	1	5	5	0
採貝 (6)	5	—	—	—	—	—	—	—	—	—
かご類 (7)	24	2	—	—	—	—	0	0	1	0
あゆ沖すくい (8)	25	25	—	—	25	—	—	—	—	—
投網 (9)	0	0	0	0	—	—	—	—	—	—
その他の漁業 (10)	6	6	—	—	3	1	—	—	—	2

注：1）は、漁獲量の内数である。なお、海産種苗採捕量については94ページ参照（以下統計表ウまで同じ。）。

イ　霞ヶ浦

漁業種類	計	魚類 小計	わかさぎ	しらうお	こい	ふな	うなぎ	はぜ類	ぼら類	その他の魚類
合　計 (1)	788	553	83	187	—	0	5	11	—	266
底びき網 (2)	783	548	83	187	—	—	5	9	—	264
刺網 (3)	0	0	—	—	—	0	—	—	—	—
定置網 (4)	5	4	—	—	—	—	—	2	—	2
採貝 (5)	—	—	—	—	—	—	—	—	—	—
その他の漁業 (6)	0	0	—	—	—	—	0	—	—	—

ウ　北浦

漁業種類	計	魚類 小計	わかさぎ	しらうお	こい	ふな	うなぎ	はぜ類	ぼら類	その他の魚類
合　計 (1)	98	90	9	24	3	2	0	4	—	49
底びき網 (2)	95	88	9	23	3	—	—	4	—	49
刺網 (3)	2	2	—	0	—	2	0	—	—	0
定置網 (4)	1	1	—	—	—	1	0	—	—	—
採貝 (5)	—	—	—	—	—	—	—	—	—	—
その他の漁業 (6)	0	0	—	—	—	—	0	—	—	—

（2）　養殖魚種別収獲量、魚種別種苗販売量

湖沼名	食用養殖 計	さけ・ます類 にじます	その他のさけ・ます類	あゆ	こい	うなぎ	その他	真珠	種苗販売量 卵 ます類	稚魚 ます類	あゆ	こい	その他の種苗
（単位）	t	t	t	t	t	t	t	kg	千粒	千尾	千尾	千尾	kg
琵琶湖	—	—	—	—	—	—	—	24	245	—	—	—	—
霞ヶ浦	1,136	—	—	—	984	—	152	77	—	—	—	—	—
北浦	x	—	—	—	—	x	—	—	—	—	—	—	—

単位：t

はぜ類		もろこ類		はす	その他の魚類	貝類 小計	しじみ	その他の貝類	その他の水産動物類 小計	えび類	その他の水産動物類	1)天然産種苗 小計	あゆ	うなぎ	
いさざ	その他	ほんもろこ	その他												
11	69	19	22	17	160	57	53	4	74	73	1	68	68	-	(1)
7	69	9	21	14	1	52	48	4	43	43	-	0	0	-	(2)
-	-	-	-	-	-	-	-	-	-	-	-	1	1	-	(3)
0	-	8	0	2	63	-	-	-	-	-	-	-	-	-	(4)
4	0	1	1	1	96	-	-	-	8	8	-	67	67	-	(5)
-	-	-	-	-	-	5	4	0	-	-	-	-	-	-	(6)
-	-	-	-	-	-	0	0	-	22	22	-	-	-	-	(7)
-	-	-	-	-	-	-	-	-	-	-	-	-	-	-	(8)
-	-	-	-	-	-	-	-	-	-	-	-	-	-	-	(9)
-	-	-	-	-	0	-	-	-	1	0	1	0	0	-	(10)

単位：t

貝類 小計	しじみ	その他の貝類	その他の水産動物類 小計	えび類	その他の水産動物類	1)天然産種苗 小計	あゆ	うなぎ	
-	-	-	235	214	22	-	-	-	(1)
-	-	-	235	214	22	-	-	-	(2)
-	-	-	-	-	-	-	-	-	(3)
-	-	-	0	0	-	-	-	-	(4)
-	-	-	-	-	-	-	-	-	(5)
-	-	-	-	-	-	-	-	-	(6)

単位：t

貝類 小計	しじみ	その他の貝類	その他の水産動物類 小計	えび類	その他の水産動物類	1)天然産種苗 小計	あゆ	うなぎ	
-	-	-	7	7	-	-	-	-	(1)
-	-	-	7	7	-	-	-	-	(2)
-	-	-	0	0	-	-	-	-	(3)
-	-	-	-	-	-	-	-	-	(4)
-	-	-	-	-	-	-	-	-	(5)
-	-	-	-	-	-	-	-	-	(6)

〔漁業・養殖業水域別生産統計（平成28年）の部〕

1　水域別漁業種類別生産量

漁業種類別		合計	海面									面
			計	大西洋								
				小計	北西部 (21)	北東部 (27)	中西部 (31)	中東部 (34)	地中海 (37)	南西部 (41)	南東部 (47)	南氷洋 (48)
合計	(1)	4,359,240	3,263,568	28,228	401	1,632	552	13,963	-	83	11,450	147
海面漁業計	(2)	3,263,568	3,263,568	28,228	401	1,632	552	13,963	-	83	11,450	147
遠洋底びき網	(3)	9,990	9,990	-	-	-	-	-	-	-	-	-
以西底びき網	(4)	3,610	3,610	-	-	-	-	-	-	-	-	-
沖合底びき網1そうびき	(5)	189,684	189,684	-	-	-	-	-	-	-	-	-
沖合底びき網2そうびき	(6)	22,826	22,826	-	-	-	-	-	-	-	-	-
小型底びき網	(7)	301,620	301,620	-	-	-	-	-	-	-	-	-
船びき網	(8)	206,790	206,790	-	-	-	-	-	-	-	-	-
遠洋かつお・まぐろまき網	(9)	185,087	185,087	-	-	-	-	-	-	-	-	-
近海かつお・まぐろまき網	(10)	26,837	26,837	-	-	-	-	-	-	-	-	-
大中型1そうまき網その他	(11)	618,493	618,493	-	-	-	-	-	-	-	-	-
大中型2そうまき網	(12)	39,827	39,827	-	-	-	-	-	-	-	-	-
中・小型まき網	(13)	461,027	461,027	-	-	-	-	-	-	-	-	-
さけ・ます流し網	(14)	x	x	-	-	-	-	-	-	-	-	-
かじき等流し網	(15)	3,870	3,870	-	-	-	-	-	-	-	-	-
その他の刺網	(16)	119,107	119,107	-	-	-	-	-	-	-	-	-
さんま棒受網	(17)	114,027	114,027	-	-	-	-	-	-	-	-	-
大型定置網	(18)	211,674	211,674	-	-	-	-	-	-	-	-	-
さけ定置網	(19)	88,560	88,560	-	-	-	-	-	-	-	-	-
小型定置網	(20)	83,048	83,048	-	-	-	-	-	-	-	-	-
その他の網漁業	(21)	46,323	46,323	-	-	-	-	-	-	-	-	-
遠洋まぐろはえ縄	(22)	78,982	78,982	26,947	401	1,632	552	13,963	-	83	10,316	-
近海まぐろはえ縄	(23)	42,100	42,100	-	-	-	-	-	-	-	-	-
沿岸まぐろはえ縄	(24)	5,093	5,093	-	-	-	-	-	-	-	-	-
その他のはえ縄	(25)	26,306	26,306	214	-	-	-	-	-	-	67	147
遠洋かつお一本釣	(26)	51,734	51,734	-	-	-	-	-	-	-	-	-
近海かつお一本釣	(27)	29,464	29,464	-	-	-	-	-	-	-	-	-
沿岸かつお一本釣	(28)	11,080	11,080	-	-	-	-	-	-	-	-	-
遠洋いか釣	(29)	x	x	-	-	-	-	-	-	-	-	-
近海いか釣	(30)	24,152	24,152	-	-	-	-	-	-	-	-	-
沿岸いか釣	(31)	35,149	35,149	-	-	-	-	-	-	-	-	-
ひき縄釣	(32)	13,401	13,401	-	-	-	-	-	-	-	-	-
その他の釣	(33)	31,636	31,636	-	-	-	-	-	-	-	-	-
採貝・採藻	(34)	109,262	109,262	-	-	-	-	-	-	-	-	-
その他の漁業	(35)	70,191	70,191	1,067	-	-	-	-	-	-	1,067	-
海面養殖業	(36)	1,032,537	...	...	...	...	...	...	...	...	...	...
内水面漁業・養殖業	(37)	63,135	...	...	...	...	...	...	...	...	...	...

注：1　本統計は、平成28年漁業・養殖業生産統計結果を基に、国立研究開発法人水産研究・教育機構国際水産資源研究所及び東北区水産研究所が把握する漁業種類の漁獲量データを参考にして国際連合食糧農業機関（FAO）が定める水域区分別に組み替えたものであり、FAO統計に掲載されている数値とは異なる。
　　2　対象期間は平成28年1月1日から12月31日までとした。なお、遠洋漁業等で年を越えて操業した場合は、陸揚げ等のために港に入港した日の属する年に計上しており、FAO統計に掲載されている数値とは異なる（FAO統計では、かつお・まぐろ等について、漁獲成績報告書に基づいた数値を利用し、漁獲した日の属する年に計上されている。）。
　　3　表頭中の（　）書は、FAOの水域区分番号である。

単位：t

漁				業							海面養殖業	内水面漁業・養殖業	
イ	ン	ド	洋	太		平		洋					
小計	西部 (51)	東部 (57)	南氷洋 (58)	小計	北西部 (61)	北東部 (67)	中西部 (71)	中東部 (77)	南西部 (81)	南東部 (87)			
21,344	10,512	10,792	41	3,213,995	2,976,874	-	212,820	8,382	4,015	11,904	1,032,537	63,135	(1)
21,344	10,512	10,792	41	3,213,995	2,976,874	-	212,820	8,382	4,015	11,904	...	...	(2)
5,308	5,308	-	-	4,682	4,682	-	-	-	-	-	...	...	(3)
-	-	-	-	3,610	3,610	-	-	-	-	-	...	...	(4)
-	-	-	-	189,684	189,684	-	-	-	-	-	...	...	(5)
-	-	-	-	22,826	22,826	-	-	-	-	-	...	...	(6)
-	-	-	-	301,620	301,620	-	-	-	-	-	...	...	(7)
-	-	-	-	206,790	206,790	-	-	-	-	-	...	...	(8)
3,023	695	2,328	-	182,065	-	-	182,065	-	-	-	...	...	(9)
-	-	-	-	26,837	26,837	-	-	-	-	-	...	...	(10)
-	-	-	-	618,493	618,493	-	-	-	-	-	...	...	(11)
-	-	-	-	39,827	39,827	-	-	-	-	-	...	...	(12)
-	-	-	-	461,027	461,027	-	-	-	-	-	...	...	(13)
-	-	-	-	x	x	-	-	-	-	-	...	...	(14)
-	-	-	-	3,870	3,870	-	-	-	-	-	...	...	(15)
-	-	-	-	119,107	119,107	-	-	-	-	-	...	...	(16)
-	-	-	-	114,027	114,027	-	-	-	-	-	...	...	(17)
-	-	-	-	211,674	211,674	-	-	-	-	-	...	...	(18)
-	-	-	-	88,560	88,560	-	-	-	-	-	...	...	(19)
-	-	-	-	83,048	83,048	-	-	-	-	-	...	...	(20)
-	-	-	-	46,323	46,323	-	-	-	-	-	...	...	(21)
12,973	4,509	8,464	-	39,062	7,708	-	7,660	8,382	3,408	11,904	...	...	(22)
-	-	-	-	42,100	34,593	-	7,507	-	-	-	...	...	(23)
-	-	-	-	5,093	5,093	-	-	-	-	-	...	...	(24)
41	-	-	41	26,051	26,051	-	-	-	-	-	...	...	(25)
-	-	-	-	51,734	x	-	15,406	-	x	-	...	...	(26)
-	-	-	-	29,464	29,281	-	183	-	-	-	...	...	(27)
-	-	-	-	11,080	11,080	-	-	-	-	-	...	...	(28)
-	-	-	-	x	x	-	-	-	x	-	...	...	(29)
-	-	-	-	24,152	24,152	-	-	-	-	-	...	...	(30)
-	-	-	-	35,149	35,149	-	-	-	-	-	...	...	(31)
-	-	-	-	13,401	13,401	-	-	-	-	-	...	...	(32)
-	-	-	-	31,636	31,636	-	-	-	-	-	...	...	(33)
-	-	-	-	109,262	109,262	-	-	-	-	-	...	...	(34)
-	-	-	-	69,124	69,124	-	-	-	-	-	...	...	(35)
...	...	...	...	...	...	...	...	...	...	...	1,032,537	...	(36)
...	...	...	...	...	...	...	...	...	...	...	...	63,135	(37)

2　水域別魚種別生産量

魚　種　別		合計	海面計	大西洋 小計	北西部(21)	北東部(27)	中西部(31)	中東部(34)	地中海(37)	南西部(41)	南東部(47)	南氷洋(48)
合計	(1)	4,359,240	3,263,568	28,228	401	1,632	552	13,963	-	83	11,450	147
魚類計	(2)	2,983,890	2,686,086	27,161	401	1,632	552	13,963	-	83	10,383	147
まぐろ類	(3)	181,887	168,475	17,792	327	1,456	473	8,626	-	56	6,855	-
くろまぐろ	(4)	23,163	9,750	1,775	319	1,456	-	-	-	-	-	-
みなみまぐろ	(5)	4,605	4,605	1,733	-	-	-	-	-	-	1,733	-
びんなが	(6)	42,809	42,809	1,658	2	-	70	283	-	9	1,294	-
めばち	(7)	39,363	39,363	9,562	3	-	43	6,333	-	44	3,140	-
きはだ	(8)	70,872	70,872	3,065	3	-	361	2,010	-	3	688	-
その他のまぐろ類	(9)	1,076	1,076	-	-	-	-	-	-	-	-	-
かじき類	(10)	14,479	14,479	1,023	32	-	51	523	-	19	398	-
まかじき	(11)	1,963	1,963	7	-	-	-	7	-	0	1	-
めかじき	(12)	8,309	8,309	678	32	-	13	334	-	18	281	-
くろかじき類	(13)	3,372	3,372	283	-	-	28	152	-	1	102	-
その他のかじき類	(14)	836	836	54	-	-	10	30	-	-	14	-
かつお類	(15)	240,051	240,051	2	-	-	-	0	-	0	1	-
かつお	(16)	227,946	227,946	2	-	-	-	0	-	0	1	-
そうだがつお類	(17)	12,106	12,106	-	-	-	-	-	-	-	-	-
さめ類	(18)	30,950	30,950	7,253	43	176	25	4,634	-	6	2,369	-
さけ・ます類	(19)	141,344	111,849	-	-	-	-	-	-	-	-	-
さけ類	(20)	117,038	96,360	-	-	-	-	-	-	-	-	-
ます類	(21)	24,306	15,489	-	-	-	-	-	-	-	-	-
このしろ	(22)	4,283	4,283	-	-	-	-	-	-	-	-	-
にしん	(23)	7,686	7,686	-	-	-	-	-	-	-	-	-
いわし類	(24)	710,367	710,367	-	-	-	-	-	-	-	-	-
まいわし	(25)	378,142	378,142	-	-	-	-	-	-	-	-	-
うるめいわし	(26)	97,871	97,871	-	-	-	-	-	-	-	-	-
かたくちいわし	(27)	171,173	171,173	-	-	-	-	-	-	-	-	-
しらす	(28)	63,180	63,180	-	-	-	-	-	-	-	-	-
あじ類	(29)	153,264	152,524	-	-	-	-	-	-	-	-	-
まあじ	(30)	126,158	125,419	-	-	-	-	-	-	-	-	-
むろあじ類	(31)	27,105	27,105	-	-	-	-	-	-	-	-	-
さば類	(32)	502,651	502,651	-	-	-	-	-	-	-	-	-
さんま	(33)	113,828	113,828	-	-	-	-	-	-	-	-	-
ぶり類	(34)	247,624	106,756	-	-	-	-	-	-	-	-	-
ひらめ・かれい類	(35)	52,589	50,280	-	-	-	-	-	-	-	-	-
ひらめ	(36)	9,353	7,043	-	-	-	-	-	-	-	-	-
かれい類	(37)	43,236	43,236	-	-	-	-	-	-	-	-	-
たら類	(38)	178,247	178,247	-	-	-	-	-	-	-	-	-
まだら	(39)	44,011	44,011	-	-	-	-	-	-	-	-	-
すけとうだら	(40)	134,236	134,236	-	-	-	-	-	-	-	-	-
ほっけ	(41)	17,393	17,393	-	-	-	-	-	-	-	-	-
きちじ	(42)	1,043	1,043	-	-	-	-	-	-	-	-	-
はたはた	(43)	7,256	7,256	-	-	-	-	-	-	-	-	-
にぎす類	(44)	3,098	3,098	-	-	-	-	-	-	-	-	-
あなご類	(45)	3,606	3,606	-	-	-	-	-	-	-	-	-
たちうお	(46)	7,188	7,188	-	-	-	-	-	-	-	-	-
たい類	(47)	91,491	24,526	-	-	-	-	-	-	-	-	-
まだい	(48)	82,116	15,151	-	-	-	-	-	-	-	-	-
ちだい・きだい	(49)	6,413	6,413	-	-	-	-	-	-	-	-	-
くろだい・へだい	(50)	2,963	2,963	-	-	-	-	-	-	-	-	-
いさき	(51)	3,938	3,938	-	-	-	-	-	-	-	-	-
さわら類	(52)	20,134	20,134	1	0	-	0	0	-	0	1	-
すずき類	(53)	7,429	7,429	-	-	-	-	-	-	-	-	-
いかなご	(54)	20,586	20,586	-	-	-	-	-	-	-	-	-
あまだい類	(55)	1,226	1,226	-	-	-	-	-	-	-	-	-
ふぐ類	(56)	8,470	4,979	-	-	-	-	-	-	-	-	-
その他の魚類	(57)	211,782	171,258	1,091	0	-	3	179	-	2	759	147
えび類計	(58)	18,458	16,717	-	-	-	-	-	-	-	-	-
いせえび	(59)	1,119	1,119	-	-	-	-	-	-	-	-	-
くるまえび	(60)	1,735	354	-	-	-	-	-	-	-	-	-
その他のえび類	(61)	15,604	15,244	-	-	-	-	-	-	-	-	-
かに類計	(62)	28,359	28,359	1,067	-	-	-	-	-	-	1,067	-
ずわいがに	(63)	4,153	4,153	-	-	-	-	-	-	-	-	-
べにずわいがに	(64)	16,093	16,093	-	-	-	-	-	-	-	-	-
がざみ類	(65)	2,160	2,160	-	-	-	-	-	-	-	-	-
その他のかに類	(66)	5,952	5,952	1,067	-	-	-	-	-	-	1,067	-
おきあみ類	(67)	16,500	16,500	-	-	-	-	-	-	-	-	-
貝類計	(68)	652,050	265,693	-	-	-	-	-	-	-	-	-
あわび類	(69)	1,136	1,136	-	-	-	-	-	-	-	-	-
さざえ	(70)	6,253	6,253	-	-	-	-	-	-	-	-	-
あさり類	(71)	8,967	8,967	-	-	-	-	-	-	-	-	-
ほたてがい	(72)	428,281	213,710	-	-	-	-	-	-	-	-	-
その他の貝類	(73)	207,412	35,626	-	-	-	-	-	-	-	-	-
いか類計	(74)	109,968	109,968	-	-	-	-	-	-	-	-	-
するめいか	(75)	70,197	70,197	-	-	-	-	-	-	-	-	-
あかいか	(76)	3,589	3,589	-	-	-	-	-	-	-	-	-
その他のいか類	(77)	36,182	36,182	-	-	-	-	-	-	-	-	-
たこ類	(78)	36,975	36,975	-	-	-	-	-	-	-	-	-
うに類	(79)	7,944	7,944	-	-	-	-	-	-	-	-	-
海産ほ乳類	(80)	509	509	-	-	-	-	-	-	-	-	-
1)その他の水産動物類	(81)	32,655	14,095	-	-	-	-	-	-	-	-	-
海藻類計	(82)	471,931	80,721	-	-	-	-	-	-	-	-	-
こんぶ類	(83)	85,109	58,041	-	-	-	-	-	-	-	-	-
わかめ類	(84)	47,672	…	…	…	…	…	…	-	…	…	-
その他の海藻類	(85)	339,149	22,680	-	-	-	-	-	-	-	-	-

注：1　本統計は、平成28年漁業・養殖業生産統計結果を基に、国立研究開発法人水産研究・教育機構国際水産資源研究所及び東北区水産研究所が把握する漁業種類の漁獲量データを参考にして国際連合食糧農業機関（ＦＡＯ）が定める水域区分別に組み替えたものであり、ＦＡＯ統計に掲載されている数値とは異なる。
　　　2　対象期間は平成28年1月1日から12月31日までとした。なお、遠洋漁業等で年を越えて操業した場合は、陸揚げ等のために港に入港した日の属する年に計上しており、ＦＡＯ統計に掲載されている数値とは異なる（ＦＡＯ統計では、かつお・まぐろ等について、漁獲成績報告書に基づいた数値を利用し、漁獲した日の属する年に計上されている。）。
　　　3　表頭中の（　）書は、ＦＡＯの水域区分番号である。
　　　1)は、内水面漁業における藻類の漁獲量を含む。

単位：t

漁（インド洋） 小計	西部(51)	東部(57)	南氷洋(58)	業（太平洋） 小計	北西部(61)	北東部(67)	中西部(71)	中東部(77)	南西部(81)	南東部(87)	海面養殖業	内水面漁業・養殖業	
21,344	10,512	10,792	41	3,213,995	2,976,874	-	212,820	8,382	4,015	11,904	1,032,537	63,135	(1)
21,344	10,512	10,792	41	2,637,580	2,400,626	-	212,820	8,382	3,848	11,904	247,593	50,212	(2)
11,393	3,798	7,595	-	139,289	67,581	-	54,656	6,517	2,896	7,640	13,413	...	(3)
-	-	-	-	7,976	7,967	-	6	0	3	-	13,413	...	(4)
1,529	106	1,423	-	1,343	-	-			1,343	-	...	...	(5)
2,767	339	2,427	-	38,384	32,018	-	4,243	376	984	764	...	...	(6)
4,006	657	3,348	-	25,795	7,127	-	7,053	5,271	401	5,943	...	...	(7)
3,091	2,694	397	-	64,715	19,394	-	43,354	870	165	933	...	...	(8)
-	-	-	-	1,076	1,076	-	0				...	...	(9)
800	402	399	-	12,656	7,044	-	1,221	1,459	228	2,704	...	...	(10)
82	75	7	-	1,873	1,486	-	55	96	55	180	...	...	(11)
481	130	351	-	7,150	4,227	-	216	626	159	1,922	...	...	(12)
163	127	36	-	2,926	1,035	-	828	633	9	421	...	...	(13)
74	70	5	-	708	296	-	122	104	5	181	...	...	(14)
2,340	522	1,818	-	237,710	80,799	-	156,439	12	440	20	...	...	(15)
2,340	522	1,818	-	225,605	68,703	-	156,429	12	440	20	...	...	(16)
0	0	0	-	12,105	12,096	-	9	-	-	-	...	...	(17)
675	326	349	-	23,021	21,762	-	82	101	154	921	...	...	(18)
-	-	-	-	111,849	111,849	-	-	-	-	-	13,208	16,288	(19)
-	-	-	-	96,360	96,360	-	-	-	-	-	13,208	7,471	(20)
-	-	-	-	15,489	15,489	-	-	-	-	-		8,817	(21)
-	-	-	-	4,283	4,283	-	-	-	-	-			(22)
-	-	-	-	7,686	7,686	-	-	-	-	-			(23)
-	-	-	-	710,367	710,367	-	-	-	-	-	...	...	(24)
-	-	-	-	378,142	378,142	-	-	-	-	-	...	...	(25)
-	-	-	-	97,871	97,871	-	-	-	-	-	...	...	(26)
-	-	-	-	171,173	171,173	-	-	-	-	-	...	...	(27)
-	-	-	-	63,180	63,180	-	-	-	-	-	...	...	(28)
-	-	-	-	152,524	152,524	-	-	-	-	-	740	...	(29)
-	-	-	-	125,419	125,419	-	-	-	-	-	740	...	(30)
-	-	-	-	27,105	27,105	-	-	-	-	-	...	...	(31)
-	-	-	-	502,651	502,651	-	-	-	-	-	...	...	(32)
-	-	-	-	113,828	113,828	-	-	-	-	-	...	...	(33)
2,029	2,029	-	-	106,756	106,756	-	-	-	-	-	140,868	...	(34)
-	-	-	-	48,251	48,251	-	-	-	-	-	2,309	...	(35)
-	-	-	-	7,043	7,043	-	-	-	-	-	2,309	...	(36)
2,029	2,029	-	-	41,207	41,207	-	-	-	-	-	...	...	(37)
-	-	-	-	178,247	178,247	-	-	-	-	-	...	...	(38)
-	-	-	-	44,011	44,011	-	-	-	-	-	...	...	(39)
-	-	-	-	134,236	134,236	-	-	-	-	-	...	...	(40)
-	-	-	-	17,393	17,393	-	-	-	-	-	...	...	(41)
-	-	-	-	1,043	1,043	-	-	-	-	-	...	...	(42)
-	-	-	-	7,256	7,256	-	-	-	-	-	...	...	(43)
-	-	-	-	3,098	3,098	-	-	-	-	-	...	...	(44)
-	-	-	-	3,606	3,606	-	-	-	-	-	...	...	(45)
-	-	-	-	7,188	7,188	-	-	-	-	-	...	...	(46)
-	-	-	-	24,526	24,526	-	-	-	-	-	66,965	...	(47)
-	-	-	-	15,151	15,151	-	-	-	-	-	66,965	...	(48)
-	-	-	-	6,413	6,413	-	-	-	-	-	...	...	(49)
-	-	-	-	2,963	2,963	-	-	-	-	-	...	...	(50)
-	-	-	-	3,938	3,938	-	-	-	-	-	...	...	(51)
1	0	1	-	20,133	20,132	-	0	0	0	0	...	...	(52)
-	-	-	-	7,429	7,429	-	-	-	-	-	...	...	(53)
-	-	-	-	20,586	20,586	-	-	-	-	-	...	...	(54)
-	-	-	-	1,226	1,226	-	-	-	-	-	...	...	(55)
-	-	-	-	4,979	4,979	-	-	-	-	-	3,491	...	(56)
4,107	3,437	629	41	166,061	164,598	-	422	293	130	618	6,600	33,924	(57)
-	-	-	-	16,717	16,717	-	-	-	-	-	1,381	360	(58)
-	-	-	-	1,119	1,119	-	-	-	-	-	...	...	(59)
-	-	-	-	354	354	-	-	-	-	-	1,381	...	(60)
-	-	-	-	15,244	15,244	-	-	-	-	-	...	360	(61)
-	-	-	-	27,292	27,292	-	-	-	-	-	...	...	(62)
-	-	-	-	4,153	4,153	-	-	-	-	-	...	...	(63)
-	-	-	-	16,093	16,093	-	-	-	-	-	...	...	(64)
-	-	-	-	2,160	2,160	-	-	-	-	-	...	...	(65)
-	-	-	-	4,885	4,885	-	-	-	-	-	...	...	(66)
-	-	-	-	16,500	16,500	-	-	-	-	-	...	...	(67)
-	-	-	-	265,693	265,693	-	-	-	-	-	373,956	12,400	(68)
-	-	-	-	1,136	1,136	-	-	-	-	-	...	...	(69)
-	-	-	-	6,253	6,253	-	-	-	-	-	...	...	(70)
-	-	-	-	8,967	8,967	-	-	-	-	-	...	...	(71)
-	-	-	-	213,710	213,710	-	-	-	-	-	214,571	...	(72)
-	-	-	-	35,626	35,626	-	-	-	-	-	159,386	12,400	(73)
-	-	-	-	109,968	109,801	-	-	-	167	-	...	...	(74)
-	-	-	-	70,197	70,197	-	-	-	-	-	...	...	(75)
-	-	-	-	3,589	3,589	-	-	-	-	-	...	...	(76)
-	-	-	-	36,182	36,015	-	-	-	167	-	...	...	(77)
-	-	-	-	36,975	36,975	-	-	-	-	-	...	...	(78)
-	-	-	-	7,944	7,944	-	-	-	-	-	...	...	(79)
-	-	-	-	509	509	-	-	-	-	-	...	...	(80)
-	-	-	-	14,095	14,095	-	-	-	-	-	18,397	163	(81)
-	-	-	-	80,721	80,721	-	-	-	-	-	391,210	...	(82)
-	-	-	-	58,041	58,041	-	-	-	-	-	27,068	...	(83)
...	...	...	...	...	...	...	...	...	...	...	47,672	...	(84)
-	-	-	-	22,680	22,680	-	-	-	-	-	316,469		(85)

漁業産出額

利 用 者 の た め に

利用者のために

1 統計の目的

漁業産出額は、各地域における漁業生産活動の実態を金額で評価することにより明らかにし、水産行政の企画やその実行のフォローアップに資するための資料を整備することを目的としている。

2 推計期間

本統計の推計期間は、平成29年1月1日から同年12月31日までの1年間である。

3 推計方法

漁業産出額では、海面漁業、海面養殖業、内水面漁業及び内水面養殖業の産出額並びに生産漁業所得を推計するとともに、参考値として種苗（海面養殖業及び内水面養殖業）の生産額を推計した。それぞれの推計方法は次のとおりである。

(1) 海面漁業・養殖業産出額

海面漁業生産統計調査結果から得られる都道府県別の魚種別生産量に産地水産物流通調査（水産庁）、主要産地の市場、関係団体等から得られる魚種別産地卸売価格を乗じて推計した。

なお、捕鯨業（くじら類）については全国値のみ推計した。

(2) 内水面漁業・養殖業産出額

ア 内水面漁業産出額

2013年漁業センサス（以下「漁業センサス」という。）における内水面漁業生産統計調査結果から得られる全ての河川・湖沼に占める主要河川・湖沼の魚種別漁獲量の割合の逆数を主要河川・湖沼の魚種別漁獲量に乗じて当該推計期間における都道府県別の魚種別総漁獲量とし、これに全国の魚種別平均価格を乗じて推計した。

イ 内水面養殖業産出額

内水面養殖業産出額の総計では、内水面漁業生産統計調査で把握しているます類、あゆ、こい、うなぎ及び真珠（以下「主要養殖魚種」という。）を推計し、その増減の傾向から主要養殖魚種以外の魚種を推計する方法で推計しており、①主要養殖魚種の産出額は、内水面漁業生産統計調査から得られる全国の魚種別収穫量に主要産地の市場、関係団体等から得られる全国の魚種別平均価格を乗じて推計、②主要養殖魚種以外の魚種も含めた内水面養殖業産出額の合計については、漁業センサスから得られる全ての養殖魚種の販売金額（観賞用を除く。）に占める主要養殖魚種の販売金額の割合の逆数を用いて、次式のとおり推計した。

〔推計式〕

$$I = \frac{B}{A} \times a$$

I：内水面養殖業産出額の合計（＝②）（当該推計期間）

A：主要養殖魚種の販売金額（漁業センサス結果）

B：観賞用を除く全ての養殖魚種の販売金額（漁業センサス結果）

a：主要養殖魚種の産出額の合計（＝①）（当該推計期間）

(3) 生産漁業所得

　　生産漁業所得は、ア及びイに掲げる推計方法により算出した所得額を加算して推計した。

　　なお、所得率は漁業経営調査の調査種類別に次式のとおり算出した。

$$所得率 = \frac{漁業収入 \ - \ 物的経費^{（注）}}{漁業収入}$$

　（注）：物的経費には減価償却費、間接税を含む。

　ア　海面漁業・海面養殖業

　　　(1)により推計した海面漁業・海面養殖業産出額に、直近の漁業経営調査の経営体階層（漁船漁業、小型定置網漁業及び各養殖業）別の調査結果から算出した全国の所得率を乗じて推計した。

　イ　内水面漁業・内水面養殖業

　　　内水面漁業の場合にあっては、(2)により推計した内水面漁業産出額に直近の漁業経営調査の海面漁業のうち漁船規模３トン未満の調査結果から算出した全国の所得率を乗じて推計した。

　　　また、内水面養殖業の場合にあっては、(2)により推計した内水面養殖業産出額に直近の産業連関構造調査（内水面養殖業投入調査）から算出した全国の所得率を乗じて推計した。

(4)　（参考）種苗

　　種苗は、最終生産物となる水産物の生産のために再び投入される水産物（中間生産物）であり、他の都道府県に販売されたものは当該都道府県の最終生産物に計上するが、漁業産出額では、全ての種苗が自都道府県内に投入されるものとみなし、全国及び都道府県別のいずれにも種苗の「産出額」は計上しないこととし、参考値として種苗の生産額を掲載した。

　　なお、海面養殖業により生産される種苗の生産額は、海面養殖業産出額の推計と同様、都道府県別の魚種別種苗生産量に主要産地の市場、関係団体等から得られる都道府県別の養殖魚種別種苗価格を乗じて推計した。

　　また、内水面養殖業により生産された種苗の生産額は、ます類、あゆ及びこい（以下「種苗推計魚種」という。）のそれぞれについて、漁業センサスから得られる種苗推計魚種別の食用と種苗用の販売金額の割合を、(2)のイの①により推計した種苗推計魚種別の産出額に乗じて推計し、その推計した生産額を合計した。

　　　〔推計式〕

$$S = \frac{D}{C} \times c$$

　　　S：種苗別の産出額（当該推計期間）
　　　C：主要養殖魚種別の販売金額（漁業センサス結果）
　　　D：観賞用を除く全ての養殖魚種別の販売金額（漁業センサス結果）
　　　c：種苗推計魚種別の産出額（当該推計期間）

4 利用上の注意

(1) 生産漁業所得は、①昭和35年から平成14年までの推計値には、内水面漁業・養殖業の所得及び経常補助金を含まない、②平成15年から平成17年までの推計値には、内水面漁業・養殖業の所得を含むが経常補助金を含まない等の違いがあることから、経年比較等の時系列分析をする際には留意されたい。

(2) 平成29年漁業産出額の公表から、中間生産物である「種苗」を漁業産出額から除外し、種苗生産額として参考表章することとした。

　これに伴い、漁業産出額及び生産漁業所得については、昭和35年まで遡及して推計した。

(3) 単位及び記号
　ア　単位
　　表示単位未満を四捨五入したため、合計値と内訳の計が一致しない場合がある。
　イ　記号
　　この報告書に使用した記号は、次のとおりである。
　　「0」：単位に満たないもの（例：40万円→0百万円）
　　「-」：事実のないもの
　　「…」：事実不詳又は調査を欠くもの
　　「x」：個人又は法人その他の団体に関する秘密を保護するため、統計数値を公表しないもの
　　「△」：負数又は減少したもの

(4) 秘匿措置について
　　統計結果について、推計に用いた一次統計において秘匿措置がされているもの又は情報収集先から秘匿要請があったものには「x」表示とする秘匿措置を施している。
　　なお、全体（計）からの差引きにより、秘匿措置を講じた当該結果が推定できる場合には、本来秘匿措置を施す必要のない箇所についても「x」表示としている。

(5) この統計書に掲載された数値を他に転載する場合は、「平成29年　漁業産出額」（農林水産省）による旨を記載してください。

(6) 東日本大震災の影響
　　結果の推計に用いている海面漁業生産統計調査の生産量結果については、東日本大震災の影響により次の措置がとられているので、利用に当たっては留意されたい。
　ア　平成23年の生産量については、岩手県、宮城県及び福島県においてデータを消失した調査対象者があり、消失したデータを含まない数値である。
　イ　東京電力ホールディングス株式会社福島第一原子力発電所事故の影響を受けた区域において、同事故の影響により出荷制限又は出荷自粛の措置がとられた品目、生産量は含まない。

(7)　本統計の累年データについては、農林水産省ホームページ中の統計情報の分野別分類「水産業」の「漁業産出額」で御覧いただけます。

　　なお、統計データ等に訂正等があった場合には、同ホームページに正誤表とともに修正後の統計表等を掲載します。

　　【 http://www.maff.go.jp/j/tokei/kouhyou/gyogyou_seigaku/index.html 】

5　お問合せ先
農林水産省 大臣官房統計部
経営・構造統計課　分析班
電　話：　（代表）　03－3502－8111　内線3635
　　　　　（直通）　03－6744－2042
ＦＡＸ：　　　　　03－5511－8772

　※　本統計に関する御意見・御要望は、「5　お問合せ先」のほか、農林水産省ホームページでも受け付けております。

　　【 https://www.contactus.maff.go.jp/j/from/tokei/kikaku/160815.html 】

I　推計結果の概要

【統計結果】

1 漁業産出額

　漁業産出額は、海洋環境の変動等の影響から資源量が減少する中で、漁業者の減少・高齢化、漁船の高船齢化等に伴う生産体制のぜい弱化や、国民の「魚離れ」の進行等を主たる要因として、平成24年まで長期的に減少してきたが、平成25年以降は消費者ニーズの高い養殖魚種の生産の進展等により増加に転じてきた。

　平成29年は、海面養殖業及び内水面養殖業の需要が堅調なことから、前年に比べて、156億円増加し、1兆5,755億円（対前年増減率1.0％増加）となった。

図1　漁業産出額及び生産漁業所得の推移（全国）

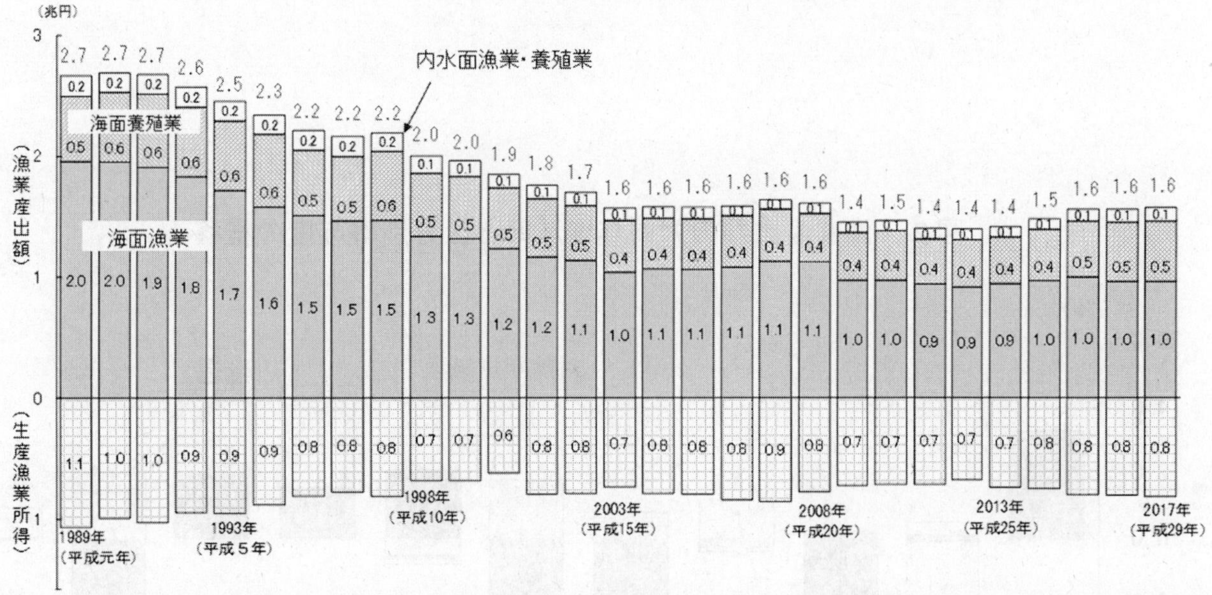

注：　生産漁業所得は、①昭和35年から平成14年までの推計値には、内水面漁業・養殖業の所得及び経常補助金を含まない、②平成15年から17年までの推計値には、内水面漁業・養殖業の所得を含むが経常補助金を含まない等の違いがあることから、経年比較等の時系列分析をする際には留意されたい。

表1　漁業産出額（全国）

区　分	平成28年	29		対前年増減率
		実数	構成割合	
	億円	億円	％	％
漁 業 産 出 額 計	15,599	15,755	100.0	1.0
海 面 漁 業	9,620	9,628	61.1	0.1
海 面 養 殖 業	4,887	4,979	31.6	1.9
内 水 面 漁 業	198	198	1.3	0.4
内 水 面 養 殖 業	894	949	6.0	6.2
生 産 漁 業 所 得	8,009	8,154	－	1.8

注：本表の構成割合、対前年増減率は、統計表（192ページ）の表章単位で計算したものである。

図2　漁業産出額の対前年増減率と区分別寄与度の推移

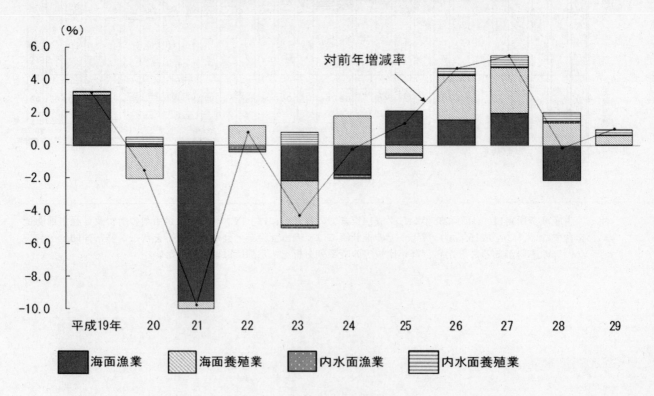

2 海面漁業

　海面漁業の産出額は、長期的には、海洋環境の変動等の影響を受けて、まいわし等の漁獲量が減少したことにより、平成24年まで減少傾向で推移してきたが、その後は、日本周辺海域において急増する外国漁船との競合等により漁獲量が減少したさんま、するめいか等の魚価が上昇していること、まいわしの資源量の増加に伴い漁獲量が増加していること等から、9千億円台で推移してきた。

　平成29年は、前年に比べ7億円増加し、9,628億円（同0.1%増加）となった。

　この要因としては、さけ・ます類について、さけの回帰率の低下により漁獲量が減少し、魚価が高騰したことや、消費者の健康志向や食の簡便化により水産缶詰の種類が増加する中、資源量が回復してきたさば類、いわし類でオイル漬缶詰等、食の多様化にも対応した商品開発が進んだこと等が寄与したものと考えられる。

表2　海面漁業の産出額の推移（全国）

区　　分	平成25年	26	27	28	29 実数	29 対前年増減率
	億円	億円	億円	億円	億円	%
海　面　漁　業	9,439	9,663	9,957	9,620	9,628	0.1
うちま　ぐ　ろ　類	1,078	1,167	1,324	1,167	1,225	5.0
か　つ　お　類	724	609	666	645	691	7.1
さ　け・ます類	722	726	723	668	694	3.8
い　わ　し　類	548	593	647	650	667	2.7
さ　　ば　　類	403	481	451	435	450	3.4
ほ　た　て　が　い	613	621	584	632	597	△ 5.6
い　　か　　類	775	716	654	663	645	△ 2.7

【関連データ】

海面漁業の漁獲量（全国）

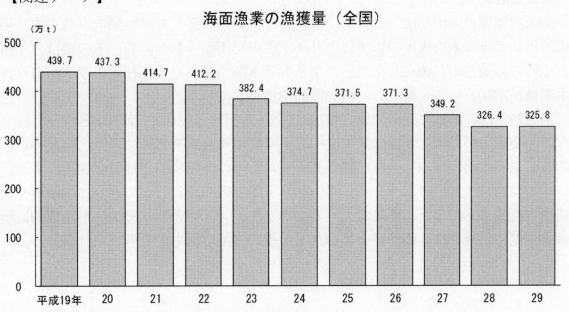

（万t）

年	漁獲量
平成19年	439.7
20	437.3
21	414.7
22	412.2
23	382.4
24	374.7
25	371.5
26	371.3
27	349.2
28	326.4
29	325.8

資料：農林水産省統計部「漁業・養殖業生産統計」

まいわし、さば類、するめいか、さけ類の漁獲量と価格の推移（全国）

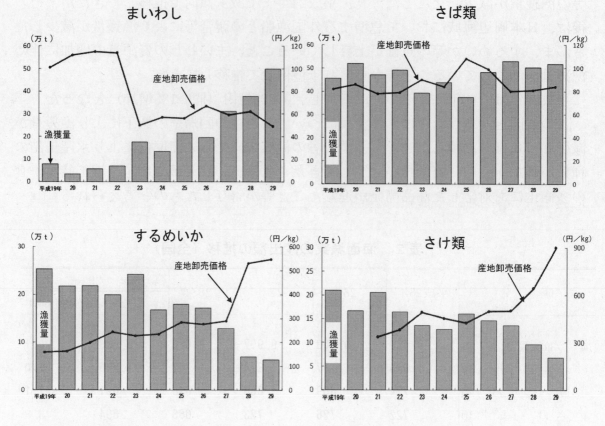

資料：農林水産省統計部「漁業・養殖業生産統計」、水産庁「産地水産物流通調査」
注：1　平成19～20年の「さけ類」は産地水産物流通調査（年間調査）が休止年である。
　　2　産地水産物流通調査は、平成19～21年は42漁港、22～29年は48漁港の平均価格である（以下同じ。）。
　　3　平成21年以前の産地水産物流通調査は、農林水産省統計部の調査である（以下同じ。）。

3　海面養殖業

　海面養殖業の産出額は、長期的には、のり類等の収獲量で減少傾向が続く中、平成23年には東日本大震災の影響により４千億円を下回ったものの、その後は、くろまぐろの養殖技術が確立したことにより大手水産会社や総合商社等の参入が進み、生産量が増加したこと等から、増加傾向で推移してきた。

　平成29年は、前年に比べ92億円増加し、4,979億円（同1.9％増加）となった。

　この要因としては、夏場の高水温や２年連続での台風被害等により、ほたてがいの収獲量が大幅に減少し、産出額が減少したものの、原料原産地表示制度により、コンビニエンスストア、スーパーマーケット等で販売されるおにぎりに国産のりが使用されるようになり、価格が上昇したことや、「みやぎサーモン」が地理的表示保護制度に登録され、価格が上昇したこと等が寄与したものと考えられる。

表3　海面養殖業の産出額の推移（全国）

区　　　分	平成25年	26	27	28	29 実数	29 対前年増減率
	億円	億円	億円	億円	億円	%
海　面　養　殖　業	3,882	4,259	4,673	4,887	4,979	1.9
うちぎ　ん　ざ　け	48	75	67	75	102	37.5
ぶ　　り　　類	1,115	1,193	1,201	1,177	1,192	1.3
く　ろ　ま　ぐ　ろ	293	420	441	405	445	10.0
ほ　た　て　が　い	323	412	608	624	457	△ 26.8
の　　り　　類	724	728	851	1,002	1,167	16.4

【関連データ】

海面養殖業の収獲量の推移（全国）

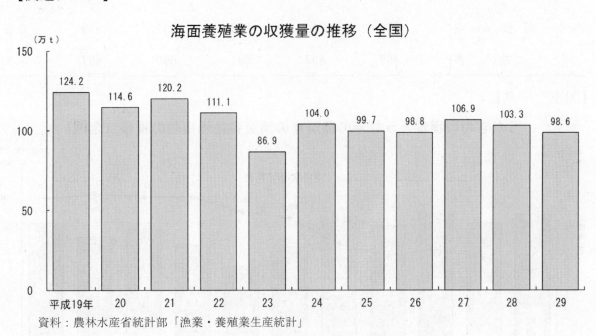

資料：農林水産省統計部「漁業・養殖業生産統計」

ぎんざけ、のりの収獲量と価格の推移（全国）

ぎんざけ　　　　　　　　　　　板のり（乾のり）

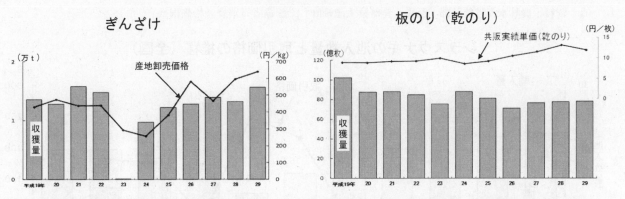

資料：　農林水産省統計部「漁業・養殖業生産統計」、水産庁「産地水産物流通調査」、全国漁連のり事業推進協議会調べ

注：　乾のりの共販実績単価は、当年11月～翌年5月における乾のり全国共販漁連・漁協の共販金額を落札枚数で除したものである。

4 内水面養殖業

　　内水面養殖業の産出額は、長期的には、養殖魚種全般で収獲量が減少傾向にあるものの、近年はうなぎの堅調な需要に支えられて、増加傾向で推移してきた。

　　平成29年は、前年に比べ56億円増加し、949億円（同6.2％増加）となった。

　　この要因としては、平成27年にうなぎ養殖業が許可制に移行する中で、シラスウナギが国内で安定的に採捕され、上限に近い数量まで池入れされたことにより、国産うなぎの生産量が回復したことが寄与したものと考えられる。

表4　内水面養殖業の産出額の推移（全国）

区　　分	平成25年	26	27	28	29 実数	29 対前年増減率
	億円	億円	億円	億円	億円	％
内 水 面 養 殖 業	650	710	809	894	949	6.2
うちう　　な　　ぎ	468	497	581	650	697	7.2

【関連データ】

うなぎの収獲量とうなぎの蒲焼きの消費者物価指数の推移（全国）

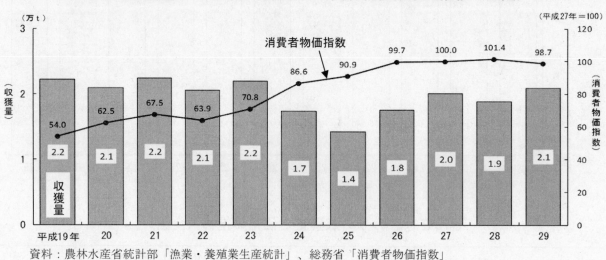

資料：農林水産省統計部「漁業・養殖業生産統計」、総務省「消費者物価指数」

シラスウナギの池入数量と取引価格の推移（全国）

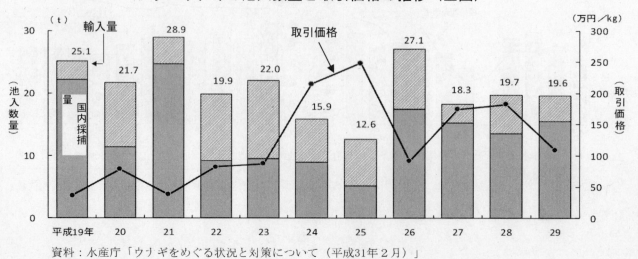

資料：水産庁「ウナギをめぐる状況と対策について（平成31年2月）」

5 生産漁業所得

生産漁業所得は、海面漁業産出額の減少に伴い平成24年まで減少傾向で推移してきたものの、その後は、海面養殖業及び内水面養殖業での産出額の増加により増加傾向で推移してきた。

平成29年の生産漁業所得は、前年に比べ145億円増加し、8,154億円（同1.8%増加）となった。

この要因としては、漁業産出額の増加により生産漁業所得が増加したものと考えられる。

表5 生産漁業所得の推移（全国）

区　　分	単位	平成25年	26	27	28	29
実　　　　額	億円	7,415	7,507	7,998	8,009	8,154
対前年増減率	%	9.5	1.2	6.5	0.1	1.8

【関連データ】

燃油価格の推移

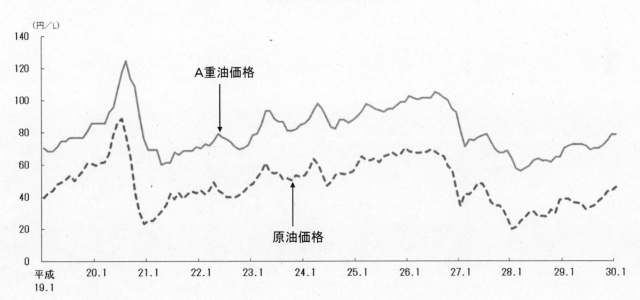

資料：水産庁調べ
注：1　A重油価格は、毎月1日現在の全国漁業協同組合連合会京浜地区供給価格
　　2　原油価格は、東京商品取引所「プラッツドバイ原油相場表」帳入値段（終値）の月間平均価格である。

Ⅱ　　統計表

総括表

1 漁業産出額及び生産漁業所得

単位：100万円

年次	漁業産出額	海面 計	海面 漁業	海面 養殖業	内水面 計	内水面 漁業	内水面 養殖業	生産漁業所得	(参考)種苗生産額 海面養殖業	(参考)種苗生産額 内水面養殖業
産出額										
平成19年	1,631,727	1,557,794	1,127,013	430,781	73,933	22,656	51,277	859,256	18,174	3,395
20	1,606,596	1,524,822	1,124,985	399,837	81,774	23,927	57,847	778,301	17,576	3,351
21	1,449,778	1,364,799	971,949	392,850	84,979	26,233	58,746	726,839	16,647	3,597
22	1,461,130	1,381,884	971,749	410,135	79,246	22,637	56,609	719,571	18,256	3,630
23	1,398,650	1,310,551	939,952	370,599	88,099	20,112	67,987	715,724	16,806	3,596
24	1,395,108	1,309,774	914,406	395,368	85,334	17,871	67,463	677,384	17,811	3,580
25	1,413,862	1,332,046	943,867	388,179	81,816	16,811	65,005	741,535	18,205	3,728
26	1,480,887	1,392,151	966,253	425,898	88,736	17,736	71,000	750,707	18,394	4,140
27	1,562,127	1,462,913	995,654	467,259	99,214	18,352	80,862	799,792	19,338	4,406
28	1,559,897	1,450,760	962,023	488,737	109,138	19,770	89,368	800,892	21,015	4,676
29	1,575,488	1,460,694	962,768	497,926	114,794	19,849	94,945	815,393	27,081	4,896
対前年増減率(%)										
平成19年	3.2	3.4	4.5	0.6	△0.8	△5.2	1.2	1.8	△15.1	△4.3
20	△1.5	△2.1	△0.2	△7.2	10.6	5.6	12.8	△9.4	△3.3	△1.3
21	△9.8	△10.5	△13.6	△1.7	3.9	9.6	1.6	△6.6	△5.3	7.3
22	0.8	1.3	0.0	4.4	△6.7	△13.7	△3.6	△1.0	9.7	0.9
23	△4.3	△5.2	△3.3	△9.6	11.2	△11.2	20.1	△0.5	△7.9	△0.9
24	△0.3	△0.1	△2.7	6.7	△3.1	△11.1	△0.8	△5.4	6.0	△0.4
25	1.3	1.7	3.2	△1.8	△4.1	△5.9	△3.6	9.5	2.2	4.1
26	4.7	4.5	2.4	9.7	8.5	5.5	9.2	1.2	1.0	11.1
27	5.5	5.1	3.0	9.7	11.8	3.5	13.9	6.5	5.1	6.4
28	△0.1	△0.8	△3.4	4.6	10.0	7.7	10.5	0.1	8.7	6.1
29	1.0	0.7	0.1	1.9	5.2	0.4	6.2	1.8	28.9	4.7
構成割合(%)										
平成19年	100.0	95.5	69.1	26.4	4.5	1.4	3.1		–	–
20	100.0	94.9	70.0	24.9	5.1	1.5	3.6		–	–
21	100.0	94.1	67.0	27.1	5.9	1.8	4.1		–	–
22	100.0	94.6	66.5	28.1	5.4	1.5	3.9		–	–
23	100.0	93.7	67.2	26.5	6.3	1.4	4.9		–	–
24	100.0	93.9	65.5	28.3	6.1	1.3	4.8		–	–
25	100.0	94.2	66.8	27.5	5.8	1.2	4.6		–	–
26	100.0	94.0	65.2	28.8	6.0	1.2	4.8		–	–
27	100.0	93.6	63.7	29.9	6.4	1.2	5.2		–	–
28	100.0	93.0	61.7	31.3	7.0	1.3	5.7		–	–
29	100.0	92.7	61.1	31.6	7.3	1.3	6.0		–	–

注： 平成29年漁業産出額の公表から、中間生産物である「種苗」を漁業産出額から除外し、種苗生産額として参考表章することとした。これに伴い漁業産出額及び生産漁業所得については、過去に遡及して推計した。

年次別

2　年次別産出額（全国）（平成19年～29年）

(1)　漁業産出額　(2)　海面漁業

年次	漁業産出額 ア+イ+ウ+エ	海面漁業計 ア	魚類 計	まぐろ類 小計	くろまぐろ	みなみまぐろ	びんなが	めばち	きはだ	その他の まぐろ類
平成19年 (1)	1,631,727	1,127,013	794,307	167,238	28,291	8,297	21,360	67,919	40,810	561
20 (2)	1,606,596	1,124,985	812,212	161,757	38,569	8,782	17,785	59,550	36,104	967
21 (3)	1,449,778	971,949	693,290	133,675	24,170	3,982	18,801	55,191	31,021	511
22 (4)	1,461,130	971,749	689,367	126,029	15,020	5,240	15,967	48,153	41,152	496
23 (5)	1,398,650	939,952	648,600	122,986	18,072	6,395	17,210	47,472	33,351	487
24 (6)	1,395,108	914,406	647,539	121,333	14,006	7,331	22,315	47,397	29,869	414
25 (7)	1,413,862	943,867	639,734	107,781	14,550	6,149	19,600	42,509	24,502	472
26 (8)	1,480,887	966,253	663,713	116,653	16,573	7,008	20,149	48,166	24,321	436
27 (9)	1,562,127	995,654	695,787	132,401	15,067	7,752	20,381	54,639	33,950	612
28 (10)	1,559,897	962,023	662,550	116,679	17,088	8,151	16,653	41,017	33,280	491
29 (11)	1,575,488	962,768	669,271	122,541	16,587	7,283	17,087	43,784	37,268	532

年次	さけ・ます類 小計	さけ類	ます類	このしろ	にしん	いわし類 小計	まいわし	うるめいわし	かたくちいわし	しらす
平成19年 (1)	81,135	76,536	4,598	1,121	1,183	61,809	7,531	4,407	21,244	28,627
20 (2)	78,587	74,389	4,198	739	1,083	58,461	4,430	3,523	23,848	26,660
21 (3)	72,718	68,620	4,098	656	1,252	53,971	6,311	3,803	18,446	25,411
22 (4)	64,644	60,708	3,936	709	997	56,797	6,855	3,243	17,627	29,072
23 (5)	70,205	66,972	3,233	663	1,029	50,332	8,858	4,676	16,178	20,619
24 (6)	63,046	60,771	2,276	568	949	61,633	8,048	4,295	16,816	32,474
25 (7)	72,215	68,992	3,223	678	1,054	54,795	13,248	5,200	17,201	19,146
26 (8)	72,607	70,407	2,199	644	948	59,256	13,012	4,719	16,910	24,615
27 (9)	72,342	70,039	2,303	542	1,204	64,679	17,293	5,388	13,979	28,019
28 (10)	66,838	61,885	4,953	678	1,410	64,971	19,842	5,575	12,961	26,593
29 (11)	69,358	67,707	1,651	790	1,404	66,711	25,421	4,383	12,922	23,985

年次	たら類 小計	まだら	すけとうだら	ほっけ	きちじ	はたはた	にぎす類	あなご類	たちうお	た 小計
平成19年 (1)	36,046	13,239	22,807	7,657	2,927	3,573	1,009	4,579	9,368	19,152
20 (2)	36,664	12,993	23,672	11,116	2,960	3,835	1,068	4,838	9,061	18,379
21 (3)	30,209	12,626	17,583	6,565	3,146	2,760	958	4,822	6,861	16,620
22 (4)	28,469	12,008	16,461	6,882	2,718	2,732	912	4,162	6,003	15,688
23 (5)	22,971	11,266	11,705	5,256	2,745	2,597	895	3,445	5,910	17,081
24 (6)	25,166	11,627	13,538	5,823	2,981	2,273	828	3,739	5,512	16,188
25 (7)	23,206	10,310	12,896	5,300	2,568	1,925	669	4,078	5,624	15,225
26 (8)	29,050	13,843	15,207	5,530	2,668	1,997	780	3,940	5,789	14,953
27 (9)	32,347	15,923	16,424	4,665	2,780	2,442	856	3,679	5,851	15,273
28 (10)	26,147	14,553	11,595	4,331	2,789	2,264	741	3,828	6,091	15,114
29 (11)	23,356	13,382	9,974	3,491	2,869	1,970	684	3,940	5,084	15,137

単位：100万円

類								さ め 類	
か	じ	き	類		か	つ	お 類		
小 計	まかじき	めかじき	くろかじき類	その他のかじき類	小 計	かつお	そうだがつお類		
12,893	1,603	8,881	1,694	715	76,381	74,810	1,571	5,777	(1)
12,548	1,729	8,760	1,701	359	81,472	79,422	2,050	6,280	(2)
9,963	1,289	6,926	1,393	356	66,276	64,917	1,359	5,735	(3)
11,043	1,631	7,307	1,616	488	69,803	67,951	1,852	6,064	(4)
10,031	1,472	6,505	1,486	569	63,329	61,938	1,391	3,799	(5)
10,306	1,477	6,835	1,441	553	73,668	71,694	1,973	4,339	(6)
9,013	1,343	5,812	1,315	542	72,438	70,388	2,050	3,434	(7)
9,616	1,105	6,723	1,288	500	60,888	59,241	1,647	4,302	(8)
10,735	1,309	7,488	1,414	524	66,624	64,832	1,792	5,195	(9)
10,441	1,308	7,299	1,354	481	64,461	63,303	1,158	5,085	(10)
10,027	1,262	7,218	1,176	371	69,066	68,103	964	5,038	(11)

類（続き）						ひ ら め・か れ い 類			
あ	じ	類	さ ば 類	さ ん ま	ぶ り 類	小 計	ひ ら め	かれい類	
小 計	ま あ じ	むろあじ類							
39,749	36,721	3,028	39,188	21,855	27,679	39,420	10,007	29,412	(1)
44,091	40,070	4,021	46,448	24,486	27,916	40,170	9,846	30,324	(2)
37,537	33,595	3,942	36,352	21,916	24,728	33,807	8,462	25,345	(3)
36,387	33,161	3,226	41,664	27,463	26,564	31,178	8,310	22,868	(4)
37,721	34,670	3,052	37,911	23,106	29,653	28,591	7,407	21,183	(5)
35,392	32,188	3,205	37,118	17,061	24,392	25,967	6,734	19,233	(6)
36,983	34,066	2,917	40,324	22,967	27,324	25,151	7,113	18,038	(7)
35,875	33,295	2,580	48,129	25,562	33,945	25,515	7,450	18,065	(8)
35,828	33,411	2,417	45,131	25,304	34,191	26,120	7,738	18,382	(9)
32,325	29,026	3,299	43,520	25,933	29,899	25,610	7,583	18,027	(10)
30,883	28,290	2,594	45,007	24,560	31,185	25,398	7,571	17,827	(11)

類（続き）									
い		類	い さ き	さ わ ら 類	すずき類	いかなご	あまだい類	ふ ぐ 類	
ま だ い	ちだい・きだい	くろだい・へだい							
14,322	3,413	1,417	4,114	8,492	5,800	9,049	2,896	5,001	(1)
13,648	3,289	1,442	3,863	9,079	5,334	12,885	2,711	6,159	(2)
12,259	3,003	1,357	3,550	7,447	4,358	8,091	2,606	4,451	(3)
11,699	2,645	1,344	2,953	8,429	4,367	10,551	2,256	4,422	(4)
13,031	2,723	1,327	3,314	8,511	4,241	4,816	2,193	4,281	(5)
12,202	2,672	1,315	3,164	7,706	4,230	5,997	2,298	3,708	(6)
11,542	2,401	1,281	3,521	8,778	4,161	6,345	2,034	3,589	(7)
10,999	2,675	1,279	2,906	10,331	4,136	5,628	2,192	3,258	(8)
11,334	2,632	1,307	3,261	10,420	4,296	5,255	2,260	3,937	(9)
11,425	2,400	1,288	3,050	11,115	4,160	6,146	2,420	4,176	(10)
11,451	2,385	1,301	2,795	10,343	3,985	4,906	2,422	3,432	(11)

2 年次別産出額（全国）（平成19年～29年）（続き）

(2) 海面漁業（続き）

年次	魚類（続き）その他の魚類	え び 類 計	いせえび	くるまえび	その他のえび類	か 計	ずわいがに	に べにずわいがに
平成19年 (1)	99,218	35,235	6,223	3,920	25,093	26,714	11,317	5,539
20 (2)	100,222	34,497	5,600	3,375	25,522	26,253	11,208	5,502
21 (3)	92,259	29,196	5,252	2,761	21,182	22,745	9,508	5,083
22 (4)	89,482	26,904	4,830	2,499	19,575	23,751	9,119	4,865
23 (5)	80,988	26,314	5,147	2,228	18,938	23,217	9,072	4,798
24 (6)	82,151	23,875	4,959	2,146	16,769	23,717	9,155	4,575
25 (7)	78,557	26,175	5,682	1,974	18,519	24,706	10,035	4,256
26 (8)	76,616	25,976	6,145	1,854	17,977	25,699	10,503	4,491
27 (9)	78,171	27,058	5,994	1,822	19,243	29,862	12,743	5,148
28 (10)	82,328	28,745	6,086	1,985	20,674	32,568	12,727	5,811
29 (11)	82,889	27,817	6,452	1,842	19,523	32,059	13,087	6,075

年次	貝類（続き）その他の貝類	い か 類 計	するめいか	あかいか	1) その他のいか類	たこ類	うに類	海産哺乳類（捕鯨業を除く。）
平成19年 (1)	19,939	86,773	50,200	3,830	32,743	30,113	13,346	832
20 (2)	18,794	78,914	43,876	4,101	30,938	28,138	12,287	568
21 (3)	16,601	75,484	42,651	5,836	26,997	21,513	11,234	542
22 (4)	16,363	80,223	48,907	4,157	27,158	18,987	10,654	491
23 (5)	15,306	82,377	55,012	3,556	23,809	20,442	8,820	383
24 (6)	15,755	65,118	39,237	1,219	24,662	21,971	9,325	332
25 (7)	16,541	77,548	51,355	1,421	24,771	20,228	10,190	507
26 (8)	16,542	71,557	48,844	1,077	21,636	20,964	11,081	682
27 (9)	18,681	65,408	39,500	871	25,037	19,420	11,664	817
28 (10)	16,869	66,270	39,039	1,702	25,529	20,931	12,035	645
29 (11)	15,903	64,479	36,533	2,336	25,611	23,463	12,272	520

注：1)には、遠洋底びき網（南方水域）及びいか釣のうち、日本近海水域以外で漁獲された「するめいか」を含む。

単位：100万円

類		おきあみ類	貝　　類					
がざみ類	その他のかに類		計	あわび類	さざえ	あさり類	ほたてがい	
3,793	6,066	2,102	93,158	14,181	6,075	12,079	40,883	(1)
3,508	6,034	1,993	84,739	9,883	5,611	13,803	36,649	(2)
2,688	5,466	1,171	73,261	10,317	5,166	11,212	29,966	(3)
2,916	6,850	2,218	73,348	9,704	4,625	9,355	33,302	(4)
2,881	6,465	106	81,851	9,705	4,427	9,560	42,853	(5)
2,821	7,167	828	75,816	7,734	4,143	9,101	39,084	(6)
2,808	7,606	846	99,349	9,210	4,340	7,939	61,318	(7)
2,601	8,104	684	99,193	9,135	4,342	7,052	62,122	(8)
2,342	9,629	927	96,391	9,885	4,518	4,887	58,420	(9)
2,389	11,642	540	95,780	7,830	4,152	3,749	63,179	(10)
2,258	10,640	1,296	90,439	7,117	3,863	3,888	59,668	(11)

その他の水産動物類	海　藻　類			捕鯨業（くじら類）	
	計	こんぶ類	その他の海藻類		
19,643	24,468	18,736	5,732	323	(1)
19,462	25,632	18,897	6,735	289	(2)
16,617	26,594	20,987	5,607	303	(3)
22,131	23,402	17,887	5,515	274	(4)
24,495	23,122	16,697	6,426	224	(5)
19,764	25,865	19,631	6,234	257	(6)
21,475	22,914	15,709	7,205	195	(7)
22,175	24,316	17,895	6,422	214	(8)
24,286	23,845	17,870	5,975	190	(9)
20,335	21,454	15,532	5,921	170	(10)
19,931	21,142	14,093	7,050	78	(11)

2 年次別産出額（全国）（平成19年～29年）（続き）

(3) 海面養殖業

年次		海面養殖業計 イ	魚							類
			計	ぎんざけ	ぶり類	まあじ	しまあじ	まだい	ひらめ	
平成19年	(1)	430,781	213,793	5,645	113,470	1,485	4,403	55,453	7,355	
20	(2)	399,837	208,641	5,881	116,055	1,526	4,107	49,568	6,106	
21	(3)	392,850	205,657	7,163	115,143	1,444	3,963	45,913	5,187	
22	(4)	410,135	218,701	6,485	117,630	1,253	4,047	50,609	5,099	
23	(5)	370,599	213,408	45	114,998	963	3,717	49,398	4,035	
24	(6)	395,368	205,298	2,572	107,122	994	4,076	48,209	3,673	
25	(7)	388,179	214,868	4,791	111,500	964	4,454	49,185	3,291	
26	(8)	425,898	233,668	7,486	119,347	983	4,667	43,948	4,058	
27	(9)	467,259	237,332	6,689	120,112	799	4,956	43,893	4,144	
28	(10)	488,737	243,066	7,451	117,741	770	5,719	53,572	4,126	
29	(11)	497,926	252,523	10,248	119,239	915	5,782	55,157	3,799	

年次		ほや類	その他の水産動物類	海				の		
				計	こんぶ類	わかめ類	小計	板		
								小計	くろのり	
平成19年	(1)	1,319	648	116,232	10,622	7,349	95,028	91,430	90,701	
20	(2)	1,476	643	104,048	10,950	10,162	80,789	76,953	76,355	
21	(3)	1,289	584	104,592	8,372	10,840	83,588	80,036	79,556	
22	(4)	1,388	514	103,162	7,949	8,302	85,319	82,303	81,600	
23	(5)	118	498	82,753	6,340	2,916	71,142	67,674	67,188	
24	(6)	123	502	115,219	7,949	9,733	94,531	90,730	90,210	
25	(7)	161	436	90,933	7,973	7,141	72,408	68,743	68,244	
26	(8)	691	496	91,226	7,786	6,568	72,833	69,499	69,020	
27	(9)	1,150	476	105,089	8,807	7,971	85,081	81,982	81,644	
28	(10)	1,232	508	121,626	7,666	10,261	100,219	95,567	95,199	
29	(11)	1,262	597	141,102	9,453	10,742	116,660	108,690	108,274	

年次		（ 参 考 ） 種 苗 生 産 額							
		計	ぶり類	まだい	ひらめ	真珠母貝	ほたてがい	かき類	くるまえび
平成19年	(1)	18,174	1,735	4,761	961	1,527	7,610	635	257
20	(2)	17,576	1,488	4,546	1,001	1,234	7,799	595	274
21	(3)	16,647	2,433	3,751	885	707	7,431	600	229
22	(4)	18,256	3,113	3,942	883	740	8,075	682	243
23	(5)	16,806	2,218	4,052	889	943	7,630	165	401
24	(6)	17,811	2,361	4,179	783	947	8,141	559	292
25	(7)	18,205	3,038	4,180	717	794	8,191	455	286
26	(8)	18,394	3,009	4,026	671	897	8,549	405	312
27	(9)	19,338	2,875	3,757	633	1,098	9,820	400	276
28	(10)	21,015	2,843	3,877	599	1,592	10,741	614	263
29	(11)	27,081	3,064	4,596	626	1,536	15,730	740	231

注：1)は、平成19年から平成23年までの数値にくろまぐろを含む。

単位：100万円

ふぐ類	くろまぐろ	1)その他の魚類	貝　類				くるまえび	
			計	ほたてがい	かき類	その他の貝類		
9,130	…	16,852	72,084	40,865	29,953	1,266	8,717	(1)
9,911	…	15,487	63,527	31,791	30,552	1,183	8,222	(2)
8,598	…	18,245	63,945	33,318	29,434	1,193	8,333	(3)
8,394	…	25,184	69,256	34,467	33,626	1,162	7,416	(4)
7,763	…	32,489	57,156	25,794	30,522	840	7,238	(5)
7,935	27,538	3,179	56,859	25,694	30,438	727	7,463	(6)
8,579	29,307	2,797	62,974	32,279	30,140	555	7,601	(7)
8,206	41,991	2,982	78,102	41,204	36,272	627	8,162	(8)
9,386	44,065	3,289	99,864	60,750	38,424	691	7,475	(9)
10,036	40,452	3,201	98,597	62,427	35,421	749	7,128	(10)
9,579	44,479	3,325	79,818	45,713	33,447	657	7,257	(11)

藻　類				もずく類	その他の海藻類	真　珠	
のり類							
まぜのり	あおのり	ばらのり	生のり類				
471	259	2,829	769	2,566	667	17,988	(1)
316	282	2,941	896	1,314	833	13,280	(2)
258	222	2,699	853	1,025	766	8,449	(3)
473	230	2,118	897	827	764	9,700	(4)
233	253	2,991	476	1,608	747	9,428	(5)
282	238	3,297	504	2,168	838	9,903	(6)
195	304	3,147	518	2,159	1,252	11,207	(7)
194	284	2,867	467	2,682	1,356	13,554	(8)
198	140	2,719	381	2,111	1,118	15,873	(9)
247	121	3,755	897	2,492	988	16,578	(10)
187	228	6,989	981	3,307	940	15,366	(11)

わかめ類	のり類	
56	631	(1)
54	586	(2)
52	559	(3)
54	524	(4)
36	472	(5)
56	493	(6)
71	472	(7)
64	461	(8)
43	437	(9)
38	449	(10)
37	521	(11)

2 年次別産出額（全国）（平成19年～29年）（続き）

(4) 内水面漁業

単位：100万円

年次	内水面漁業計 ウ	計	魚 類					わかさぎ	あゆ	しらうお	こい
			さけ・ます類								
			小計	さけ類	からふとます	さくらます	その他のさけ・ます類				
平成19年	22,656	14,133	2,345	1,483	157	26	680	488	7,752	549	230
20	23,927	15,727	2,202	1,373	170	83	576	485	9,254	505	245
21	26,233	18,004	2,808	1,519	275	123	891	772	10,234	1,123	252
22	22,637	14,639	2,066	1,135	122	35	775	644	8,358	972	191
23	20,112	13,150	1,889	1,068	42	95	684	463	7,378	895	181
24	17,871	11,869	2,186	1,519	8	47	612	417	6,118	1,061	176
25	16,811	10,688	1,822	1,089	25	31	678	323	6,127	735	147
26	17,736	10,825	1,669	992	14	22	640	399	6,346	827	124
27	18,352	11,422	1,927	1,274	17	18	619	474	6,670	1,074	113
28	19,770	12,715	1,600	909	47	17	627	510	8,367	821	124
29	19,849	12,622	1,449	844	7	11	587	532	8,749	528	125

年次	魚 類（続き）					貝 類			その他の水産動植物類		
	ふな	うぐい・おいかわ	うなぎ	はぜ類	その他の魚類	計	しじみ	その他の貝類	計	えび類	その他の水産動植物類
平成19年	375	482	1,263	138	511	7,231	6,919	313	1,292	591	701
20	389	503	1,392	143	610	6,791	6,623	168	1,409	585	824
21	364	479	1,323	116	534	6,696	6,420	276	1,533	542	992
22	267	418	1,132	96	497	7,070	6,856	214	928	403	525
23	275	419	1,085	111	455	6,054	5,740	314	907	376	531
24	256	366	870	109	309	5,347	5,046	301	655	307	348
25	219	223	777	100	216	5,508	5,274	234	614	284	331
26	220	223	699	113	206	6,309	5,994	315	601	293	308
27	249	232	404	97	182	6,154	5,549	605	777	149	627
28	297	223	370	99	304	6,481	5,594	887	574	176	398
29	303	175	372	82	308	6,555	5,752	802	672	225	447

注：内水面漁業産出額には、遊漁者の採捕による産出額は含めていない。

(5) 内水面養殖業

単位：100万円

年次	内水面養殖業計 エ	ます類			あゆ	こい	うなぎ	その他	(参考)種苗生産額	
		計	にじます	その他のます類					1)淡水真珠	種苗計
平成19年	51,277	8,524	3,932	4,592	6,862	1,472	31,672	2,747	186	3,395
20	57,847	7,737	3,769	3,969	6,834	1,447	38,829	3,000	139	3,351
21	58,746	7,603	3,484	4,119	6,207	1,412	40,717	2,806	148	3,597
22	56,609	7,323	3,305	4,018	6,639	1,685	38,345	2,617	67	3,630
23	67,987	6,926	3,028	3,899	6,308	1,389	50,195	3,169	123	3,596
24	67,463	7,103	2,995	4,108	6,148	1,334	49,664	3,213	110	3,580
25	65,005	6,883	2,904	3,979	6,967	1,351	46,806	2,999	85	3,728
26	71,000	7,247	3,082	4,165	6,684	1,450	49,722	5,897	82	4,140
27	80,862	7,648	3,407	4,242	6,865	1,529	58,114	6,705	66	4,406
28	89,368	8,591	4,181	4,410	6,945	1,455	64,983	7,393	58	4,676
29	94,945	8,740	4,163	4,577	7,302	1,396	69,671	7,836	57	4,896

注：1)は、琵琶湖と霞ヶ浦の合計値である。

大海区都道府県別

3 大海区都道府県別産出額（海面漁業・養殖業）
(1) 海面漁業・養殖業産出額 (2) 海面漁業

都道府県・大海区	海面漁業・養殖業産出額 ア＋イ	海面漁業計 ア	計	魚類 まぐろ類 小計	くろまぐろ	みなみまぐろ	びんなが	めばち	きはだ	その他のまぐろ類
	(1)	(1)	(2)	(3)	(4)	(5)	(6)	(7)	(8)	(9)
合　計 (1)	1,460,616	962,690	669,271	122,541	16,587	7,283	17,087	43,784	37,268	532
北海道 (2)	275,228	244,306	113,141	1,120	1,114	-	5	1	0	1
青森 (3)	64,082	42,996	21,072	7,138	4,639	188	264	1,576	470	-
岩手 (4)	39,336	29,842	21,919	5,352	615	772	358	2,767	840	-
宮城 (5)	81,944	56,326	48,871	17,066	1,189	1,732	1,175	8,014	4,956	-
秋田 (6)	3,031	2,945	1,972	x	x	-	-	-	x	-
山形 (7)	2,476	2,476	1,169	x	x	-	-	-	-	-
福島 (8)	10,105	10,105	9,513	3,302	163	188	148	2,412	391	-
茨城 (9)	22,792	x	21,138	406	8	-	206	160	27	5
千葉 (10)	28,554	25,719	19,527	425	186	-	x	x	x	-
東京 (11)	17,969	x	16,600	5,723	131	-	14	2,076	3,501	-
神奈川 (12)	18,862	18,401	16,779	6,532	30	404	215	3,959	1,924	-
新潟 (13)	13,555	13,074	9,669	1,657	208	-	x	x	x	-
富山 (14)	11,136	11,097	6,564	1,706	127	98	94	1,012	370	7
石川 (15)	18,280	17,994	9,401	573	572	-	0	-	0	-
福井 (16)	8,768	8,379	3,903	87	85	-	0	-	0	1
静岡 (17)	60,388	57,860	53,129	16,345	584	1,400	1,834	3,855	8,671	0
愛知 (18)	17,737	12,632	8,165	1	-	-	x	x	x	-
三重 (19)	50,654	29,096	24,558	6,842	726	-	1,665	2,259	2,192	0
京都 (20)	3,848	3,021	2,175	x	209	-	x	-	-	x
大阪 (21)	4,419	4,271	3,881	-	-	-	-	-	-	-
兵庫 (22)	49,868	27,316	15,190	11	9	-	x	x	x	x
和歌山 (23)	13,380	8,462	6,445	362	119	-	102	30	111	-
鳥取 (24)	20,503	19,228	12,314	1,481	894	-	x	x	x	x
島根 (25)	21,983	21,557	17,055	559	479	-	1	x	x	10
岡山 (26)	7,648	2,371	1,379	-	-	-	-	-	-	-
広島 (27)	25,392	7,354	4,856	-	-	-	-	-	-	-
山口 (28)	15,679	13,775	9,537	112	68	-	1	x	x	31
徳島 (29)	10,743	5,810	4,021	641	16	-	330	146	149	-
香川 (30)	21,306	7,800	5,201	x	-	-	x	x	x	-
愛媛 (31)	85,123	23,766	19,237	982	151	-	1	148	683	-
高知 (32)	49,678	28,569	24,726	10,124	816	101	3,361	4,204	1,572	70
福岡 (33)	34,659	12,407	7,655	58	50	-	1	x	x	0
佐賀 (34)	33,076	4,849	1,111	18	15	-	-	0	-	2
長崎 (35)	105,693	67,887	58,080	3,784	2,230	-	19	235	1,270	30
熊本 (36)	44,433	6,308	3,793	40	15	-	9	6	10	-
大分 (37)	36,100	12,285	8,963	1,525	26	-	912	325	263	-
宮崎 (38)	33,630	24,665	24,091	11,408	545	-	3,916	2,752	4,186	10
鹿児島 (39)	77,621	24,615	22,626	9,169	295	2,399	1,215	4,061	1,189	11
沖縄 (40)	20,935	12,371	9,845	7,681	196	-	1,178	3,406	2,548	353
北海道太平洋北区 (41)	135,592	112,011	60,730	949	943	-	x	1	x	x
太平洋北区 (42)	188,376	x	119,145	32,530	5,880	2,881	2,151	14,930	6,684	5
太平洋中区 (43)	194,164	x	138,758	35,867	1,657	1,805	3,792	12,252	16,361	0
太平洋南区 (44)	193,582	76,832	68,053	24,929	1,606	101	8,601	7,599	6,943	80
北海道日本海北区 (45)	139,637	132,294	52,411	172	171	-	x	-	x	x
日本海北区 (46)	60,079	38,467	22,742	4,175	1,146	98	x	x	1,681	7
日本海西区 (47)	83,614	80,409	46,606	2,917	2,247	-	3	104	551	12
東シナ海区 (48)	325,354	136,806	109,667	20,862	2,869	2,399	2,423	7,723	5,021	427
瀬戸内海区 (49)	140,218	71,015	51,159	141	68	-	x	x	26	-
青森（太北）(50)	34,201	34,121	17,704	6,404	3,905	188	264	1,576	470	-
（日北）(51)	29,881	8,875	3,368	734	734	-	-	-	-	-
兵庫（日西）(52)	10,231	10,230	1,758	x	7	-	x	-	-	x
（瀬戸）(53)	39,637	17,087	13,433	x	1	-	x	x	x	-
和歌山（太南）(54)	9,211	4,334	2,831	257	x	-	82	x	91	-
（瀬戸）(55)	4,169	4,128	3,614	106	x	-	20	x	20	-
山口（東シ）(56)	10,772	9,829	7,250	112	68	-	1	x	x	31
（瀬戸）(57)	4,907	3,946	2,288	-	-	-	-	-	-	-
徳島（太南）(58)	2,221	2,160	1,372	634	x	-	330	x	149	-
（瀬戸）(59)	8,522	3,650	2,649	7	x	-	-	x	0	-
愛媛（太南）(60)	68,219	9,814	9,022	982	150	-	1	148	683	-
（瀬戸）(61)	16,904	13,952	10,215	0	0	-	-	-	-	-
福岡（東シ）(62)	32,823	10,946	6,963	58	50	-	1	x	x	0
（瀬戸）(63)	1,836	1,461	692	-	-	-	-	-	-	-
大分（太南）(64)	30,623	7,290	6,011	1,525	26	-	912	325	263	-
（瀬戸）(65)	5,477	4,996	2,952	-	-	-	-	-	-	-

注：捕鯨業を除く。

単位：100万円

	かじき類					かつお類			さめ類	さけ・ます類			
	小　計	まかじき	めかじき	く　ろかじき類	その他のかじき類	小　計	かつお	そ　う　だがつお類		小　計	さけ類	ます類	
	(10)	(11)	(12)	(13)	(14)	(15)	(16)	(17)	(18)	(19)	(20)	(21)	
10,027	1,262	7,218	1,176	371	69,066	68,103	964	5,038	69,358	67,707	1,651	(1)
147	25	120	x	x	0	0	0	226	57,930	56,525	1,405	(2)
71	x	x	3	x	1,441	1,441	0	160	2,581	2,503	78	(3)
471	31	385	43	13	19	7	12	202	6,452	6,360	92	(4)
2,669	77	2,462	112	18	7,514	7,500	14	2,343	1,537	1,520	17	(5)
0	–	–	–	0	0	–	0	6	246	228	18	(6)
1	1	–	–	–	0	0	0	4	215	209	5	(7)
444	23	355	49	16	733	733	0	22	2	2	–	(8)
39	x	x	3	x	544	543	1	4	x	1	x	(9)
279	221	49	9	0	111	96	16	22	–	–	–	(10)
493	13	444	36	1	7,115	7,115	0	60	–	–	–	(11)
615	41	493	73	8	3,030	3,012	18	771	0	0	–	(12)
1	–	–	–	1	3,141	3,135	7	2	327	319	8	(13)
136	11	82	35	8	99	20	79	98	30	25	5	(14)
6	x	–	1	x	21	4	17	0	16	8	8	(15)
19	x	–	x	9	10	6	4	x	15	3	12	(16)
428	26	359	36	7	19,934	19,919	14	50	–	–	–	(17)
0	0	–	–	0	1	1	0	0	–	–	–	(18)
486	43	365	61	18	5,389	5,375	14	69	–	–	–	(19)
8	–	–	5	3	12	1	11	x	x	x	x	(20)
–	–	–	–	–	–	–	–	2	–	–	–	(21)
2	x	x	x	x	0	x	x	x	x	x	x	(22)
20	12	x	x	0	371	354	16	7	–	–	–	(23)
x	–	–	–	x	1,323	x	x	x	–	–	–	(24)
13	3	0	2	7	18	x	x	1	x	1	x	(25)
–	–	–	–	–	–	–	–	0	–	–	–	(26)
–	–	–	–	–	–	–	–	1	–	–	–	(27)
4	1	x	x	3	7	3	4	3	0	0	–	(28)
55	12	22	21	0	234	228	5	4	–	–	–	(29)
x	x	x	x	x	–	–	–	0	–	–	–	(30)
x	x	x	–	x	2,198	2,175	24	15	–	–	–	(31)
1,059	180	681	183	15	6,556	6,096	461	252	–	–	–	(32)
1	x	x	x	0	7	7	0	1	–	–	–	(33)
0	–	–	–	0	x	x	x	1	–	–	–	(34)
120	78	4	7	31	2,844	2,728	115	17	–	–	–	(35)
5	x	x	1	3	x	x	8	1	–	–	–	(36)
133	17	63	53	0	13	12	1	11	–	–	–	(37)
966	338	525	86	18	4,781	4,731	50	265	–	–	–	(38)
955	63	536	183	174	1,447	1,404	43	393	–	–	–	(39)
379	23	179	168	9	142	140	1	23	–	–	–	(40)
138	20	116	x	x			0	218	20,187	19,500	687	(41)
3,693	144	3,291	209	50	10,251	10,224	27	2,714	x	10,229	x	(42)
2,302	344	1,709	215	34	35,581	35,519	62	972	x	0	–	(43)
2,230	557	1,294	346	33	14,140	13,591	550	534	–	–	–	(44)
8	5	4	–	–	x	x	0	8	37,743	37,025	718	(45)
138	12	82	35	9	3,241	3,155	86	127	991	939	51	(46)
47	12	0	9	25	1,384	1,325	60	1	x	13	x	(47)
1,465	165	721	360	219	4,456	4,284	172	438	0	0	–	(48)
6	3	1	x	x	12	6	7	27	–	–	–	(49)
70	x	x	3	x	1,441	1,441	0	144	2,409	2,345	63	(50)
0	–	–	–	0	0	0	0	17	173	158	15	(51)
x	–	–	x	x	0	x	x	x	x	x	x	(52)
x	x	x	x	–	–	–	–	3	–	–	–	(53)
x	x	x	3	x	359	349	10	0	–	–	–	(54)
x	x	x	x	x	12	6	6	7	–	–	–	(55)
4	1	x	x	3	7	3	4	2	0	0	–	(56)
–	–	–	–	–	–	–	–	1	–	–	–	(57)
55	12	22	21	0	234	228	5	4	–	–	–	(58)
0	–	0	–	–	0	0	0	0	–	–	–	(59)
x	x	x	–	x	2,198	2,175	23	2	–	–	–	(60)
–	–	–	–	–	0	–	0	13	–	–	–	(61)
1	x	x	x	0	7	7	0	1	–	–	–	(62)
–	–	–	–	–	–	–	–	–	–	–	–	(63)
133	17	63	53	0	13	12	1	10	–	–	–	(64)
–	–	–	–	–	–	–	–	0	–	–	–	(65)

3 大海区都道府県別産出額（海面漁業・養殖業）（続き）
(2) 海面漁業（続き）

都道府県・大海区		このしろ	にしん	魚							
				いわし類					あじ類		
				小 計	まいわし	うるめいわし	かたくちいわし	しらす	小 計	まあじ	むろあじ類
		(22)	(23)	(24)	(25)	(26)	(27)	(28)	(29)	(30)	(31)
合　　　　計	(1)	790	1,404	66,711	25,421	4,383	12,922	23,985	30,883	28,290	2,594
北　海　道	(2)	-	1,392	1,356	1,153	0	202	1	1	1	-
青　　　森	(3)	0	2	629	605	x	x	-	27	27	-
岩　　　手	(4)	0	2	293	278	x	x	-	29	29	0
宮　　　城	(5)	0	5	986	898	8	51	29	559	559	-
秋　　　田	(6)	0	-	0	x	x	-	-	31	31	-
山　　　形	(7)	-	-	0	0	-	-	-	11	11	-
福　　　島	(8)	-	-	1,219	1,066	0	-	154	15	15	-
茨　　　城	(9)	0	-	8,853	7,527	0	6	1,320	246	246	-
千　　　葉	(10)	88	-	3,044	2,464	60	512	8	555	552	3
東　　　京	(11)	3	-	0	0	-	0	-	4	0	4
神　奈　川	(12)	14	-	828	76	4	223	526	335	328	7
新　　　潟	(13)	0	-	1	x	0	x	-	385	385	0
富　　　山	(14)	1	-	30	7	x	10	x	472	470	2
石　　　川	(15)	1	x	91	63	x	8	x	508	508	0
福　　　井	(16)	x	-	4	1	x	x	-	216	212	4
静　　　岡	(17)	159	-	4,849	1,353	90	108	3,298	302	249	53
愛　　　知	(18)	21	-	4,524	1,297	2	439	2,786	155	151	4
三　　　重	(19)	5	-	3,865	2,644	463	658	100	695	667	27
京　　　都	(20)	2	x	152	80	x	70	x	93	87	6
大　　　阪	(21)	35	-	2,482	287	-	442	1,753	102	99	3
兵　　　庫	(22)	x	-	4,864	89	0	340	4,434	675	289	387
和　歌　山	(23)	x	-	1,412	28	71	11	1,302	935	704	231
鳥　　　取	(24)	12	3	825	805	2	7	12	2,050	2,049	2
島　　　根	(25)	5	x	2,616	2,057	217	298	44	2,567	2,560	6
岡　　　山	(26)	2	-	190	0	-	0	189	2	1	1
広　　　島	(27)	31	-	2,518	4	-	1,931	583	42	39	3
山　　　口	(28)	4	-	905	16	31	753	105	891	880	11
徳　　　島	(29)	1	-	1,452	14	1	37	1,400	177	162	15
香　　　川	(30)	12	-	1,559	10	x	1,294	x	122	108	14
愛　　　媛	(31)	6	-	4,527	646	154	2,000	1,727	1,495	1,046	449
高　　　知	(32)	0	-	1,540	115	314	124	987	579	431	148
福　　　岡	(33)	22	-	7	1	2	3	-	845	827	18
佐　　　賀	(34)	194	-	129	0	0	65	64	78	75	3
長　　　崎	(35)	9	-	4,579	1,429	1,461	1,658	31	12,390	11,946	444
熊　　　本	(36)	98	-	673	17	244	231	181	78	77	1
大　　　分	(37)	2	-	1,533	95	163	139	1,136	1,094	992	103
宮　　　崎	(38)	1	-	1,672	187	561	167	756	976	699	277
鹿　児　島	(39)	51	-	2,506	111	499	1,094	802	1,144	777	367
沖　　　縄	(40)	-	-	-	-	-	-	-	4	-	4
北海道太平洋北区	(41)	-	346	1,355	1,152	0	202	1	1	1	-
太　平　洋　北　区	(42)	1	9	11,963	10,357	8	97	1,502	854	854	0
太　平　洋　中　区	(43)	289	-	17,110	7,834	619	1,939	6,718	2,046	1,948	98
太　平　洋　南　区	(44)	2	-	5,786	1,065	x	602	x	4,499	3,407	1,092
北海道日本海北区	(45)	-	1,047	1	1	-	-	-	0	0	-
日　本　海　北　区	(46)	2	0	48	24	x	11	x	921	919	2
日　本　海　西　区	(47)	20	3	3,689	3,006	241	384	58	5,453	5,436	18
東　シ　ナ　海　区	(48)	370	-	8,526	1,574	2,236	3,532	1,184	15,255	14,409	846
瀬　戸　内　海　区	(49)	107	-	18,233	408	2	6,155	11,668	1,854	1,316	538
青　森（太　北）	(50)	-	2	612	588	x	x	-	5	5	-
（日　北）	(51)	0	0	17	16	x	x	-	22	22	-
兵　庫（日　西）	(52)	x	-	1	0	x	x	1	20	20	-
（瀬　戸）	(53)	10	-	4,862	89	x	x	4,434	656	269	387
和歌山（太　南）	(54)	x	-	272	21	x	x	174	610	488	122
（瀬　戸）	(55)	x	-	1,140	7	x	x	1,128	325	215	109
山　口（東シ）	(56)	1	-	632	16	31	480	105	717	706	11
（瀬　戸）	(57)	3	-	273	-	-	273	-	174	173	1
徳　島（太　南）	(58)	x	-	7	2	x	x	x	81	80	1
（瀬　戸）	(59)	x	-	1,445	11	x	x	x	95	82	13
愛　媛（太　南）	(60)	-	-	1,464	645	154	222	443	1,189	745	443
（瀬　戸）	(61)	6	-	3,063	1	0	1,778	1,283	306	301	5
福　岡（東シ）	(62)	18	-	7	1	2	3	-	844	827	18
（瀬　戸）	(63)	4	-	-	-	-	-	-	0	0	-
大　分（太　南）	(64)	1	-	832	95	163	82	492	1,064	963	101
（瀬　戸）	(65)	1	-	701	-	-	57	645	30	28	2

単位：100万円

			ひらめ・かれい類			たら類					
さば類	さんま	ぶり類	小計	ひらめ	かれい類	小計	まだら	すけとうだら	ほっけ	きちじ	
(32)	(33)	(34)	(35)	(36)	(37)	(38)	(39)	(40)	(41)	(42)	
45,007	24,560	31,185	25,398	7,571	17,827	23,356	13,382	9,974	3,491	2,869	(1)
298	12,960	1,963	6,609	751	5,858	17,669	8,343	9,326	3,455	2,194	(2)
1,942	x	511	1,342	822	520	1,302	1,151	151	9	57	(3)
1,048	2,571	1,763	398	133	265	1,623	1,311	313	x	412	(4)
1,123	3,107	1,052	2,785	1,074	1,710	1,450	1,279	171	0	173	(5)
5	-	113	238	132	106	171	165	5	4	-	(6)
1	-	53	117	44	74	124	123	0	1	-	(7)
1,329	1,448	2	421	248	173	11	11	0	-	3	(8)
9,165	x	249	582	422	160	4	4	0	17	29	(9)
2,295	597	2,293	592	392	200	0	0	0	-	2	(10)
1	x	8	42	0	42	-	-	-	-	-	(11)
213	x	691	190	160	31	x	x	-	0	-	(12)
97	0	1,089	584	291	293	239	232	6	3	-	(13)
130	1,749	509	236	171	64	19	x	x	x	-	(14)
575	x	2,900	874	90	784	355	353	1	2	-	(15)
62	0	464	616	90	527	17	17	-	-	-	(16)
4,105	130	490	120	109	11	-	-	-	-	-	(17)
86	-	52	333	197	137	-	-	-	-	-	(18)
2,157	105	2,068	203	178	25	-	-	-	-	-	(19)
18	0	243	93	44	49	2	2	-	-	-	(20)
11	-	9	187	9	178	-	-	-	-	-	(21)
165	x	100	1,663	168	1,496	x	34	x	-	-	(22)
529	2	446	99	56	43	-	-	-	-	-	(23)
1,363	-	1,603	1,403	56	1,347	281	281	-	-	-	(24)
1,891	x	2,777	1,595	202	1,394	54	54	-	-	-	(25)
0	-	6	198	31	168	-	-	-	-	-	(26)
14	-	56	286	72	214	-	-	-	-	-	(27)
127	x	590	687	159	528	x	x	-	-	-	(28)
16	-	118	80	36	44	-	-	-	-	-	(29)
31	-	53	542	102	440	-	-	-	-	-	(30)
1,386	-	556	635	203	432	-	-	-	-	-	(31)
505	0	740	24	21	3	-	-	-	-	-	(32)
293	0	922	402	242	160	-	-	-	-	-	(33)
4	1	43	23	18	5	-	-	-	-	-	(34)
10,861	890	4,822	493	432	61	-	-	-	-	-	(35)
58	x	140	228	175	53	-	-	-	-	-	(36)
351	-	476	305	105	200	-	-	-	-	-	(37)
1,153	x	365	65	39	26	-	-	-	-	-	(38)
1,598	0	837	105	98	7	-	-	-	-	-	(39)
-	-	12	-	-	-	-	-	-	-	-	(40)
288	12,488	1,476	4,193	235	3,958	13,684	6,127	7,557	192	1,309	(41)
14,577	7,931	3,325	5,007	2,368	2,638	4,023	3,389	634	x	674	(42)
8,856	1,026	5,601	1,481	1,036	445	x	x	0	0	2	(43)
3,736	x	2,382	195	151	44	-	-	-	-	-	(44)
10	472	488	2,416	516	1,900	3,986	2,216	1,769	3,263	885	(45)
263	1,749	2,017	1,697	970	728	919	x	x	x	-	(46)
3,910	x	8,011	5,442	499	4,943	x	742	x	2	-	(47)
12,937	891	7,292	1,595	1,077	518	x	x	-	-	-	(48)
431	-	594	3,372	720	2,652	-	-	-	-	-	(49)
1,912	x	259	820	491	329	934	783	151	0	57	(50)
30	-	252	522	332	191	367	367	0	9	-	(51)
1	x	25	860	17	843	x	34	x	-	-	(52)
165	-	75	804	151	653	-	-	-	-	-	(53)
383	2	361	35	34	1	-	-	-	-	-	(54)
146	-	85	64	22	42	-	-	-	-	-	(55)
122	x	517	421	116	305	x	x	-	-	-	(56)
5	-	74	266	43	223	-	-	-	-	-	(57)
11	-	53	9	9	0	-	-	-	-	-	(58)
5	-	66	71	27	44	-	-	-	-	-	(59)
1,333	-	437	15	13	2	-	-	-	-	-	(60)
53	-	120	620	190	430	-	-	-	-	-	(61)
293	0	921	326	239	86	-	-	-	-	-	(62)
-	-	2	76	2	74	-	-	-	-	-	(63)
351	-	426	47	35	12	-	-	-	-	-	(64)
1	-	50	258	70	188	-	-	-	-	-	(65)

3 大海区都道府県別産出額（海面漁業・養殖業）（続き）
(2) 海面漁業（続き）

都道府県・大海区	魚								
	はたはた	にぎす類	あなご類	たちうお	たい類				いさき
					小　計	まだい	ちだい・きだい	くろだい・へだい	
	(43)	(44)	(45)	(46)	(47)	(48)	(49)	(50)	(51)
合　　　　計 (1)	1,970	684	3,940	5,084	15,137	11,451	2,385	1,301	2,795
北　海　道 (2)	211	－	4	0	5	5	－	0	－
青　　森 (3)	174	x	10	0	212	209	2	1	－
岩　　手 (4)	－	－	x	0	27	21	6	0	－
宮　　城 (5)	－	0	514	4	92	91	1	－	0
秋　　田 (6)	372	10	x	x	113	107	2	4	－
山　　形 (7)	113	5	x	x	211	197	11	3	－
福　　島 (8)	－	－	96	1	8	5	3	－	－
茨　　城 (9)	x	x	263	5	86	70	15	2	－
千　　葉 (10)	－	－	210	95	408	263	56	89	65
東　　京 (11)	－	－	x	－	3	1	0	2	27
神　奈　川 (12)	x	x	150	251	134	77	13	43	18
新　　潟 (13)	44	100	2	14	460	398	43	18	－
富　　山 (14)	3	x	1	13	127	91	3	33	－
石　　川 (15)	169	237	8	6	481	379	73	28	2
福　　井 (16)	22	24	51	6	209	124	77	8	4
静　　岡 (17)	－	x	x	66	98	76	3	19	119
愛　　知 (18)	－	85	277	21	646	476	－	170	23
三　　重 (19)	－	x	x	28	288	247	11	30	180
京　　都 (20)	7	38	4	x	87	52	14	21	8
大　　阪 (21)	－	－	16	74	152	71	－	81	－
兵　　庫 (22)	425	37	191	x	1,245	1,152	16	76	8
和　歌　山 (23)	－	－	x	764	359	282	60	17	140
鳥　　取 (24)	424	31	11	1	136	107	27	2	6
島　　根 (25)	6	77	466	8	859	543	306	11	180
岡　　山 (26)	－	－	53	1	145	116	－	28	0
広　　島 (27)	－	－	70	514	379	283	24	72	0
山　　口 (28)	－	0	176	79	918	596	287	35	308
徳　　島 (29)	－	x	x	208	158	104	36	19	44
香　　川 (30)	－	－	135	24	318	241	－	78	－
愛　　媛 (31)	－	x	296	910	1,119	1,039	26	55	111
高　　知 (32)	－	26	0	31	162	60	57	45	101
福　　岡 (33)	－	－	173	87	1,171	943	130	99	225
佐　　賀 (34)	－	－	9	2	110	91	14	4	24
長　　崎 (35)	－	x	603	333	2,271	1,381	857	32	868
熊　　本 (36)	－	－	8	180	638	565	44	29	73
大　　分 (37)	－	－	7	623	515	438	30	46	153
宮　　崎 (38)	－	－	x	177	119	73	33	13	15
鹿　児　島 (39)	－	2	1	157	654	474	96	84	91
沖　　縄 (40)	－	－	－	14	11	－	9	3	－
北海道太平洋北区 (41)	182	－	4	0	5	5	－	0	－
太 平 洋 北 区 (42)	x	x	954	10	260	232	26	2	0
太 平 洋 中 区 (43)	x	93	694	460	1,577	1,140	83	354	433
太 平 洋 南 区 (44)	－	27	x	847	657	409	150	98	461
北海道日本海北区 (45)	28	－	－	－	1	1	－	0	－
日 本 海 北 区 (46)	706	119	x	28	1,078	959	61	59	－
日 本 海 西 区 (47)	1,053	444	559	36	1,813	1,233	510	71	205
東 シ ナ 海 区 (48)	－	x	907	802	5,376	3,744	1,427	205	1,587
瀬 戸 内 海 区 (49)	－	－	805	2,901	4,370	3,729	129	512	108
青　森（太　北） (50)	0	－	x	0	46	45	1	0	－
（日　北） (51)	174	x	x	－	166	165	1	1	－
兵　庫（日　西） (52)	425	37	19	x	41	28	12	1	5
（瀬　戸） (53)	－	－	172	374	1,204	1,124	4	76	2
和歌山（太　南） (54)	－	－	－	62	27	22	2	3	76
（瀬　戸） (55)	－	－	x	701	332	259	57	15	64
山　口（東　シ） (56)	－	0	126	33	573	291	278	4	306
（瀬　戸） (57)	－	－	49	45	345	304	9	31	2
徳　島（太　南） (58)	－	x	1	58	44	12	29	2	17
（瀬　戸） (59)	－	－	x	150	114	92	6	16	26
愛　媛（太　南） (60)	－	x	11	118	118	92	19	7	101
（瀬　戸） (61)	－	－	285	791	1,001	946	7	48	10
福　岡（東　シ） (62)	－	－	161	84	1,119	941	130	49	225
（瀬　戸） (63)	－	－	12	3	52	2	－	50	－
大　分（太　南） (64)	－	－	1	400	186	149	9	29	150
（瀬　戸） (65)	－	－	223	328	290	21	17	3	

単位：100万円

	類（続き）					え　び　類				
さわら類	すずき類	いかなご	あまだい類	ふぐ類	その他の魚　類	計	いせえび	くるまえび	その他のえび類	
(52)	(53)	(54)	(55)	(56)	(57)	(58)	(59)	(60)	(61)	
10,343	3,985	4,906	2,422	3,432	82,889	27,817	6,452	1,842	19,523	(1)
1	0	530	–	103	4,966	3,438	–	–	3,438	(2)
156	10	22	3	30	2,555	53	–	x	x	(3)
240	5	304	–	8	627	1	–	–	1	(4)
158	185	993	–	20	4,535	9	0	0	9	(5)
19	52	–	62	46	424	100	–	x	x	(6)
20	19	–	18	46	189	131	–	1	130	(7)
4	–	277	–	1	174	0	0	–	0	(8)
17	73	12	–	28	398	133	47	2	84	(9)
303	787	–	3	127	7,226	1,181	1,148	6	26	(10)
5	138	–	–	0	2,764	149	149	–	0	(11)
34	162	–	30	35	2,746	206	156	3	48	(12)
101	98	–	63	71	1,192	570	–	6	564	(13)
207	41	–	10	86	857	1,209	–	–	1,209	(14)
712	130	–	91	235	1,410	1,290	–	3	1,288	(15)
1,247	77	0	177	61	515	553	–	3	550	(16)
57	42	–	31	261	5,541	3,323	733	7	2,583	(17)
125	264	–	9	275	1,267	645	15	380	250	(18)
454	132	–	16	212	1,324	1,688	1,571	16	101	(19)
703	97	–	58	28	292	16	–	0	16	(20)
67	155	265	–	21	302	140	–	1	139	(21)
334	310	2,264	9	41	2,423	1,527	54	44	1,429	(22)
131	10	–	16	46	794	910	797	1	113	(23)
391	17	–	1	6	946	247	–	0	247	(24)
676	90	–	236	150	2,209	23	–	0	23	(25)
55	23	99	–	24	580	266	–	25	240	(26)
71	61	–	–	38	774	1,353	–	25	1,328	(27)
712	132	–	715	334	2,833	515	–	42	473	(28)
241	37	0	54	30	466	751	480	32	238	(29)
391	94	55	–	266	1,573	1,111	–	137	974	(30)
594	110	42	53	187	4,015	1,076	33	500	542	(31)
201	12	–	28	7	2,778	250	219	1	30	(32)
762	193	–	121	267	2,097	476	0	177	299	(33)
74	39	–	23	x	316	1,929	0	11	1,917	(34)
364	123	–	522	x	12,120	690	281	68	341	(35)
94	104	–	6	71	1,289	265	42	109	114	(36)
214	107	42	16	85	1,758	524	61	226	238	(37)
266	17	–	26	39	1,780	353	309	2	43	(38)
123	41	–	25	56	3,272	567	256	10	302	(39)
18	–	–	–	–	1,561	148	102	–	47	(40)
1	x	5	–	16	3,694	931	–	–	931	(41)
499	268	1,608	–	73	7,505	143	47	2	95	(42)
978	1,525	–	90	909	20,867	7,192	3,771	412	3,009	(43)
660	57	–	158	134	6,606	1,933	1,705	90	138	(44)
0	x	525	–	87	1,273	2,507	–	–	2,507	(45)
423	216	–	155	264	3,445	2,063	–	12	2,051	(46)
3,762	422	0	572	482	5,597	3,109	–	5	3,103	(47)
1,928	492	–	1,411	702	22,372	3,895	681	328	2,885	(48)
2,093	1,005	2,768	36	765	11,531	6,044	247	993	4,804	(49)
79	4	22	–	16	1,772	0	–	–	0	(50)
77	6	–	3	15	784	53	–	x	x	(51)
33	12	–	9	2	224	980	–	–	980	(52)
301	298	2,264	–	39	2,199	547	54	44	449	(53)
74	3	–	7	24	264	770	762	0	9	(54)
58	7	–	10	22	530	140	35	1	104	(55)
499	42	–	714	223	2,199	67	–	10	57	(56)
213	91	–	1	111	635	448	–	32	416	(57)
13	5	–	34	5	106	354	354	–	0	(58)
228	32	0	20	25	360	396	126	32	238	(59)
98	1	–	47	17	892	30	2	3	24	(60)
496	108	42	5	170	3,124	1,046	31	497	518	(61)
755	144	–	121	262	1,615	228	0	121	107	(62)
7	49	–	–	5	482	248	–	56	192	(63)
9	18	–	16	42	786	176	60	83	32	(64)
205	88	42	0	43	971	349	1	142	206	(65)

3　大海区都道府県別産出額（海面漁業・養殖業）（続き）
(2)　海面漁業（続き）

都道府県・大海区		かに類					おきあみ類	計
		計	ずわいがに	べにずわいがに	がざみ類	その他のかに類		
		(62)	(63)	(64)	(65)	(66)	(67)	(68)
合　　　計	(1)	32,059	13,087	6,075	2,258	10,640	1,296	90,439
北　海　道	(2)	10,438	886	469	22	9,061	0	66,155
青　　　森	(3)	106	0	x	x	29	－	1,160
岩　　　手	(4)	72	x	x	15	57	622	1,814
宮　　　城	(5)	522	x	x	455	66	673	955
秋　　　田	(6)	252	47	x	x	9	－	302
山　　　形	(7)	181	110	62	0	9	0	186
福　　　島	(8)	24	7	0	12	5	－	49
茨　　　城	(9)	37	0	1	15	22	－	308
千　　　葉	(10)	61	x	－	x	18	－	3,853
東　　　京	(11)	943	－	－	0	943	－	71
神　奈　川	(12)	21	x	－	x	20	－	303
新　　　潟	(13)	1,398	302	1,035	4	57	－	602
富　　　山	(14)	552	148	394	4	7	－	266
石　　　川	(15)	2,017	1,653	270	1	94	－	463
福　　　井	(16)	2,563	2,423	134	0	6	－	289
静　　　岡	(17)	55	－	－	30	25	－	911
愛　　　知	(18)	208	－	－	183	25	－	2,551
三　　　重	(19)	24	－	－	13	11	－	1,594
京　　　都	(20)	236	233	－	x	x	－	180
大　　　阪	(21)	35	－	－	34	1	－	36
兵　　　庫	(22)	5,240	4,150	979	x	x	－	319
和　歌　山	(23)	6	－	－	3	3	－	177
鳥　　　取	(24)	3,881	2,548	1,331	0	1	－	439
島　　　根	(25)	1,738	574	1,160	3	0	－	832
岡　　　山	(26)	135	－	－	117	17	－	67
広　　　島	(27)	54	－	－	43	11	－	199
山　　　口	(28)	85	－	－	77	8	－	1,049
徳　　　島	(29)	12	－	－	11	1	－	447
香　　　川	(30)	46	－	－	32	14	－	155
愛　　　媛	(31)	363	－	－	311	51	－	656
高　　　知	(32)	3	－	－	1	2	－	39
福　　　岡	(33)	273	－	－	272	0	－	1,481
佐　　　賀	(34)	13	－	－	13	0	－	172
長　　　崎	(35)	86	－	－	80	7	－	1,014
熊　　　本	(36)	119	－	－	108	11	－	528
大　　　分	(37)	205	－	－	193	12	－	418
宮　　　崎	(38)	8	－	－	2	6	－	49
鹿　児　島	(39)	21	－	－	6	15	－	105
沖　　　縄	(40)	28	－	－	19	9	－	245
北海道太平洋北区	(41)	3,336	53	12	7	3,265	x	17,421
太　平　洋　北　区	(42)	693	7	2	524	161	1,296	3,679
太　平　洋　中　区	(43)	1,311	6	－	263	1,042	－	9,284
太　平　洋　南　区	(44)	23	－	－	8	15	－	823
北海道日本海北区	(45)	7,102	833	458	15	5,796	x	48,733
日　本　海　北　区	(46)	2,451	608	1,730	14	100	0	1,963
日　本　海　西　区	(47)	15,566	11,580	3,874	5	108	－	2,341
東　シ　ナ　海　区	(48)	398	－	－	352	45	－	4,413
瀬　戸　内　海　区	(49)	1,178	－	－	1,069	109	－	1,782
青　森（太北）	(50)	38	0	－	27	11	－	553
（日北）	(51)	68	－	x	x	18	－	607
兵　庫（日西）	(52)	5,133	4,150	979	x	x	－	138
（瀬戸）	(53)	108	－	－	107	1	－	181
和歌山（太南）	(54)	4	－	－	2	2	－	134
（瀬戸）	(55)	2	－	－	1	1	－	43
山　口（東シ）	(56)	9	－	－	7	3	－	899
（瀬戸）	(57)	75	－	－	70	5	－	150
徳　島（太南）	(58)	0	－	－	0	0	－	280
（瀬戸）	(59)	12	－	－	11	1	－	166
愛　媛（太南）	(60)	3	－	－	2	2	－	36
（瀬戸）	(61)	359	－	－	310	50	－	620
福　岡（東シ）	(62)	121	－	－	121	0	－	1,451
（瀬戸）	(63)	152	－	－	152	－	－	31
大　分（太南）	(64)	5	－	－	1	3	－	284
（瀬戸）	(65)	200	－	－	192	8	－	135

単位：100万円

貝			類		い	か	類		
あわび類	さざえ	あさり類	ほたてがい	その他の貝　類	計	するめいか	あかいか	その他のいか類	
(69)	(70)	(71)	(72)	(73)	(74)	(75)	(76)	(77)	
7,117	3,863	3,888	59,668	15,903	64,479	36,533	2,336	25,611	(1)
218	–	771	59,033	6,132	10,261	9,645	5	611	(2)
228	15	1	636	280	15,285	11,465	1,998	1,823	(3)
1,763	–	5	–	47	2,352	1,955	91	306	(4)
589	–	25	–	342	3,325	2,212	86	1,027	(5)
124	50	–	–	128	88	31	–	57	(6)
62	40	–	–	83	744	719	–	25	(7)
7	–	3	–	39	323	300	–	23	(8)
100	–	–	–	208	838	531	0	307	(9)
1,099	220	87	–	2,447	602	237	0	364	(10)
5	23	19	–	23	57	0	–	57	(11)
67	209	1	0	26	579	228	x	x	(12)
113	246	0	0	243	472	340	–	131	(13)
9	10	–	–	247	2,429	716	–	1,713	(14)
x	181	x	–	232	4,318	4,021	–	297	(15)
105	68	–	–	116	744	204	–	539	(16)
231	250	385	–	45	166	77	–	88	(17)
10	52	830	–	1,659	310	26	–	283	(18)
481	280	200	–	632	332	71	–	261	(19)
x	70	x	–	58	233	22	–	211	(20)
1	1	–	–	35	78	–	–	78	(21)
91	88	2	–	138	2,717	192	–	2,525	(22)
66	13	–	–	98	275	30	–	245	(23)
77	70	–	–	291	2,179	1,187	x	x	(24)
118	232	–	–	482	1,621	228	–	1,393	(25)
1	2	0	–	63	51	–	–	51	(26)
8	12	82	–	98	102	0	–	102	(27)
246	462	11	–	330	1,261	109	0	1,151	(28)
309	22	2	–	114	252	6	–	245	(29)
8	8	0	–	138	158	0	–	158	(30)
314	255	0	–	87	1,273	124	–	1,149	(31)
0	0	0	–	39	158	64	–	94	(32)
246	101	928	–	207	741	65	–	676	(33)
43	51	2	–	76	552	61	–	492	(34)
143	705	81	–	86	5,958	1,593	–	4,365	(35)
15	2	446	–	65	239	8	–	231	(36)
104	115	4	–	195	603	50	–	553	(37)
7	9	–	–	34	126	7	–	119	(38)
10	1	0	–	94	783	6	2	774	(39)
–	–	–	–	245	1,895	–	1	1,894	(40)
57	–	771	11,209	5,384	6,394	6,028	5	362	(41)
2,641	0	32	139	867	20,109	15,232	2,174	2,703	(42)
1,893	1,035	1,523	0	4,833	2,045	640	x	x	(43)
333	112	0	–	377	1,027	270	–	757	(44)
161	–	1	47,823	748	3,867	3,617	–	250	(45)
353	360	1	497	752	5,746	3,036	–	2,710	(46)
421	659	2	–	1,259	11,276	5,854	x	x	(47)
693	1,274	1,444	–	1,002	11,103	1,843	4	9,257	(48)
564	423	114	–	682	2,911	11	–	2,899	(49)
183	0	–	139	231	13,272	10,235	1,998	1,039	(50)
45	15	1	497	50	2,014	1,230	–	784	(51)
20	37	–	–	80	2,181	192	–	1,989	(52)
71	50	2	–	57	536	–	–	536	(53)
34	8	–	–	92	67	30	–	38	(54)
31	5	–	–	6	207	0	–	207	(55)
236	414	–	–	249	1,081	109	0	971	(56)
10	48	11	–	80	180	–	–	180	(57)
200	3	–	–	77	46	6	–	40	(58)
109	19	2	–	37	206	1	–	205	(59)
18	14	0	–	4	300	123	–	177	(60)
296	241	0	–	83	973	1	–	972	(61)
246	101	916	–	188	595	65	–	529	(62)
–	–	12	–	19	146	–	–	146	(63)
74	78	0	–	131	330	41	–	290	(64)
30	36	4	–	64	273	9	–	264	(65)

3 大海区都道府県別産出額（海面漁業・養殖業）（続き）
(2) 海面漁業（続き）

単位：100万円

都道府県・大海区		たこ類	うに類	海産ほ乳類	その他の水産動物類	海藻類 計	こんぶ類	その他の海藻類
		(78)	(79)	(80)	(81)	(82)	(83)	(84)
合　　　　計	(1)	23,463	12,272	520	19,931	21,142	14,093	7,050
北　海　道	(2)	10,718	8,176	21	8,885	13,072	12,831	241
青　　森	(3)	505	683	28	2,606	1,498	1,179	319
岩　　手	(4)	1,278	1,469	98	50	166	68	98
宮　　城	(5)	1,472	273	67	134	25	14	11
秋　　田	(6)	144	-	x	x	53	-	53
山　　形	(7)	22	0	-	20	22	-	22
福　　島	(8)	155	0	-	40	-	-	-
茨　　城	(9)	289	8	-	32	3	-	3
千　　葉	(10)	84	0	6	16	390	-	390
東　　京	(11)	0	-	-	7	141	-	141
神　奈　川	(12)	150	1	25	94	244	-	244
新　　潟	(13)	105	0	-	104	154	-	154
富　　山	(14)	33	0	x	x	23	-	23
石　　川	(15)	195	x	x	166	105	-	105
福　　井	(16)	181	x	x	85	40	-	40
静　　岡	(17)	20	0	12	28	215	-	215
愛　　知	(18)	334	2	-	276	142	-	142
三　　重	(19)	197	8	6	224	466	-	466
京　　都	(20)	42	x	8	x	39	-	39
大　　阪	(21)	73	-	-	26	1	-	1
兵　　庫	(22)	1,996	x	-	x	87	-	87
和　歌　山	(23)	39	13	64	204	330	-	330
鳥　　取	(24)	66	17	-	31	55	-	55
島　　根	(25)	71	32	3	77	105	-	105
岡　　山	(26)	293	0	-	179	0	-	0
広　　島	(27)	471	0	-	97	222	-	222
山　　口	(28)	313	315	14	402	284	-	284
徳　　島	(29)	119	x	x	49	130	-	130
香　　川	(30)	1,056	-	-	72	1	-	1
愛　　媛	(31)	400	109	-	147	506	-	506
高　　知	(32)	5	4	56	3,161	166	-	166
福　　岡	(33)	583	116	4	823	255	-	255
佐　　賀	(34)	19	144	-	892	18	-	18
長　　崎	(35)	751	396	21	351	539	-	539
熊　　本	(36)	768	161	-	63	374	-	374
大　　分	(37)	226	60	-	251	1,035	-	1,035
宮　　崎	(38)	16	x	x	1	1	-	1
鹿　児　島	(39)	150	168	3	26	166	-	166
沖　　縄	(40)	125	-	12	3	70	-	70
北海道太平洋北区	(41)	5,920	4,023	x	1,995	11,240	11,045	195
太　平　洋　北　区	(42)	3,612	2,392	185	343	1,582	1,260	321
太　平　洋　中　区	(43)	784	10	49	644	1,598	-	1,598
太　平　洋　南　区	(44)	100	97	122	3,417	1,237	-	1,237
北海道日本海北区	(45)	4,798	4,153	x	6,890	1,831	1,786	45
日　本　海　北　区	(46)	392	41	27	2,677	363	1	362
日　本　海　西　区	(47)	572	64	61	453	361	-	361
東　シ　ナ　海　区	(48)	2,352	1,278	54	2,157	1,489	-	1,489
瀬　戸　内　海　区	(49)	4,932	214	-	1,354	1,440	-	1,440
青　森（太北）	(50)	418	641	20	87	1,388	1,178	210
（日北）	(51)	88	41	8	2,519	110	1	109
兵　庫（日西）	(52)	17	x	-	x	19	-	19
（瀬戸）	(53)	1,979	54	-	181	67	-	67
和歌山（太南）	(54)	1	9	64	180	273	-	273
（瀬戸）	(55)	38	4	-	24	57	-	57
山　口（東シ）	(56)	56	293	14	92	68	-	68
（瀬戸）	(57)	256	22	-	311	217	-	217
徳　島（太南）	(58)	8	x	x	7	81	-	81
（瀬戸）	(59)	111	19	-	42	49	-	49
愛　媛（太南）	(60)	27	8	-	19	369	-	369
（瀬戸）	(61)	373	101	-	128	137	-	137
福　岡（東シ）	(62)	484	116	4	731	254	-	254
（瀬戸）	(63)	99	-	-	92	1	-	1
大　分（太南）	(64)	43	47	-	49	346	-	346
（瀬戸）	(65)	183	14	-	203	689	-	689

(3)　海面養殖業

単位：100万円

海面養殖業計 イ	魚類								
	計	ぎんざけ	ぶり類	まあじ	しまあじ	まだい	ひらめ	ふぐ類	
(1)	(2)	(3)	(4)	(5)	(6)	(7)	(8)	(9)	
497,926	252,523	10,248	119,239	915	5,782	55,157	3,799	9,579	(1)
30,923	x	-	-	-	-	-	-	-	(2)
21,085	x	-	-	-	-	-	-	-	(3)
9,494	-	-	-	-	-	-	-	-	(4)
25,618	8,836	8,661	-	-	-	-	-	-	(5)
86	x	-	-	-	-	-	x	-	(6)
-	-	-	-	-	-	-	-	-	(7)
-	-	-	-	-	-	-	-	-	(8)
x	-	-	-	-	-	-	-	-	(9)
2,835	x	x	-	-	x	x	x	-	(10)
x	x	-	-	x	x	x	-	-	(11)
460	-	-	-	-	-	-	-	-	(12)
481	322	322	-	-	-	-	-	-	(13)
39	x	-	-	-	-	-	x	x	(14)
286	x	-	-	-	-	-	-	-	(15)
389	x	-	-	-	-	49	-	161	(16)
2,528	2,066	-	196	703	179	888	49	-	(17)
5,105	x	-	-	-	-	-	x	-	(18)
21,558	8,913	-	2,038	x	197	3,187	x	x	(19)
827	652	-	48	-	-	9	x	x	(20)
149	x	-	x	-	-	x	-	-	(21)
22,552	1,176	x	x	-	-	x	-	736	(22)
4,918	4,879	-	39	x	120	992	x	x	(23)
1,275	x	x	-	-	-	-	x	x	(24)
427	x	-	-	-	-	-	x	-	(25)
5,278	28	-	-	-	-	-	x	x	(26)
18,037	404	-	106	x	-	95	x	-	(27)
1,904	951	-	118	x	-	x	73	269	(28)
4,933	3,764	-	3,629	-	-	x	-	x	(29)
13,506	x	-	7,688	-	x	541	x	597	(30)
61,357	53,888	59	16,237	43	2,837	30,441	497	287	(31)
21,110	20,809	-	11,342	-	545	5,103	-	-	(32)
22,252	x	-	-	x	-	x	-	-	(33)
28,227	x	-	558	19	x	206	-	540	(34)
37,807	31,298	-	6,847	8	141	1,999	199	4,593	(35)
38,125	18,213	x	5,515	75	794	9,015	x	1,495	(36)
23,814	23,058	-	17,104	-	736	365	1,154	549	(37)
8,965	x	-	7,532	56	173	799	106	x	(38)
53,006	50,061	-	39,825	x	x	1,057	847	x	(39)
8,563	1,642	-	-	-	-	x	-	-	(40)
23,580	x	-	-	-	-	-	-	-	(41)
x	x	8,661	-	-	-	-	-	-	(42)
x	x	x	x	707	405	4,256	760	-	(43)
116,750	x	59	52,292	x	x	36,370	1,704	941	(44)
7,342	x	-	-	-	-	-	-	-	(45)
21,612	x	322	-	-	-	-	7	x	(46)
3,206	2,238	x	48	-	-	59	14	257	(47)
188,548	103,420	x	52,862	109	936	12,308	1,136	x	(48)
69,203	16,071	x	x	x	x	2,164	178	1,379	(49)
80	x	-	-	-	-	-	-	-	(50)
21,006	x	-	-	-	-	-	-	-	(51)
1	-	-	-	-	-	-	-	-	(52)
22,551	1,176	x	x	-	-	x	-	736	(53)
4,877	4,841	-	x	x	x	x	x	x	(54)
42	37	-	x	-	x	x	-	x	(55)
943	x	-	118	x	-	x	x	237	(56)
961	x	-	-	-	-	x	x	32	(57)
61	60	-	x	-	-	x	-	-	(58)
4,872	3,703	-	x	-	-	121	-	x	(59)
58,405	52,460	59	16,237	43	2,837	29,107	449	287	(60)
2,952	1,429	-	-	-	-	1,334	48	-	(61)
21,877	x	-	-	x	-	x	-	-	(62)
375	-	-	-	-	-	-	-	-	(63)
23,333	23,045	-	17,104	-	736	365	x	x	(64)
481	14	-	-	-	-	-	x	x	(65)

3　大海区都道府県別産出額（海面漁業・養殖業）（続き）
(3)　海面養殖業（続き）

都道府県・大海区	魚類（続き）		貝類				くるまえび	ほや類
	くろまぐろ	その他の魚類	計	ほたてがい	かき類	その他の貝類		
	(10)	(11)	(12)	(13)	(14)	(15)	(16)	(17)
合　　計　(1)	44,479	3,325	79,818	45,713	33,447	657	7,257	1,262
北　海　道　(2)	-	x	22,218	20,402	1,793	23	-	444
青　　森　(3)	-	x	20,921	20,921	-	1	-	75
岩　　手　(4)	-	-	3,884	x	1,781	x	-	124
宮　　城　(5)	-	175	5,680	2,465	3,214	-	-	619
秋　　田　(6)	-	x	x	-	-	x	-	-
山　　形　(7)	-	-	-	-	-	-	-	-
福　　島　(8)	-	-	-	-	-	-	-	-
茨　　城　(9)	-	-	x	-	-	x	-	-
千　　葉　(10)	-	-	x	-	-	x	-	-
東　　京　(11)	-	-	-	-	-	-	-	-
神　奈　川　(12)	-	-	x	x	x	x	-	-
新　　潟　(13)	-	-	138	-	138	-	-	-
富　　山　(14)	-	x	x	-	x	-	-	-
石　　川　(15)	-	x	272	-	267	4	x	-
福　　井　(16)	-	x	31	-	31	-	-	-
静　　岡　(17)	-	52	x	-	183	x	-	-
愛　　知　(18)	-	x	x	-	x	-	-	-
三　　重　(19)	2,762	187	1,833	-	1,809	23	-	-
京　　都　(20)	x	x	157	-	86	71	x	-
大　　阪　(21)	-	x	-	-	-	-	-	-
兵　　庫　(22)	-	x	2,383	-	2,380	3	x	-
和　歌　山　(23)	3,571	142	8	-	3	5	x	-
鳥　　取　(24)	-	x	x	-	x	x	-	-
島　　根　(25)	-	-	258	-	249	9	-	-
岡　　山　(26)	-	x	2,600	-	2,600	-	-	-
広　　島　(27)	-	184	16,618	-	16,617	1	x	-
山　　口　(28)	x	x	12	-	12	-	444	-
徳　　島　(29)	-	-	45	-	x	x	x	-
香　　川　(30)	-	260	273	-	262	11	x	-
愛　　媛　(31)	2,380	1,106	349	-	321	28	x	-
高　　知　(32)	3,810	9	x	-	-	x	-	-
福　　岡　(33)	-	x	553	-	553	-	-	-
佐　　賀　(34)	-	5	191	-	181	10	x	-
長　　崎　(35)	17,279	233	797	-	706	91	456	-
熊　　本　(36)	x	48	146	-	93	54	1,316	-
大　　分　(37)	2,704	446	137	-	101	35	x	-
宮　　崎　(38)	-	81	20	-	19	0	x	-
鹿　児　島　(39)	8,184	10	34	-	x	x	1,503	-
沖　　縄　(40)	x	83	x	-	-	x	2,666	-
北海道太平洋北区　(41)	-	x	x	x	1,310	1	-	444
太　平　洋　北　区　(42)	-	x	x	x	4,996	184	-	743
太　平　洋　中　区　(43)	2,762	x	x	x	1,994	x	-	-
太　平　洋　南　区　(44)	12,466	x	222	-	162	59	106	-
北海道日本海北区　(45)	-	x	x	x	483	22	-	-
日　本　海　北　区　(46)	-	30	21,109	20,921	x	x	-	75
日　本　海　西　区　(47)	x	131	719	-	x	x	x	-
東　シ　ナ　海　区　(48)	x	383	1,369	-	1,176	192	6,139	-
瀬　戸　内　海　区　(49)	-	512	22,588	-	22,554	34	x	-
青　森（太　北）(50)	-	x	-	-	-	-	-	-
（日　北）(51)	-	x	20,921	20,921	-	1	-	75
兵　庫（日　西）(52)	-	-	x	-	-	-	x	-
（瀬　戸）(53)	-	x	x	-	2,380	x	x	-
和歌山（太　南）(54)	3,571	x	8	-	3	5	x	-
（瀬　戸）(55)	-	x	-	-	-	-	-	-
山　口（東　シ）(56)	x	x	x	-	x	-	x	-
（瀬　戸）(57)	-	-	x	-	x	-	x	-
徳　島（太　南）(58)	-	-	-	-	-	-	x	-
（瀬　戸）(59)	-	-	x	-	x	-	x	-
愛　媛（太　南）(60)	2,380	1,060	145	-	129	15	x	-
（瀬　戸）(61)	-	46	204	-	191	13	x	-
福　岡（東　シ）(62)	-	x	190	-	190	-	-	-
（瀬　戸）(63)	-	-	363	-	363	-	-	-
大　分（太　南）(64)	2,704	446		-	11	x	x	-
（瀬　戸）(65)	-	-	x	-	91	x	x	-

単位：100万円

その他の水産動物類	海藻類						真珠	
	計	こんぶ類	わかめ類	のり類	もずく類	その他の海藻類		
(18)	(19)	(20)	(21)	(22)	(23)	(24)	(25)	
597	141,102	9,453	10,742	116,660	3,307	940	15,366	(1)
234	x	7,936	86	x	–	–	–	(2)
x	12	3	8	–	–	–	–	(3)
–	5,485	1,285	4,200	–	–	–	–	(4)
–	10,483	177	4,432	5,874	–	–	–	(5)
–	35	4	31	–	–	–	–	(6)
–								(7)
								(8)
–	–		–		–		–	(9)
–	2,535	–	7	2,528	–	–	–	(10)
								(11)
–	x	36	255	x	–	–	–	(12)
–	21	2	19	–	–	0	–	(13)
–	x	x	2	–	–	–	–	(14)
–	2	–	2	–	–	–	–	(15)
–	7	–	7	–	–	–	x	(16)
–	x	x	20	256	–	–	–	(17)
–	4,928	–	111	4,817	–	–	–	(18)
–	7,553	–	x	7,282	–	x	3,259	(19)
–	x	–	10	–	–	x	–	(20)
–	x	x	70	20	–	–	–	(21)
–	x	–	x	18,780	–	–	–	(22)
–	x	–	x	–	–	x	–	(23)
–	3	–	x	x	–	–	–	(24)
–	x	x	169	–	–	–	–	(25)
–	2,650	–	18	2,632	–	–	–	(26)
–	973	–	22	951	–	–	x	(27)
–	497	–	40	450	–	6	–	(28)
–	x	x	499	572	–	–	x	(29)
–	3,961	0	37	3,924	–	–	–	(30)
x	1,292	–	x	x	–	51	5,747	(31)
276	12	–	–	12	–	–	x	(32)
–	21,624	–	x	21,571	x	–	x	(33)
7	26,395	0	17	26,377	–	–	135	(34)
–	297	2	69	208	–	17	4,958	(35)
0	17,909	1	55	17,853	–	–	540	(36)
–	x	–	6	x	–	–	250	(37)
–	–	–	–	–	–	–	–	(38)
x	1,161	–	x	1,020	x	101	x	(39)
x	4,085	–	–	64	3,271	751	x	(40)
x	x	x	86	–	–	–	–	(41)
–	x	x	8,638	5,874	–	–	–	(42)
–	15,751	x	x	x	–	x	3,259	(43)
x	77	–	x	x	–	x	x	(44)
x	x	x	–	x	–	–	–	(45)
x	61	7	54	–	–	0	–	(46)
–	192	x	191	x	–	x	x	(47)
79	71,499	3	229	67,085	3,307	875	6,043	(48)
x	29,521	x	881	x	–	–	x	(49)
–	x	x	6	–	–	–	–	(50)
x	x	x	2	–	–	–	–	(51)
–	x	–	x	–	–	–	–	(52)
–	18,992	–	212	18,780	–	–	–	(53)
–	x	–	x	–	–	x	–	(54)
–	4	–	4	–	–	–	–	(55)
–	40	–	30	3	–	6	–	(56)
–	458	–	10	447	–	–	–	(57)
–	x	–	x	–	–	–	–	(58)
–	1,077	x	x	572	–	–	x	(59)
x	x	–	–	x	–	51	5,747	(60)
x	x	–	x	1,238	–	–	–	(61)
–	21,612	–	x	21,559	x	–	x	(62)
–	12	–	–	12	–	–	–	(63)
–	x	–	x	x	–	–	250	(64)
–	x	–	6	x	–	–	–	(65)

3 大海区都道府県別産出額（海面漁業・養殖業）（続き）
(3) 海面養殖業（続き）

単位：100万円

都道府県・大海区	計	ぶり類	まだい	ひらめ	真珠母貝	（参考）種苗生産額 ほたてがい	かき類	くるまえび	わかめ類	のり類
	(26)	(27)	(28)	(29)	(30)	(31)	(32)	(33)	(34)	(35)
全国 (1)	27,081	3,064	4,596	626	1,536	15,730	740	231	37	521
北海道 (2)	15,680	-	-	-	-	15,673	7	-	-	-
青森 (3)	x	-	-	-	-	28	-	-	x	-
岩手 (4)	67	-	-	x	-	29	-	-	x	-
宮城 (5)	x	-	-	-	-	-	599	-	x	-
秋田 (6)	8	-	x	x	-	-	x	x	x	-
山形 (7)	x	-	-	-	-	-	-	-	-	-
福島 (8)	-	-	-	-	-	-	-	-	-	-
茨城 (9)	-	-	-	-	-	-	-	-	-	-
千葉 (10)	6	-	-	x	-	-	-	-	-	x
東京 (11)	-	-	-	-	-	-	-	-	-	-
神奈川 (12)	x	-	x	-	-	-	-	-	4	-
新潟 (13)	14	-	-	x	-	-	-	-	x	-
富山 (14)	-	-	-	-	-	-	-	-	-	-
石川 (15)	x	-	-	x	-	-	-	-	-	-
福井 (16)	11	-	x	x	-	-	-	-	x	-
静岡 (17)	56	-	x	x	-	-	-	x	-	-
愛知 (18)	76	-	-	x	-	-	-	-	x	-
三重 (19)	60	-	x	x	x	-	16	x	x	x
京都 (20)	x	-	-	-	-	-	-	x	-	-
大阪 (21)	-	-	-	-	-	-	-	-	-	-
兵庫 (22)	x	-	-	-	-	-	-	-	-	x
和歌山 (23)	1,917	x	x	x	-	-	-	-	-	-
鳥取 (24)	10	-	-	x	-	-	x	-	x	-
島根 (25)	24	-	x	x	-	-	x	-	x	-
岡山 (26)	x	-	x	x	-	-	-	-	-	-
広島 (27)	75	-	-	x	-	-	54	-	x	-
山口 (28)	x	-	x	15	-	-	-	16	-	-
徳島 (29)	1,297	1,239	-	-	-	-	x	x	2	-
香川 (30)	225	-	x	36	-	-	-	x	-	x
愛媛 (31)	2,167	308	294	135	1,422	-	x	x	-	-
高知 (32)	1,437	x	x	-	3	-	-	-	-	-
福岡 (33)	-	-	-	-	-	-	-	-	-	-
佐賀 (34)	x	-	-	-	-	-	-	x	-	124
長崎 (35)	x	79	x	156	93	-	19	-	9	-
熊本 (36)	x	-	169	x	-	-	-	4	-	220
大分 (37)	251	x	x	x	-	-	-	x	-	-
宮崎 (38)	81	-	x	x	-	-	-	x	-	-
鹿児島 (39)	1,779	x	340	x	x	-	-	x	-	-
沖縄 (40)	46	-	x	-	-	-	-	x	-	-
北海道太平洋北区 (41)	1,442	-	-	-	-	1,435	7	-	-	-
太平洋北区 (42)	x	-	-	x	-	29	599	-	12	-
太平洋中区 (43)	232	-	88	95	x	-	16	5	8	x
太平洋南区 (44)	5,490	x	x	49	1,425	-	39	44	-	-
北海道日本海北区 (45)	14,238	-	-	-	-	14,238	-	-	-	-
日本海北区 (46)	57	-	x	x	-	28	x	x	4	-
日本海西区 (47)	x	-	x	38	-	-	5	x	x	-
東シナ海区 (48)	2,795	x	x	198	x	-	19	111	9	344
瀬戸内海区 (49)	2,090	1,239	381	185	-	-	x	64	x	-
青森（太北）(50)	-	-	-	-	-	-	-	-	-	-
（日北）(51)	x	-	-	-	-	28	-	-	x	-
兵庫（日西）(52)	-	-	-	-	-	-	-	-	-	-
（瀬戸）(53)	x	-	-	-	-	-	-	-	-	x
和歌山（太南）(54)	1,917	x	x	x	-	-	-	-	-	-
（瀬戸）(55)	-	-	-	-	-	-	-	-	-	-
山口（東シ）(56)	x	-	x	x	-	-	-	-	x	-
（瀬戸）(57)	27	-	x	x	-	-	-	-	x	-
徳島（太南）(58)	56	-	-	-	-	-	x	x	-	-
（瀬戸）(59)	1,241	1,239	-	-	-	-	-	-	2	-
愛媛（太南）(60)	1,767	308	x	x	1,422	-	x	x	-	-
（瀬戸）(61)	399	-	x	x	-	-	x	x	-	-
福岡（東シ）(62)	-	-	-	-	-	-	-	-	-	-
（瀬戸）(63)	-	-	-	-	-	-	-	-	-	-
大分（太南）(64)	232	x	x	x	-	-	-	x	-	-
（瀬戸）(65)	20	-	-	x	-	-	-	x	-	-

参　考　表

1 漁業・養殖業累年生産量 (昭和元年～平成29年)

(1) 部門別生産量　　　　　　　　　　　　　　　　(2) 主要魚種別生産量

単位：千 t

年次		総生産量	海　面			内　水　面			まぐろ類	かつお類		い
			計	漁業	養殖業	計	漁業	養殖業			かつお	
昭和 元年	(1)	3,073	3,064	3,023	41	…	…	9	44	69	…	528
2	(2)	3,249	3,238	3,193	45	…	…	11	41	86	…	608
3	(3)	3,097	3,085	3,039	46	…	…	12	44	77	…	676
4	(4)	3,130	3,118	3,069	49	…	…	12	60	72	…	767
5	(5)	3,187	3,173	3,136	38	…	…	13	63	69	…	789
6	(6)	3,377	3,362	3,310	52	…	…	14	65	80	…	1,026
7	(7)	3,557	3,541	3,492	49	…	…	16	60	67	…	1,153
8	(8)	4,064	4,046	3,997	49	…	…	18	63	77	…	1,525
9	(9)	4,272	4,253	4,179	74	…	…	19	58	85	…	1,467
10	(10)	3,977	3,957	3,864	93	…	…	20	68	73	…	1,378
11	(11)	4,328	4,307	4,217	91	…	…	21	76	101	…	1,628
12	(12)	4,041	4,020	3,929	91	…	…	21	62	106	…	1,208
13	(13)	3,677	3,658	3,581	76	…	…	20	57	121	…	1,084
14	(14)	3,681	3,661	3,585	76	…	…	20	86	101	…	1,091
15	(15)	3,526	3,507	3,428	78	…	…	19	86	116	…	866
16	(16)	3,835	3,814	3,703	111	…	…	21	46	92	…	974
17	(17)	3,606	3,579	3,481	98	…	…	26	46	80	…	861
18	(18)	3,356	3,325	3,237	88	…	…	32	39	52	…	587
19	(19)	2,459	2,438	2,377	61	…	…	21	23	40	…	371
20	(20)	1,825	1,812	1,751	61	…	…	13	12	20	…	260
						…	…					
21	(21)	2,107	2,100	2,075	25	…	…	7	15	41	…	359
22	(22)	2,286	2,281	2,257	24	…	…	4	25	49	…	349
23	(23)	2,518	2,514	2,477	37	…	…	5	16	41	…	375
24	(24)	2,761	2,720	2,666	54	42	38	4	33	46	…	472
25	(25)	3,377	3,308	3,256	52	69	63	6	59	85	…	563
26	(26)	4,291	4,223	4,133	90	67	61	6	93	118	100	706
27	(27)	4,626	4,564	4,450	114	63	53	9	128	109	86	588
28	(28)	4,524	4,458	4,313	145	66	57	9	135	88	73	660
29	(29)	4,542	4,450	4,304	146	92	82	9	154	120	100	620
30	(30)	4,908	4,813	4,659	154	95	83	12	181	123	100	697
31	(31)	4,773	4,692	4,488	180	104	91	13	233	124	98	642
32	(32)	5,408	5,313	5,067	245	95	81	14	280	118	97	716
33	(33)	5,506	5,413	5,198	214	94	78	15	280	171	147	634
34	(34)	5,885	5,794	5,568	225	91	75	15	332	187	167	551
35	(35)	6,193	6,103	5,818	285	90	74	16	390	94	79	498
36	(36)	6,711	6,610	6,287	322	101	82	19	431	163	144	545
37	(37)	6,865	6,760	6,397	363	105	84	20	450	191	170	511
38	(38)	6,698	6,590	6,200	390	108	85	23	453	161	113	424
39	(39)	6,351	6,232	5,869	363	119	89	30	427	194	167	383
40	(40)	6,908	6,761	6,382	380	146	113	33	430	167	136	477
41	(41)	7,103	6,963	6,558	405	140	103	36	398	259	229	481
42	(42)	7,851	7,712	7,241	470	139	97	42	367	211	182	441
43	(43)	8,670	8,515	7,993	522	155	103	52	353	191	169	459
44	(44)	8,613	8,449	7,976	473	164	112	52	333	209	182	459
45	(45)	9,315	9,147	8,598	549	168	119	48	291	232	203	442
46	(46)	9,909	9,757	9,149	609	151	101	50	308	192	172	496
47	(47)	10,213	10,048	9,400	648	165	109	56	318	254	223	527
48	(48)	10,763	10,584	9,793	791	179	114	64	342	356	322	731
49	(49)	10,808	10,629	9,749	880	179	112	67	349	374	347	725
50	(50)	10,545	10,346	9,573	773	199	127	72	311	274	259	862
51	(51)	10,656	10,455	9,605	850	201	124	77	368	351	331	1,395
52	(52)	10,757	10,549	9,688	861	208	126	82	337	323	309	1,752
53	(53)	10,828	10,600	9,683	917	228	138	90	385	385	370	1,882
54	(54)	10,590	10,359	9,477	883	231	136	95	363	347	330	2,056
55	(55)	11,122	10,900	9,909	992	221	128	94	378	377	354	2,442
56	(56)	11,319	11,103	10,143	960	216	124	92	360	305	289	3,339
57	(57)	11,388	11,170	10,231	938	219	122	96	372	320	303	3,595
58	(58)	11,967	11,756	10,697	1,060	211	117	94	357	369	353	4,082
59	(59)	12,816	12,612	11,501	1,111	204	107	97	366	468	446	4,514
60	(60)	12,171	11,965	10,877	1,088	206	110	96	391	339	315	4,198

注：　昭和元年から昭和23年までの内水面漁業は、海面漁業に含まれる。　　　　　　注：1)は、海面養殖の「まあじ」を含む。
　　　内水面漁業の調査対象河川及び湖沼については、平成12年以前は全ての河川及び湖沼、平成13年から15年は148河川及び28湖沼、平成16年から平成20年は106河川及び24湖沼、平成21年から平成25年は108河川及び24湖沼、平成26年からは112河川及び24湖湖の値である。

単位：千 t

わし類		1)あじ類		さば類	さんま	たら類		いかなご	いか類		
まいわし	かたくち いわし		1)まあじ				すけとう だら			するめ いか	
…	…	23	…	71	38	162	…	…	116	…	(1)
…	…	20	…	90	41	109	…	…	111	…	(2)
…	…	20	…	82	27	114	…	…	65	…	(3)
…	…	21	…	77	22	114	…	…	77	…	(4)
…	…	20	…	72	21	111	…	…	60	…	(5)
…	…	24	…	82	15	117	…	…	73	…	(6)
…	…	23	…	83	12	119	…	…	103	…	(7)
…	…	30	…	110	17	145	…	…	115	…	(8)
…	…	27	…	106	17	169	…	…	98	…	(9)
…	…	28	…	114	17	180	…	…	41	…	(10)
…	…	32	…	126	27	219	…	…	71	…	(11)
…	…	29	…	137	23	205	…	…	54	…	(12)
…	…	30	…	133	25	194	…	…	106	…	(13)
…	…	32	…	154	20	177	…	…	127	…	(14)
…	…	49	…	122	27	170	…	…	134	…	(15)
…	…	62	…	143	14	186	…	…	173	…	(16)
…	…	53	…	105	16	206	…	…	126	…	(17)
…	…	50	…	133	17	153	…	…	155	…	(18)
…	…	35	…	72	3	87	…	…	103	…	(19)
…	…	78	…	84	3	61	…	…	108	…	(20)
…	…	22	…	64	10	107	…	…	129	…	(21)
…	…	28	…	63	23	127	…	…	254	…	(22)
…	…	30	…	99	66	184	…	…	301	…	(23)
…	…	49	…	138	64	159	…	…	257	…	(24)
…	…	72	…	188	126	153	…	…	469	…	(25)
368	276	87	…	160	129	229	184	…	646	596	(26)
258	286	187	…	219	223	247	206	…	647	596	(27)
344	243	239	…	235	254	253	225	66	468	420	(28)
246	304	251	…	297	293	268	242	43	443	399	(29)
211	392	238	…	244	497	256	231	59	434	383	(30)
206	347	246	…	266	328	270	235	78	354	299	(31)
212	430	313	…	276	422	347	281	87	418	364	(32)
137	417	324	…	268	575	345	285	98	412	354	(33)
120	356	432	…	295	523	443	376	69	538	481	(34)
78	349	596	…	351	287	447	380	79	542	481	(35)
127	367	542	…	338	474	421	353	108	457	384	(36)
108	349	520	…	409	483	529	453	70	612	536	(37)
56	321	469	…	465	385	614	532	84	667	590	(38)
16	296	520	…	496	211	779	684	55	329	238	(39)
9	406	560	…	669	231	781	691	112	499	397	(40)
13	408	514	477	624	242	861	775	71	485	383	(41)
17	365	423	328	687	220	1,343	1,247	102	597	477	(42)
24	358	358	311	1,015	140	1,715	1,606	150	774	668	(43)
21	377	341	283	1,011	63	2,048	1,944	107	590	478	(44)
17	365	269	216	1,302	93	2,463	2,347	227	519	412	(45)
57	351	315	271	1,254	190	2,803	2,707	272	483	364	(46)
58	370	194	152	1,190	197	3,123	3,035	195	599	464	(47)
297	335	183	129	1,135	406	3,129	3,021	194	486	348	(48)
352	288	216	166	1,331	135	2,964	2,856	300	470	335	(49)
526	245	236	187	1,318	222	2,770	2,677	275	538	385	(50)
1,066	217	207	128	979	105	2,536	2,445	224	502	312	(51)
1,420	245	187	88	1,355	253	2,016	1,931	137	513	264	(52)
1,637	152	154	59	1,626	360	1,635	1,546	99	520	199	(53)
1,817	135	185	84	1,414	278	1,643	1,551	110	529	213	(54)
2,198	151	147	56	1,301	187	1,649	1,552	201	687	331	(55)
3,089	160	125	65	908	160	1,698	1,595	162	517	197	(56)
3,290	197	178	109	718	207	1,663	1,567	127	550	182	(57)
3,745	208	179	135	805	240	1,539	1,434	120	539	192	(58)
4,179	224	238	139	814	210	1,735	1,621	164	526	174	(59)
3,866	206	230	158	773	246	1,650	1,532	123	531	133	(60)

1 漁業・養殖業累年生産量（昭和元年～平成29年）（続き）
(1) 部門別生産量（続き）
(2) 主要魚種別生産量（続き）

単位：千t

年 次		総生産量	海 面			内 水 面			まぐろ類	かつお類		い
			計	漁 業	養殖業	計	漁 業	養殖業			かつお	
昭和 61年	(61)	12,739	12,539	11,341	1,198	200	106	94	367	435	414	4,578
62	(62)	12,465	12,267	11,129	1,137	198	101	97	340	351	331	4,610
63	(63)	12,785	12,587	11,259	1,327	198	99	99	317	460	434	4,814
平成 元年	(64)	11,913	11,712	10,440	1,272	202	103	99	300	365	338	4,416
2	(65)	11,052	10,843	9,570	1,273	209	112	97	293	325	301	4,108
3	(66)	9,978	9,773	8,511	1,262	205	107	97	305	427	397	3,466
4	(67)	9,266	9,078	7,771	1,306	188	97	91	346	350	323	2,649
5	(68)	8,707	8,530	7,256	1,274	177	91	86	355	373	345	2,028
6	(69)	8,103	7,934	6,590	1,344	169	93	77	340	324	300	1,505
7	(70)	7,489	7,322	6,007	1,315	167	92	75	332	336	309	1,016
8	(71)	7,417	7,250	5,974	1,276	167	94	73	281	295	275	773
9	(72)	7,411	7,258	5,985	1,273	153	86	67	339	346	314	632
10	(73)	6,684	6,542	5,315	1,227	143	79	64	298	407	385	739
11	(74)	6,626	6,492	5,239	1,253	134	71	63	329	317	287	944
12	(75)	6,384	6,252	5,022	1,231	132	71	61	286	369	341	629
13	(76)	6,126	6,009	4,753	1,256	117	62	56	288	314	277	569
14	(77)	5,880	5,767	4,434	1,333	113	61	51	278	333	302	583
15	(78)	6,083	5,973	4,722	1,251	110	60	50	251	345	322	685
16	(79)	5,775	5,670	4,455	1,215	105	60	45	249	318	297	625
17	(80)	5,765	5,669	4,457	1,212	96	54	42	239	399	370	474
18	(81)	5,735	5,652	4,470	1,183	83	42	41	220	358	328	554
19	(82)	5,720	5,639	4,397	1,242	81	39	42	258	358	330	567
20	(83)	5,592	5,520	4,373	1,146	73	33	40	217	336	308	498
21	(84)	5,432	5,349	4,147	1,202	83	42	41	207	294	269	510
22	(85)	5,313	5,233	4,122	1,111	79	40	39	208	331	303	542
23	(86)	4,766	4,693	3,824	869	73	34	39	201	282	262	570
24	(87)	4,853	4,786	3,747	1,040	67	33	34	208	315	288	527
25	(88)	4,774	4,713	3,715	997	61	31	30	188	300	282	611
26	(89)	4,765	4,701	3,713	988	64	31	34	190	266	253	579
27	(90)	4,631	4,561	3,492	1,069	69	33	36	190	264	248	642
28	(91)	4,359	4,296	3,264	1,033	63	28	35	168	240	228	710
29	(92)	4,306	4,244	3,258	986	62	25	37	169	227	219	769

注：1)は、海面養殖の「まあじ」を含む。

単位：千t

わ　し　類		1）あ　じ　類		さ　ば　類	さ　ん　ま	た　ら　類		いかなご	い　か　類		
まいわし	かたくちいわし		1）まあじ				すけとうだら			するめいか	
4,210	221	186	115	945	217	1,522	1,422	141	464	91	(61)
4,362	141	258	187	701	197	1,424	1,313	122	755	183	(62)
4,488	177	297	234	649	292	1,318	1,259	83	664	156	(63)
4,099	182	286	188	527	247	1,211	1,154	77	734	212	(64)
3,678	311	337	228	273	308	930	871	76	565	209	(65)
3,010	329	321	229	255	304	590	541	90	545	242	(66)
2,224	301	293	231	269	266	574	499	124	677	394	(67)
1,714	195	368	318	665	277	445	382	107	583	316	(68)
1,189	188	380	332	633	262	445	379	109	589	302	(69)
661	252	390	318	470	274	395	339	108	547	290	(70)
319	346	392	334	760	229	389	331	116	663	444	(71)
284	233	377	327	849	291	397	339	109	635	366	(72)
167	471	374	315	511	145	373	316	91	385	181	(73)
351	484	261	214	382	141	438	382	83	498	237	(74)
150	381	285	249	346	216	351	300	50	624	337	(75)
178	301	259	218	375	270	285	242	88	521	298	(76)
50	443	241	200	280	205	243	213	68	434	274	(77)
52	535	283	245	329	265	253	220	60	386	254	(78)
50	496	283	257	338	204	277	239	67	349	235	(79)
28	349	217	194	620	234	243	194	68	330	222	(80)
53	415	193	169	652	245	254	207	101	286	190	(81)
79	362	198	172	457	297	262	217	47	326	253	(82)
35	345	209	174	520	355	251	211	62	290	217	(83)
57	342	194	167	471	311	275	227	33	296	219	(84)
70	351	186	161	492	207	306	251	71	267	200	(85)
176	262	195	170	393	215	286	239	45	298	242	(86)
135	245	159	135	438	221	281	230	37	216	168	(87)
215	247	176	152	375	150	293	230	38	228	180	(88)
196	248	163	147	482	229	252	195	34	210	173	(89)
311	169	167	153	530	116	230	180	29	167	129	(90)
378	171	153	126	503	114	178	134	21	110	70	(91)
500	146	166	146	518	84	174	129	12	103	64	(92)

2 世界の漁業生産統計

(1) 主要魚種・年次別生産量

単位：千 t

ＦＡＯ魚種分類		2012年 (平成24年)	2013 (25)	2014 (26)	2015 (27)	2016 (28)
世界合計	GRAND TOTAL	177,760	185,904	191,049	196,496	198,654
漁業計	Fishery total	89,593	90,927	91,446	92,619	90,524
内水面漁業	Catches in inland waters	10,896	10,940	11,066	11,122	11,337
海面漁業	Catches in marine fishing areas	78,698	79,988	80,381	81,497	79,187
淡水性魚類	Freshwater fishes	9,574	9,645	9,784	9,802	10,093
こい・ふな類	Carps, barbels and other cyprinids	1,519	1,457	1,559	1,518	1,590
ティラピア類	Tilapias and other cichlids	707	698	725	710	784
その他の淡水性魚類	Miscellaneous freshwater fishes	7,349	7,491	7,500	7,574	7,719
さく河・降海性魚類	Diadromous fishes	1,710	1,963	1,720	1,898	1,768
うなぎ類	River eels	14	11	9	8	7
さけ・ます類	Salmons, trouts, smelts	977	1,204	955	1,106	931
1) 上記以外のさく河・降海性魚類	Other diadromous fishes	720	747	756	784	830
海水性魚類	Marine fishes	63,509	64,165	63,735	65,053	64,416
ひらめ・かれい類	Flounders, halibuts, soles	998	1,053	1,044	955	989
たら・すけとうだら類	Cods, hakes, haddocks	7,704	8,179	8,708	8,930	9,003
にしん・いわし類	Herrings, sardines, anchovies	17,499	17,558	15,578	16,670	15,396
かつお・まぐろ類	Tunas, bonitos, billfishes	7,096	7,236	7,517	7,673	7,700
さめ・えい類	Sharks, rays, chimaeras	794	782	762	734	758
その他の底魚類	Miscellaneous demersal fishes	2,894	2,941	2,973	2,948	3,007
その他の沿岸性魚類	Miscellaneous coastal fishes	7,219	7,366	7,335	7,401	7,308
その他の浮魚類	Miscellaneous pelagic fishes	10,415	10,330	11,019	10,672	10,342
その他の海水性魚類	Marine fishes not identified	8,890	8,721	8,799	9,069	9,913
甲殻類	Crustaceans	6,223	6,363	6,613	6,656	6,515
淡水性甲殻類	Freshwater crustaceans	447	434	431	424	404
かに類	Crabs, sea-spiders	1,427	1,542	1,677	1,711	1,650
えび類	Lobsters, shrimps, prawns, etc.	3,694	3,659	3,758	3,833	3,809
2) 上記以外の甲殻類	Other crustaceans	655	727	747	688	651
軟体動物類	Molluscs	6,889	6,890	7,695	7,465	6,041
淡水性軟体動物類	Freshwater molluscs	365	359	348	336	316
貝類	Abalones, oysters, mussels, scallops, clams, etc.	1,744	1,721	1,697	1,590	1,545
いか・たこ類	Squids, cuttlefishes, octopuses	4,015	4,043	4,855	4,770	3,511
その他の海水性軟体動物類	Miscellaneous marine molluscs	764	768	795	769	669
その他の水産動物類 （鯨類を除く。）	Miscellaneous aquatic animals	541	598	682	667	585
藻類等	Seaweeds and other aquatic plants	1,131	1,289	1,201	1,065	1,092
養殖業計	Aquaculture total	88,166	94,977	99,602	103,877	108,130
魚介類	Fish and shellfish	63,476	66,950	70,501	72,773	76,426
こい・ふな類	Carps, barbels and other cyprinids	23,273	24,665	25,841	26,768	27,756
ティラピア類	Tilapias and other cichlids	4,424	4,734	5,156	5,457	5,582
うなぎ類	River eels	222	214	230	252	251
さけ・ます類	Salmons, trouts, smelts	3,234	3,181	3,417	3,395	3,317
かに類	Crabs, sea-spiders	280	291	341	349	393
えび類	Lobsters, shrimps, prawns, etc.	4,066	4,143	4,567	4,825	5,121
貝類	Abalones, oysters, mussels, scallops, clams, etc.	13,089	13,602	14,151	14,556	15,412
上記以外の魚介類	Other fish and shellfish	14,889	16,120	16,799	17,169	18,594
藻類等	Seaweeds etc.	24,668	27,994	29,053	31,063	31,650

資料：『Production Statistics 1950-2017』、『Capture Production 1950-2017』及び『Aquaculture Production 1950-2017』
注：1) は、ちょうざめ類、シャッド類、その他のさく河・降海性魚類を計上した。
　　2) は、おきあみ類、その他の甲殻類を計上した。

(2)　主要国（上位10国）・年次別生産量

単位：千 t

国　　名		2012年 (平成24年)	2013 (25)	2014 (26)	2015 (27)	2016 (28)
世界合計	GRAND TOTAL	177,760	185,904	191,049	196,496	198,654
漁業	Fishery	89,593	90,927	91,446	92,619	90,524
（藻類	aquatic plants）	1,131	1,289	1,201	1,065	1,092
養殖業	aquaculture	88,166	94,977	99,602	103,877	108,130
中華人民共和国	China	67,529	70,663	73,684	76,017	78,338
漁業	Fishery	15,446	15,634	16,363	16,648	16,019
（藻類	aquatic plants）	258	283	246	262	232
養殖業	aquaculture	52,083	55,029	57,321	59,369	62,318
インドネシア	Indonesia	15,465	19,445	20,906	22,389	22,587
漁業	Fishery	5,866	6,144	6,530	6,740	6,584
（藻類	aquatic plants）	8	17	71	49	41
養殖業	aquaculture	9,600	13,301	14,375	15,649	16,002
インド	India	9,110	9,222	9,894	10,125	10,784
漁業	Fishery	4,896	4,667	5,001	4,862	5,082
（藻類	aquatic plants）	24	22	19	19	21
養殖業	aquaculture	4,214	4,555	4,893	5,263	5,702
ベトナム	Viet Nam	5,591	5,804	6,049	6,380	6,709
漁業	Fishery	2,487	2,584	2,695	2,906	3,128
（藻類	aquatic plants）	–	–	–	–	–
養殖業	aquaculture	3,103	3,220	3,354	3,474	3,581
アメリカ合衆国	United States of America	5,432	5,529	5,412	5,470	5,354
漁業	Fishery	5,011	5,100	4,990	5,044	4,909
（藻類	aquatic plants）	7	4	5	3	6
養殖業	aquaculture	420	429	421	426	445
ロシア	Russian Federation	4,485	4,523	4,431	4,618	4,948
漁業	Fishery	4,338	4,367	4,267	4,464	4,774
（藻類	aquatic plants）	7	5	7	7	14
養殖業	aquaculture	146	156	164	154	174
日本	Japan	4,836	4,764	4,753	4,595	4,342
漁業	Fishery	3,762	3,736	3,731	3,489	3,274
（藻類	aquatic plants）	99	84	92	94	81
養殖業	aquaculture	1,074	1,028	1,022	1,106	1,068
フィリピン	Philippines	4,750	4,576	4,587	4,503	4,229
漁業	Fishery	2,208	2,203	2,250	2,155	2,028
（藻類	aquatic plants）	0	0	0	0	0
養殖業	aquaculture	2,542	2,373	2,338	2,348	2,201
ペルー	Peru	4,925	6,002	3,714	4,935	3,929
漁業	Fishery	4,853	5,876	3,599	4,844	3,829
（藻類	aquatic plants）	4	22	26	20	32
養殖業	aquaculture	72	126	115	91	100
バングラディッシュ	Bangladish	3,262	3,410	3,548	3,684	3,878
漁業	Fishery	1,536	1,550	1,591	1,624	1,675
（藻類	aquatic plants）	–	–	–	–	–
養殖業	aquaculture	1,726	1,860	1,957	2,060	2,204

資料：『Production Statistics 1950-2017』、『Capture Production 1950-2017』及び『Aquaculture Production 1950-2017』

2 世界の漁業生産統計（続き）

(3) 主要魚種・国別生産量

単位：千 t

FAO魚種分類（属名）・国（地域）名		2012年 （平成24年）	2013 (25)	2014 (26)	2015 (27)	2016 (28)
世界合計	GRAND TOTAL	177,760	185,904	191,049	196,496	198,654
淡水性魚類	Freshwater fishes	45,235	47,836	49,835	51,400	53,640
中華人民共和国	China	22,331	23,642	24,679	25,673	26,485
インド	India	5,215	5,315	5,593	5,927	6,455
インドネシア	Indonesia	2,463	2,957	3,271	3,352	3,521
バングラデシュ	Bangladesh	2,311	2,470	2,555	2,668	2,798
ベトナム	Viet Nam	2,531	2,548	2,439	2,457	2,517
さけ・ます類	Salmons, trouts, smelts	4,210	4,386	4,372	4,502	4,248
ノルウェー	Norway	1,308	1,241	1,328	1,377	1,322
チリ	Chile	818	781	955	830	728
ロシア	Russian Federation	515	509	428	449	534
アメリカ合衆国	United States of America	330	530	372	528	297
カナダ	Canada	163	167	150	180	195
たら・すけとうだら類	Cods, hakes, haddocks	7,715	8,183	8,709	8,930	9,004
ロシア	Russian Federation	2,371	2,367	2,349	2,461	2,605
アメリカ合衆国	United States of America	1,811	1,919	2,034	1,967	2,114
ノルウェー	Norway	863	1,002	1,179	1,246	1,069
アイスランド	Iceland	391	465	523	567	552
フェロー諸島	Faroe Islands	136	162	308	372	371
にしん	Atlantic herring, etc. （Clupea ニシン属）	2,229	2,331	2,109	1,996	2,142
ロシア	Russian Federation	488	476	441	453	478
ノルウェー	Norway	611	507	407	313	352
デンマーク	Denmark	125	141	136	135	161
カナダ	Canada	127	145	138	134	144
フィンランド	Finland	118	122	131	132	137
まいわし	Japanese pilchard, etc. （Sardinops マイワシ属）	778	745	686	642	727
日本	Japan	135	215	196	311	378
中華人民共和国	China	132	142	151	146	139
メキシコ	Mexico	264	193	174	55	108
南アフリカ	South Africa	109	92	97	96	79
ロシア	Russian Federation	1	0	0	0	7
かたくちいわし	European anchovy, etc. （Engraulis カタクチイワシ属）	6,879	7,650	5,127	6,394	4,970
ペルー	Peru	3,777	4,871	2,322	3,770	2,855
中華人民共和国	China	826	867	926	956	816
チリ	Chile	904	803	818	540	337
南アフリカ	South Africa	307	79	240	238	260
日本	Japan	245	247	248	169	171
かつお	Skipjack tuna （Katsuwonus カツオ属）	2,598	2,798	2,997	2,814	2,817
インドネシア	Indonesia	368	454	409	348	417
大韓民国	Korea, Republic of	212	202	229	238	231
日本	Japan	263	270	233	224	202
エクアドル	Ecuador	185	193	196	225	200
パプアニューギニア	Papua New Guinea	165	136	174	160	198
まぐろ類	Southen bluefin tuna, etc. （Thunnus マグロ属）	2,278	2,183	2,264	2,294	2,367
インドネシア	Indonesia	324	318	281	308	310
台湾	Taiwan Province of China	175	160	140	160	175
日本	Japan	205	183	194	180	167
スペイン	Spain	129	137	122	120	122
メキシコ	Mexico	106	126	139	123	111

資料：FAO Online Query panels『Production Statistics 1950-2017』

単位：千 t

FAO魚種分類（属名）・国（地域）名		2012年 (平成24年)	2013 (25)	2014 (26)	2015 (27)	2016 (28)
まあじ類	Atlantic horse mackerel, etc. (Trachurus マアジ属)	1,700	1,567	1,696	1,735	1,714
ナミビア	Namibia	280	295	269	322	331
チリ	Chile	227	231	272	289	323
日本	Japan	135	152	147	153	126
ロシア	Russian Federation	97	111	74	105	98
アンゴラ	Angola	60	75	131	89	71
さば類	Atlantic mackerel, etc. (Scomber サバ属)	932	1,010	1,436	1,269	1,172
イギリス	United Kingdom	168	164	288	248	217
ノルウェー	Norway	176	165	278	242	210
アイスランド	Iceland	152	154	170	168	170
ロシア	Russian Federation	91	107	138	155	151
フェロー諸島	Faroe Islands	107	145	150	107	94
かに類	Crabs, sea-spiders	1,707	1,834	2,018	2,060	2,043
中華人民共和国	China	881	982	1,124	1,106	1,030
インドネシア	Indonesia	87	98	100	139	152
アメリカ合衆国	United States of America	162	145	130	141	139
ベトナム	Viet Nam	36	43	79	95	111
カナダ	Canada	103	107	105	103	92
えび類	Lobsters, squat-lobsters, shrimps, etc.	7,760	7,802	8,325	8,658	8,930
中華人民共和国	China	2,860	2,854	2,985	3,066	3,081
インドネシア	Indonesia	637	881	877	862	984
インド	India	663	681	811	898	945
ベトナム	Viet Nam	485	596	762	814	841
エクアドル	Ecuador	288	311	349	413	426
貝類	Abalones, oysters, mussels, scallops, clams, etc.	14,833	15,323	15,848	16,146	16,957
中華人民共和国	China	10,720	11,318	11,736	12,223	13,039
日本	Japan	733	747	789	705	640
アメリカ合衆国	United States of America	715	667	623	612	614
大韓民国	Korea, Republic of	428	341	413	395	410
チリ	Chile	297	288	282	258	352
いか・たこ類	Squids, cuttlefishes, octopuses	4,015	4,043	4,855	4,770	3,511
中華人民共和国	China	1,090	1,095	1,382	1,528	941
ペルー	Peru	521	469	627	539	336
ベトナム	Viet Nam	280	291	315	330	332
インド	India	98	80	173	213	231
インドネシア	Indonesia	167	169	175	254	199
藻類	Brown seaweeds, red seaweeds, green seaweeds, etc.	25,800	29,283	30,254	32,128	32,742
中華人民共和国	China	14,201	14,973	15,267	15,881	16,733
インドネシア	Indonesia	6,522	9,316	10,148	11,318	11,091
フィリピン	Philippines	1,751	1,559	1,550	1,567	1,405
大韓民国	Korea, Republic of	1,032	1,140	1,097	1,205	1,361
朝鮮民主主義人民共和国	Korea, Dem. People's Rep	445	446	491	491	553

3　水産物品目別輸入実績

品 目 名	2014年 数 量	2014年 金 額	2015 数 量	2015 金 額	2016 数 量	2016 金 額	2017 数 量	2017 金 額
	t	100万円	t	100万円	t	100万円	t	100万円
総計	2,543,213	1,656,887	2,488,065	1,716,656	2,380,732	1,597,866	2,478,679	1,775,129
生きている魚計	13,150	34,275	14,867	39,884	15,583	50,394	14,136	32,209
こい・金魚（観賞用）	7	150	7	149	7	124	6	106
その他の観賞魚	118	1,703	108	1,752	111	1,614	101	1,580
うなぎの稚魚（生きているもの）	6	5,856	4	7,412	9	14,050	1	1,481
その他の養魚用の稚魚	1,886	4,033	1,737	4,103	1,837	4,054	1,483	3,157
うなぎ（生きているもの）	4,781	15,152	7,067	18,348	7,276	21,477	6,816	18,173
活魚（IQ魚、ぶり等）	1,104	874	1,080	923	1,020	686	1,326	751
その他の活魚（生きているもの）	5,248	6,503	4,864	7,192	4,907	7,313	4,816	7,978
魚類計	1,254,192	719,147	1,293,298	751,137	1,228,079	693,920	1,405,573	828,133
にしん（生、蔵、凍）	38,078	5,063	29,241	4,863	25,140	4,262	32,957	5,471
たら（生、蔵、凍）	45,749	18,216	44,191	20,427	47,340	19,600	183,123	59,341
たら・すけとうだらのすり身（凍）	116,434	32,323	121,801	40,737	107,617	32,813	135,134	38,036
ぶり（生、蔵、凍）	201	66	293	84	287	72	332	78
あじ（生、蔵、凍）	28,161	5,794	31,370	7,015	21,224	4,127	22,891	4,756
さんま（凍）	3,741	706	5,027	786	6,823	1,082	5,037	975
さば（生、蔵、凍）	61,377	14,479	72,600	14,906	74,253	15,529	63,386	13,581
いわし（生、蔵、凍）	2,752	353	743	124	277	56	490	93
たらの卵（生、蔵、凍）	44,800	33,878	41,906	29,181	36,049	27,702	42,051	31,803
IQ魚のフィレ（生、蔵、凍）	54,386	26,883	59,674	28,781	60,780	26,758	83,301	37,754
その他魚（生、蔵、凍、IQ）	5,176	4,566	4,632	4,778	4,246	4,473	3,288	2,182
かつお（生、蔵、凍）	24,456	3,387	38,977	5,780	27,209	4,491	47,350	8,565
まぐろ・かじき類（生、蔵、凍）	224,584	193,962	218,209	201,282	223,086	191,513	210,224	203,287
さけ・ます類（生、蔵、凍）	219,920	190,098	248,969	191,840	230,149	179,534	226,593	223,529
あゆ（凍）	427	295	440	356	433	322	422	318
ひらめ・かれい類（生、蔵、凍）	55,308	27,903	48,424	29,874	46,044	25,772	41,170	25,155
さわら（生、蔵、凍）	2,292	1,393	2,829	1,797	2,532	1,371	1,644	935
たちうお（生、蔵、凍）	1,847	733	615	297	518	255	528	291
たい（生、蔵、凍）	429	126	175	64	243	60	136	34
キングクリップ、バラクータ（生、蔵、凍）	614	188	561	198	402	154	432	159
さめ（生、蔵、凍）	551	1,263	517	1,420	535	1,531	107	220
ししゃも（凍）	18,010	5,434	18,694	6,104	18,951	6,058	21,702	7,735
ふぐ（生、蔵、凍）	4,993	1,569	5,656	2,011	4,750	1,706	4,931	1,974
ぎんだら（凍）	7,182	10,171	6,597	10,497	6,234	9,834	5,789	10,768
めぬけ（凍）	25,531	10,052	26,281	10,986	26,501	8,915	26,530	9,296
うなぎ（生、蔵、凍）	4	9	0	0	2	2	0	0
シーバス（生、蔵、凍）	－	－	0	0	0	0	0	1
いとより（すり身のものに限る）（凍）	30,858	9,185	26,633	9,369	20,478	6,511	20,827	6,825
その他の魚（生、蔵、凍）	59,776	26,836	58,627	24,619	52,397	18,017	59,005	22,861
その他の魚肉（生、蔵、凍）	115,036	48,840	113,800	51,532	113,782	47,789	106,925	46,220
めろ（生、蔵、凍）	1,172	1,164	1,034	1,644	550	644	361	449
その他の魚のフィレ（生、蔵、凍）	48,927	33,123	41,106	31,297	42,009	29,156	41,857	30,503

資料：財務省『貿易統計』

品 目 名	2014年		2015		2016		2017	
	数 量	金 額	数 量	金 額	数 量	金 額	数 量	金 額
	t	100万円	t	100万円	t	100万円	t	100万円
にしんの卵（生、蔵、凍）	2,428	2,094	2,115	1,649	2,769	2,251	1,344	1,207
にしん・たら以外の魚卵、肝臓、白子	9,009	11,285	13,582	15,585	11,383	16,176	15,705	33,729
甲殻類、軟体動物、水棲無脊椎動物計	421,728	427,478	421,338	423,919	435,187	409,451	461,433	460,593
えび（活、生、蔵、凍）	167,065	226,202	157,378	207,068	167,380	198,730	174,939	220,481
かに（活、生、蔵、凍）	44,141	61,381	35,497	62,233	36,495	65,529	29,745	59,566
その他の甲殻類（活、生、蔵、凍）	2,355	574	1,116	377	741	273	820	219
いか（もんごうを除く）（活、生、蔵、凍）	82,784	37,427	78,278	36,070	87,373	38,702	113,577	63,895
もんごういか（活、生、蔵、凍）	11,860	10,121	12,343	11,567	11,861	11,404	11,506	13,702
たこ（活、生、蔵、凍）	39,878	32,455	50,924	40,285	47,342	36,322	45,423	41,643
あわび（活、生、蔵、凍）	2,314	8,412	2,061	7,961	2,187	7,260	2,332	8,039
あさり（活、生、蔵、凍）	32,228	6,727	41,050	8,710	44,033	9,148	43,663	9,057
はまぐり（活、生、蔵、凍）	5,602	1,494	5,259	1,681	4,731	1,587	4,695	1,645
しじみ（活、生、蔵、凍）	2,962	582	3,041	582	3,456	582	3,735	669
帆立て貝（活、生、蔵、凍）	349	279	329	334	346	341	207	184
貝柱（活、生、蔵、凍）	654	795	800	1,045	584	782	531	763
赤貝（活）	3,435	1,545	3,431	1,472	3,457	1,277	3,595	1,261
い貝（活、生、蔵、凍）	90	59	100	75	114	76	121	85
かき（活、生、蔵、凍）	4,564	3,154	7,422	6,504	3,264	2,326	3,601	2,326
その他二枚貝（活、生、蔵、凍）	2,393	4,233	2,479	4,271	2,667	4,493	3,589	5,667
かたつむり（活、生、蔵、凍）海棲を除く	2	7	2	8	2	4	0	0
うに（活、生、蔵、凍）	11,315	20,668	10,964	20,640	10,822	19,242	11,017	21,147
くらげ（生、蔵、凍）	4	1	1,391	863	1,802	933	2,268	1,127
なまこ（活、生、蔵、凍）	0	2	2	3	1	5	0	0
その他軟体動物、水棲無脊椎動物（生、蔵、凍）	6,021	10,302	5,627	9,665	5,020	8,629	4,760	8,402
かえるの脚（生、蔵、凍）	23	26	33	43	23	26	22	24
鯨の肉及び海牛目の肉（生、蔵、凍）	1,685	1,032	1,195	871	1,042	736	1,289	691
塩、干、くん製品計	36,035	38,258	29,871	32,906	29,349	31,771	29,770	33,687
フィッシュミール（食用）	3	2	0	0	0	0	0	0
にしんの卵（塩、干、くん製品）	5,988	6,545	5,029	6,175	4,726	5,477	5,638	7,021
たらの卵（塩、干、くん製品）	1,464	1,690	1,323	1,500	1,128	1,253	1,294	1,429
さけ・ますの卵（塩蔵）	2,264	4,570	2,705	4,482	2,579	4,414	2,095	3,869
こんぶかずのこ（塩、干）	641	925	263	545	351	671	361	789
その他の魚卵等（塩、干）	1,119	1,711	1,191	1,836	1,164	1,638	1,173	1,650
さけ・ます（塩、干、くん製）	4,205	8,010	2,664	4,995	2,621	4,394	2,427	4,766
たら（塩、干、くん製）	14	24	5	8	6	11	0	0
かたくちいわし（塩）	13	8	11	12	8	6	8	7
その他の魚（塩、干）	1,342	880	1,123	833	1,065	715	543	481
その他魚（くん製）	164	87	384	211	488	304	503	320
ふかひれ	39	610	31	367	36	469	36	142
えび（塩、干、くん製）	1,576	1,633	846	774	1,004	1,004	1,399	1,483
かに（塩、干、くん製）	32	24	24	20	1	1	25	18

3　水産物品目別輸入実績（続き）

品 目 名	2014年		2015		2016		2017	
	数　量	金　額	数　量	金　額	数　量	金　額	数　量	金　額
	t	100万円	t	100万円	t	100万円	t	100万円
その他甲殻類（塩、干、くん製）	19	8	49	13	107	30	62	23
いか、帆立て貝、貝柱（くん製）	1,070	730	1,128	846	1,238	831	152	136
その他軟体動物、無脊椎動物（くん製）	-	-	-	-	-	-	-	-
あわび（塩、干、くん製）	0	0	0	1	0	0	0	0
かき（塩、干、くん製）	135	153	152	201	104	130	80	96
い貝（塩、干、くん製）	24	30	12	14	12	15	1	5
その他二枚貝（塩、干、くん製）	33	34	33	10	24	7	23	6
いか（塩、干、くん製）	288	296	213	209	302	320	171	162
たこ（塩、干、くん製）	0	0	3	2	0	0	9	9
かたつむり等（塩、干、くん製）	-	-	-	-	-	-	-	-
貝柱（塩、干）	-	-	-	-	-	-	-	-
うに（塩、干）	113	523	106	545	129	713	123	842
くらげ（塩、干）	6,316	2,764	5,102	2,647	4,929	2,372	4,659	2,188
なまこ（塩、干）	0	0	2	3	1	5	0	1
その他軟体動物、無脊椎動物（塩、干、くん製）	52	21	14	16	15	17	14	16
寒天	1,850	5,281	1,955	6,033	1,813	4,948	1,875	5,276
油脂	19,052	6,269	23,343	8,351	22,421	6,869	20,040	5,697
1) 真珠、真珠製品	63	39,714	70	44,757	63	40,577	62	41,660
調製品計	385,637	315,057	386,510	337,808	394,782	306,281	399,783	336,865
魚・甲殻類のエキス、ジュース	4,748	1,839	5,058	2,046	5,482	2,144	5,678	2,138
いくら調製品（気密以外）	1,218	4,030	1,704	4,980	1,442	4,306	1,540	6,486
キャビア及びその代用物	1,483	2,447	1,940	3,106	1,785	2,502	1,977	2,613
にしんの卵（気密容器）	-	-	-	-	-	-	-	-
にしんの卵調製品（気密以外）	354	563	242	431	291	499	191	337
たらの卵調製品	6,842	9,143	6,013	7,387	5,140	5,858	5,286	6,449
その他の魚卵調製品（気密以外）	277	632	339	584	192	205	210	311
さけ調製品（気密容器）	454	448	332	267	665	452	348	285
さけ調製品（気密以外）	10,965	9,593	10,865	10,457	11,614	10,642	11,673	12,073
にしん調製品	2,193	1,168	1,854	1,018	1,651	821	1,723	906
いわし調製品（気密容器）	2,019	1,245	2,075	1,321	2,478	1,343	2,743	1,504
いわし調製品（気密以外）	2,260	933	2,237	977	1,985	874	2,079	886
かつお調製品（気密容器）	16,493	8,890	16,869	9,515	15,784	8,208	15,033	8,900
かつお節	4,114	2,823	3,818	3,119	5,580	4,350	5,621	4,891
まぐろ（気密容器）	25,733	15,345	26,194	15,869	28,781	15,078	30,841	18,107
まぐろ・かつお・はがつお調製品	7,916	4,364	7,657	4,203	10,253	4,911	11,467	6,932
さば調製品（気密以外）	13,669	10,203	15,127	11,219	17,359	10,582	15,842	10,536
かたくちいわし調製品（気密以外）	1,302	1,626	1,054	1,589	1,309	1,695	1,884	2,508
うなぎ調製品	9,260	23,956	14,454	38,103	14,516	31,054	15,287	33,480
節類	2,755	1,379	2,520	1,365	3,226	1,660	1,908	1,031
その他魚の調製品	99,584	55,539	98,160	58,708	94,712	51,994	96,457	54,435

注：1)真珠、真珠製品の数量はkgである。

品　目　名	2014年		2015		2016		2017	
	数　量	金　額	数　量	金　額	数　量	金　額	数　量	金　額
	t	100万円	t	100万円	t	100万円	t	100万円
かに調製品（気密容器）	3,370	6,710	4,041	8,548	4,978	11,059	5,867	15,616
かに調製品（気密以外）	11,234	18,685	9,335	16,483	7,490	13,068	5,127	10,314
えび（くん製、水煮後冷凍等）	59,526	76,673	59,940	78,567	59,916	69,506	62,660	75,120
えび調製品（その他）	52	50	11	11	24	14	17	10
その他甲殻類調製品（非気密容器）	88	220	69	177	97	183	92	172
くらげ調製品（気密以外）	1	1	13	9	1	1	0	0
いか調製品（気密容器）	74	74	128	111	82	48	176	63
いか調製品（気密以外）	49,816	25,569	47,856	25,017	49,640	24,995	49,849	30,700
なまこ・うに調製品	205	758	308	1,306	150	435	99	322
かき調整品（気密容器）	44	50	16	25	15	14	28	23
かき調整品（気密以外）	1,871	1,137	2,268	1,566	1,695	1,004	1,610	998
あわび調製品	290	1,261	347	1,566	234	971	206	958
帆立貝調製品（気密以外）	5,557	4,711	4,316	4,303	2,895	2,738	3,529	3,255
その他軟体類（気密容器）	160	241	84	184	247	282	384	347
その他軟体類調製品（気密以外）	4,343	2,686	4,180	2,825	4,896	2,905	4,871	2,736
その他の水産物計	393,646	63,368	299,421	62,697	233,099	44,828	247,784	65,734
魚粉、ミール、ペレット（非食用）	248,315	38,701	226,809	43,684	153,736	23,560	174,087	26,547
甲殻類、軟体動物の粉（非食用）	5,634	1,262	3,713	873	3,744	874	5,656	8,658
海綿	2	53	3	59	3	58	2	53
食用海草（430平方cm以下）	1,887	4,167	1,533	3,635	2,447	5,934	646	2,138
あまのり属	115	118	158	167	201	202	183	218
ひじき	4,798	4,499	5,401	5,416	5,827	5,616	4,517	4,668
わかめ	24,621	9,922	22,606	9,972	25,016	11,106	23,215	10,598
その他の食用海草	2,436	1,753	2,939	2,340	2,911	2,099	1,550	3,520
ふのり属（非食用）	–	–	–	–	–	–	–	–
あまのり、あおのり、ひとえぐさ属等（非食用）	–	–	–	–	–	–	–	–
寒天原藻（てんぐさ科）	1,358	624	1,680	891	2,207	1,104	1,630	1,181
寒天原藻（その他）	704	139	938	188	649	129	1,657	285
その他の非食用海草	12,913	3,020	10,138	2,208	8,477	1,678	9,684	2,272
かめの甲（べっこう除く）	2	7	1	10	1	3	2	9
さんご	493	12	513	21	437	11	405	11
貝殻、軟体動物・甲殻類・棘皮動物の殻	8,384	922	7,728	937	6,928	990	7,361	948
魚の屑	18,041	2,039	14,267	1,967	17,387	1,948	16,414	3,686
孵化用の魚卵	1	73	1	72	1	52	2	127
アルテミアサリナの卵	42	338	30	301	48	446	35	333
その他の動物性生産品	87,065	6,557	23,982	2,579	29,847	2,562	–	–
魚膠・アイシングラス	95	91	94	111	85	100	32	50
魚・海棲哺乳動物のソリュブル	350	129	312	137	343	134	396	158
アンバーグリス・海狸香（牛黄除く）	376	263	400	274	236	219	311	275

［付］調査票

入力方向

秘　農林水産省

2 1 7 1

政府統計

統計法に基づく基幹統計
海面漁業生産統計

統計法に基づく国の統計調査です。調査票情報の秘密の保護に万全を期します。

様式　第1号

記入見本	0	1	2	3	4	5	6	7	8	9

この調査は、農林水産省が今後の水産行政を遂行していくための基礎的な資料を作成するために行うものです。なお、この調査票に記入した調査事項は、統計以外の目的には使用しません。

海面漁業生産統計調査

稼働量調査票

調査年　大海区　都府県（振興局）　市区町村

漁業経営体名

漁業経営体　住所　コード

漁船名　コード

漁船トン数

魚種

コード　00000

操業水域　コード

出漁日数

コード　1月　2月　3月　4月　5月　6月　7月　8月　9月　10月　11月　12月

（　：　枚のうち　：　枚）

特記事項

この欄は、農林水産省の職員が記入します。

調査員名
調査員の担当区域
都道府県名
担当者名
連絡先

様式第 2 号

入力方向

2 1 8 1

記入見本： 0 1 2 3 4 5 6 7 8 9

この調査は、農林水産省が今後の水産行政を遂行していくための基礎的な資料を作成するために行うものです。なお、この調査票に記入した調査事項は、統計以外の目的には使用しません。

秘
農林水産省

統計法に基づく国の統計調査です。調査票情報の秘密の保護に万全を期します。

政府統計

統計法に基づく基幹統計
海面漁業生産統計

海面漁業生産統計調査
海面漁業漁獲統計調査

海面漁業漁獲統計調査票（水揚機関用・漁業経営体用）

調査年	調査期間	大 海 区	都府県（振興局）	市 区 町 村	水揚機関名又は漁業経営体名

漁業種類 コード		操業水域 コード			魚種別漁獲量（kg）

（ □□ 枚目のうち □□ 枚）

計

特記事項

調査員名
調査員の担当区域
都道府県名
担当者名
連絡先

この欄は、農林水産省の職員が記入します。

← ← ← **入力方向**

様 式 第 3 号

秘
農林水産省

2 1 9 1

この調査は、農林水産省が今後の水産行政を遂行していくための基礎的な資料を作成するために行うものです。なお、この調査票に記入した調査事項は、統計以外の目的には使用しません。

統計法に基づく基幹統計
海面漁業生産統計

政府統計

統計法に基づく国の統計調査です。調査票情報の秘密の保護に万全を期します。

海 面 漁 業 生 産 統 計 調 査
海面漁業漁獲統計調査

海面漁業漁獲統計調査票（一括調査用）

SAMPLE

調 査 年	調査期間	大 海 区	都府県（振興局）	市 区 町 村
： ： ： ：	： ： ：	： ： ：	： ： ：	： ： ： ： ：

漁 業 種 類
： ： ： ： ： ：

（ ： 枚目のうち ： 枚）

項　　目		規　　模		
		： ：	： ：	： ：
漁労体数（統）	前年同期値			
	本年値	： ： ： ： ：	： ： ： ： ：	： ： ： ： ：
1漁労体当たり平均出漁日数（日）	前年同期値			
	本年値	： ： ： ： ：	： ： ： ： ：	： ： ： ： ：
1漁労体1日当たり平均漁獲量（kg）	前年同期値			
	本年値	： ： ： ： ：	： ： ： ： ：	： ： ： ： ：

特 記 事 項

この欄は、農林水産省の職員が記入します。	調査員名	
	調査員の担当区域	
	都道府県名	
	担当者名	
	連絡先	

2201

秘
農林水産省

統計法に基づく基幹統計
海面漁業生産統計

この調査は、農林水産省が今後の水産行政を遂行していくための基礎的な資料を作成するために行うものです。なお、この調査票に記入した調査事項は、統計以外の目的には使用しません。

海面漁業生産統計調査
海面養殖業収獲統計調査

政府統計

統計法に基づく国の統計調査です。調査票情報の秘密の保護に万全を期します。

海面養殖業収獲統計調査票（水揚機関用・漁業経営体用）

調査年	調査期間	大 海 区	都府県（振興局）		市 区 町 村
： ： ： ：	： ： ：	： ： ：	： ：		： ： ： ： ：

水 揚 機 関 名 又 は 漁 業 経 営 体 名	
	： ： ：

1 養殖魚種別収獲量　　　　　　　　　　　　（ ： 目のうち ： 枚）　　特記事項

養 殖 魚 種 名		収 獲 量 （kg）
	コード	
	： ： ： ：	： ： ： ： ： ： ：
	： ： ： ：	： ： ： ： ： ： ：
	： ： ： ：	： ： ： ： ： ： ：
	： ： ： ：	： ： ： ： ： ： ：
計		： ： ： ： ： ： ：

2 年間種苗販売量

種 苗 名		単 位	年 間 販 売 量
	コード		
	： ： ： ：		： ： ： ： ： ：
	： ： ： ：		： ： ： ： ： ：
	： ： ： ：		： ： ： ： ： ：

3 年間投餌量

	年 間 投 餌 量 （kg）	
	配 合 飼 料	生 餌
養 殖 合 計	： ： ： ： ： ： ： ：	： ： ： ： ： ： ：
うち、ぶり類	： ： ： ： ： ： ： ：	： ： ： ： ： ： ：
うち、まだい	： ： ： ： ： ： ： ：	： ： ： ： ： ： ：

この欄は、農林水産省の職員が記入します。	調査員名	
	調査員の担当区域	
	都道府県名	
	担当者名	
	連絡先	

| 記 入 見 本 | 0 | 1 | 2 | 3 | 4 | 5 | 6 | 7 | 8 | 9 |

秘
農林水産省

2 2 1 1

統計法に基づく基幹統計
海面漁業生産統計

政府統計

統計法に基づく国の統計調査です。調査票情報の秘密の保護に万全を期します。

海面漁業生産統計調査
海面養殖業収獲統計調査

海面養殖業収獲統計調査票（一括調査用）

SAMPLE

調 査 年	調 査 期 間	大 海 区	都府県（振興局）	市 区 町 村
： ： ： ：	： ： ：	： ：	： ：	： ： ： ：

養 殖 魚 種 名	養 殖 方 法 名
： ： ： ： ： ：	： ： ： ： ： ：

項　　目		前年同期値	本年値
総施設面積（㎡）			： ： ： ： ： ： ：
1施設当たり平均面積（㎡）			： ： ： ： ： ： ：
1施設当たり平均収獲量	単位		： ： ： ： ： ： ：

特 記 事 項

	調査員名	
この欄は、農林水産省の職員が記入します。	調査員の担当区域	
	都道府県名	
	担当者名	
	連絡先	

様式第1号

秘
農林水産省

内水面漁業生産統計調査
内水面漁業漁獲統計調査

内水面漁業漁獲統計調査票

この調査は、農林水産省が今後の水産行政を遂行していくための基礎的な資料を作成するために行うものです。
なお、この調査票には調査以外の目的には使用しませんので、ありのままを記入してください。
記入には黒の鉛筆又はシャープペンシルを使用し、間違えた場合は消しゴムできれいに消してください。

入力方向 **2021**

調査年	都道府県	振興局	管理番号	市 町 村	河 川 ・ 湖 沼	整 理 番 号

記入見本 0 1 2 3 4 5 6 7 8 9

1 魚種別漁獲量

昨年1年間(1月1日から12月31日まで)に河川・湖沼において、漁業経営体が漁獲した魚種別の漁獲量をkg単位で記入してください。
なお、レクリエーションを主な目的として遊漁者の採捕量は漁獲量に含めないでください。

区 分	類	漁 獲 量 (kg)
さ け ・ ま す 類	さ け	
	か ら ふ と ま す	
	さ く ら ま す	
	その他のさけ・ます類	
	わ か さ ぎ	
	あ ゆ	
	し ら う お	
	こ い	
	ふ な	
	うぐい・おいかわ	
	う な ぎ	
	は ぜ 類	
	その他の魚類	
魚類		
貝 類	し じ み	
	その他の貝類	
その他の水産動植物類	そ の 他	

注:右づめで記入してください。

2 天然産種苗採捕量

上記のあゆ及びうなぎの漁獲量のうち、種苗として採捕した数量をkg単位で記入してください。

項 目	採 捕 量 (kg)
天然産種苗採捕量	あ ゆ	
	う な ぎ	

注:右づめで記入してください。

※裏面の魚種分類表を参考にして記入してください。

備 考 欄

増減の多かった魚種の増減理由について該当する番号に丸印をし、その具体的な内容について記入してください。
(複数選択可)

(増減理由)
1 気象の影響、2 病気の発生、
3 河川湖沼環境の変化、4 食害、
5 需要の動向、6 その他

(具体的な内容)

担当者 々

農林水産省内水面漁業生産統計調査事務局

内水面漁業漁獲統計調査内水面漁業魚種分類表

内水面漁業魚種分類表

魚 種	名 等	該 当 す る 魚 種 名 等
さけ・ます類	さ け	しろさけ(「ときさけしらず」、「あきさけ」と称する地方もある。)、ぎんさけ、
	からふとます	からふとます(「せっぱります」と称する地方もある。)
	さくらます	さくらます(「ます」、「ほんます」、「ますます」と称する地方もある。)
	その他のさけ・ます類	ひめます(べにさけの陸封性)、にじます、ブラウントラウト、やまめ(さくらますの陸封性)、やまべ」と称する地方もある。)、いわな、おしょろこま、いとう等
魚類	わ か さ ぎ	わかさぎ、えぞいわな、びわます(あまご)、いわめ、いとう等
	あ ゆ	あゆ
	し ら う お	しらうお
	こ い	こい
	ふ な	ふな(まぶな(ぎんぶな、げんごろうぶな、かわちぶな等)
	うぐい・おいかわ	うぐい、おいかわ、まるた、おいかわ(「やまべ」、「はえ」、「はえ」と称する地方もある。
	う な ぎ	うなぎ
	は ぜ 類	はぜ類は、ひめはぜ、うろはぜ、ちちぶ、じゃこはぜ、おしろいはぜ、べらく等
	その他の魚類	上記以外の魚類(どじょう、ふくどじょう、あじめどじょう、しまどじょう、ほら、あめなた、かじか、なまず、もろこ、にごい、いしがれい、しいら、そうぎょ、らいぎょ、らいう、そうぎょ等)
貝類	し じ み	しじみ
	え び	類 えび
	その他の貝類	しじみ以外の貝類
その他の水産動植物類	その他の水産動植物	上記以外の水産動植物(さざあみ、やつめうなぎ、かに、藻類等)

農林水産省

統計法に基づく国の統計調査です。調査票情報の秘密の保護に万全を期します。

政府統計

内水面漁業生産統計調査
内水面養殖業収穫統計調査

内水面養殖業収穫統計調査票

この調査は、農林水産省が今後の水産行政を遂行していくための基礎的な資料を作成するために行うものです。
なお、この調査票は、統計以外の目的には使用しませんので、ありのままをご記入ください。
記入には黒の鉛筆又はシャープペンシルを使用し、間違えた場合は消しゴムできれいに消してください。

記入見本　0　1　2　3　4　5　6　7　8　9

入力方向　←2 0 3 1→

調査年	都道府県	振興局	管理番号	市町村	整理番号

※裏面の魚種分類表を参考にして記入してください。

1 魚種別収穫量（食用）

昨年1年間（1月1日から12月31日まで）に食用を目的として養殖（卵又は稚魚から食用サイズまで育てて出荷すること）を行い収穫したます類、あゆ、こい及びうなぎについて、魚種別の収穫量をkg単位で記入してください。

項目		収穫量（kg）
ます類	にじます	
	その他のます類	
あゆ		
こい		
うなぎ		

注：右づめで記入してください。

2 魚種別種苗販売量

昨年1年間（1月1日から12月31日まで）に採取した卵及び増殖用又は養殖用に育成した稚魚の販売量を記入してください。

項目		単位	販売量
卵	ます類	1,000粒	
稚魚	ます類	1,000尾	
	あゆ		
	こい		

注：右づめで記入してください。なお、種苗販売量は、上記1の魚種別収穫量（食用）には含みません。

備考欄

増減の多かった魚種の増減理由について該当する番号に丸印をし、その具体的内容について記入してください。（複数選択可）
1 気象の影響、2 病気の発生、3 養殖場環境の変化、4 食害、5 需要の動向、6 その他
（増減理由）
（具体的な内容）

農林水産省内水面漁業生産統計調査事務局
担当者名
電話番号

内水面養殖業収穫統計調査内水面養殖魚種分類表

魚種		該当する魚種名等
ます類	にじます	にじます、ドナルドソン
	その他のます類	やまめ、あまご、いわな等
	あゆ	あゆ
魚類	こい	こい
	うなぎ	うなぎ

政府統計

統計法に基づく国の統計調査です。調査票情報の秘密の保護に万全を期します。

秘　農林水産省

内水面漁業生産統計調査
3 湖沼漁業生産統計調査

3 湖沼漁業生産統計調査票

この調査は、農林水産省が今後の水産行政を遂行していくための基礎的な資料を作成するために行うものです。

なお、この調査票は、統計以外の目的には使用しませんので、ありのままをご記入ください。

記入には黒の鉛筆又はシャープペンシルを使用し、間違えた場合は消しゴムできれいに消してください。

記入見本

| 0 | 1 | 2 | 3 | 4 | 5 | 6 | 7 | 8 | 9 |

調査年　市町村　整理番号

農林水産省内水面漁業生産統計調査事務局
担当者名
電話番号

1　湖沼漁業生産統計調査3湖沼漁業魚種分類表

ア　記入欄の種分類別

魚種	属する魚種名等

2　湖沼漁業生産統計調査3湖沼漁業種類分類表

ア　記入欄

漁業種類名	定義

イ　引き網及び漁法

漁業種類名	定義

3　湖沼漁業生産統計調査3湖沼養殖魚種名等

魚種	該当する魚種名等

単位：kg

1 漁業種類別魚種別漁獲量、天然産種苗採捕量（つづき）

漁業種類（つづき）

（行番号）
種類（つづき）

1 2 3 4 5 6 7 8 9 10 11 12 13 14 15 16 17 18 19 20 21 22

注：右づめで記入してください。

備考欄（漁獲量（収獲量）の増減量の増減理由等を記入してください。）

増減の多かった魚種について、当てはまる番号に丸印をし（複数選択可）、その具体的な内容について記入してください。

（増減理由）
1 気象の影響、2 病気の発生、3 湖沼環境の変化、4 食害、5 需要の動向、
6 その他
（具体的な内容）

※最終面の3湖沼魚種分類表・漁業種類分類表及び養殖魚種分類表を参考に記入してください。

1 漁業種類別魚種別漁獲量、天然産種苗採捕量

昨年1年間（1月1日から12月31日まで）に漁獲した漁獲量を漁業種類別・魚種別にkg単位で記入してください。なお、こあみ及びうなぎの漁獲量については、天然産種苗の採捕量とは別に記入してください。
また、レクリエーションを主な目的とした遊漁者の採捕量は漁獲量に含めないでください。

区分 | コード | 漁業種類

計
合

魚種別漁獲量

（行番号）1 2 3 4 5 6 7 8 9 10 11 12 13 14 15 16 17 18 19 20 21 22

注：右づめで記入してください。

2 養殖魚種別収獲量

昨年1年間（1月1日から12月31日まで）に養殖（卵又は稚魚から食用サイズまで育て出荷すること）を行い収獲した魚種別の収獲量をkg単位で記入してください。

項目		収獲量（kg）
さけ・ますにじます		
	その他のさけ・ます類	
あ ゆ		
こ い		
う な ぎ		
真 珠		
そ の 他		

注：右づめで記入してください。

3 魚種別種苗販売量

昨年1年間（1月1日から12月31日まで）に採取した卵及び増殖用又は養殖用に育成した稚魚等のうち、販売した数量を単位に注意して記入してください。

項目		単位	販売量
卵	ます類	1,000粒	
稚魚	ます類	1,000尾	
	あ ゆ		
	こ い		
	その他の種苗	kg	

注：右づめで記入してください。

平成29年　漁業・養殖業生産統計年報（併載：漁業産出額）

令和2年2月　発行　　　　　　　　定価は表紙に表示してあります。

編集　〒100-8950　東京都千代田区霞が関1－2－1
　　　　　農林水産省大臣官房統計部

発行　〒153-0064　東京都目黒区下目黒3-9-13　目黒・炭やビル
　　　　　一般財団法人　農林統計協会
　　　　　振替　　00190-5-70255　TEL 03(3492)2987

ISBN978-4-541-04308-5　C3062